Sabine Petersen

Gärtner/Gärtnerinnen

Prüfungsvorbereitung

1. Auflage

Bestellnummer 11221

Bildungsverlag EINS
westermann

Die in diesem Produkt gemachten Angaben zu Unternehmen (Namen, Internet- und E-Mail-Adressen, Handelsregistereintragungen, Bankverbindungen, Steuer-, Telefon- und Faxnummern und alle weiteren Angaben) sind i. d. R. fiktiv, d. h., sie stehen in keinem Zusammenhang mit einem real existierenden Unternehmen in der dargestellten oder einer ähnlichen Form. Dies gilt auch für alle Kunden, Lieferanten und sonstigen Geschäftspartner der Unternehmen wie z. B. Kreditinstitute, Versicherungsunternehmen und andere Dienstleistungsunternehmen. Ausschließlich zum Zwecke der Authentizität werden die Namen real existierender Unternehmen und z. B. im Fall von Kreditinstituten auch deren IBANs und BICs verwendet.

Die in diesem Werk aufgeführten Internetadressen sind auf dem Stand zum Zeitpunkt der Drucklegung. Die ständige Aktualität der Adressen kann vonseiten des Verlages nicht gewährleistet werden. Darüber hinaus übernimmt der Verlag keine Verantwortung für die Inhalte dieser Seiten.

service@bv-1.de
www.bildungsverlag1.de

Bildungsverlag EINS GmbH
Ettore-Bugatti-Straße 6-14, 51149 Köln

ISBN 978-3-427-**11221**-1

westermann GRUPPE

Vorwort

Dieser Band soll unabhängig von der Fachsparte alle Auszubildende optimal auf die Abschlussprüfung vorbereiten. Das Buch gliedert sich in vier Fragenkataloge, wobei den Fragenkatalogen A und B nach jeder Aufgabe Buchstaben angehängt sind, um die laut Rahmenlehrplan und Prüfungsverordnung abzuprüfende Kenntnisbereiche hervorzuheben. Für eine umfassende Prüfungsvorbereitung empfiehlt es sich, sowohl den Produktionsteil als auch den Dienstleistungsteil durchzuarbeiten, da es - insbesondere im Friedhofsgartenbau – bei den Fragen zu Überschneidungen kommen kann.

Die Inhalte der Fragenkataloge sind im Einzelnen:

<table>
<tr><th>Fragenkatalog A</th><th>Fragenkatalog B</th></tr>
<tr><td>Fachbereichsspezifische Pflanzenkenntnisse

• Erkennen und Benennen von Pflanzen (a)
• Arten und Sorten marktwichtiger Pflanzen und ihre Verwendung (b)
• Typische Absatz- und Blühtermine, Anbauzeiten (c)
• Heimische Pflanzen und ihre Lebensräume (d)
• Wildkräuter und Unkräuter (e)
• Artenschutz (f)
• Sortenschutz (g)

[Lösungen der Aufgaben]</td><td>Fragen zu den betrieblichen Zusammenhängen. Hier wird nach Produktionsgartenbau (Baumschule, Obst- und Gemüsebau, Zierpflanzenbau, Friedhofsgartenbau) und Dienstleistungsgartenbau unterschieden (Garten- und Landschaftsbau, Friedhofsgartenbau).

• Natürliche und wirtschaftliche Standortfaktoren (a)
• Kulturräume (b)
• Bauliche Anlagen (c)
• Maschinen, Geräte, technische Einrichtungen (d)
• Anwendungsbezogene Berechnungen (e)
• Materialien, Werkstoffe und Betriebsmittel (f)
• Vermarktung (g)
• Auftragsbeschaffung, Auftragsabwicklung und Verkauf (h)
• Natur- und Umweltschutz (i)
• Rationelle Energie- und Materialverwendung (j)
• Rechtsvorschriften (k)
• Einflussfaktoren auf die menschliche Arbeit (l)
• Aufwendungen und Erträge (m)
• Informationsbeschaffung und –auswertung (n)
• Grundlagen der Kalkulation (o)

[Lösungen der Aufgaben]</td></tr>
<tr><th>Fragenkatalog C</th><th>Fragenkatalog D</th></tr>
<tr><td>Fachbreichsübergreifende Fragen zum Themenkomplex Wirtschafts- und Sozialkunde.

[Lösungen der Aufgaben]</td><td>typische Prüfungsklausur aus den Bereichen Produktionsgartenbau, Dienstleistungsgartenbau und dem Bereich Wirtschafts- und Sozialkunde.</td></tr>
</table>

1. Baumschule

1.1 Benennen Sie die abgebildeten Pflanzen mit deutschem und botanischem Namen (a).

1.2 Nennen Sie fünf unterschiedliche Gruppen bei den Rosen (b).

1.3 Der Kunde möchte seinen schattigen Garten in Nordlage begrünen. Nennen Sie fünf Pflanzen (Gehölze und Stauden), die Sie empfehlen können (b).

1.4 Welche Sorten von den in der Tabelle aufgeführten Pflanzen kennen Sie? Nennen Sie jeweils zwei Beispiele mit botanischem Namen (b).

Pflanze	Sorte 1	Sorte 2
Lavandula angustifolia		
Malus floribunda		
Hypericum patulum		
Salvia nemorosa		
Potentilla fruticosa		

1.5 Worin besteht der Unterschied zwischen einem Obsthochstamm und einem Halbstamm (b)?

1.6 Nennen Sie jeweils zwei Sortenbeispiele für einen großblumigen Rhododendron und einen sommergrünen Rhododendron (b).

1.7 Worin besteht der Unterschied zwischen *Paeonia lactiflora* und *Paeonia x suffruticosa* (b)?

1.8 Welche drei Arten der Gattung *Chamaecyparis* kennen Sie (b)?

2. Friedhofsgartenbau

2.1 Benennen Sie die abgebildeten Pflanzen mit deutschem und botanischem Namen (a).

2.2 Nennen Sie fünf Heckengehölze mit deutschem und botanischem Namen (d).

2.3 Ein Kunde übergibt Ihnen den Auftrag für die jährliche Begrünung der Wechselbepflanzung eines Doppelgrabes. Machen Sie einen Vorschlag, wie das Beet im Wechsel der Jahreszeiten sein Gesicht verändern könnte (c, d).

2.4 Nennen Sie fünf verschiedene Wildkräuter, die Ihnen in Ihrer Praxis häufig begegnen (e).

2.5 Auch auf dem Friedhof gelten nationale und internationale Richtlinien zum Schutz von Pflanzen und Tieren. Welche Richtlinien zum Artenschutz sind Ihnen bekannt (f)?

2.6 Ordnen Sie die nachstehenden Sommerblumen nach Ihren Blühterminen (c).
Brachycome iberidifolia, Pelargonium Zonale Hybride, Sanvitalia procumbens, Ranunculus asiaticus, Impatiens walleriana.

2.7 Nennen Sie fünf Zwiebel- oder Knollenpflanzen mit deutschem und botanischem Namen (b).

2.8 Um welche Gräser handelt es sich nachfolgend? Nennen Sie den deutschen und botanischen Namen (b).

3. Garten- und Landschaftsbau

3.1 Benennen Sie die abgebildeten Pflanzen mit deutschem und botanischem Namen (a).

3.2 Einige Pflanzensorten unterscheiden sich von der Art deutlich im Aussehen. Nennen Sie drei Nadelgehölze und drei Laubgehölze und deren spezifische Eigenschaften (b).

3.3 Der Kunde möchte eine nach Süden ausgerichtete Trockenmauer bepflanzen lassen. Machen Sie fünf Pflanzenvorschläge (Gehölze und Stauden), die Sie empfehlen können (d).

3.4 Nennen Sie fünf typische Knickgehölze mit deutschem und botanischem Namen (b).

3.5 Unterscheiden Sie Wurzelunkräuter von Samenunkräuter und nennen Sie jeweils zwei Beispiele (e).

3.6 Warum spielt im Garten- und Landschaftsbau gerade die Anlage von Teichen eine wichtige Rolle im Naturschutz (f)?

3.7 Nennen Sie jeweils zwei Frühjahrs-, Sommer-, Herbst- und Winterblüher in unserem mitteleuropäischen Klima (c).

3.8 Zählen Sie fünf verschiedene Arten von *Acer* mit deutschem und botanischem Namen auf (b).

4. Gemüsebau

4.1 Benennen Sie die abgebildeten Pflanzen mit deutschem und botanischem Namen (a).

4.2 Die Kartoffel gilt als Nummer 1 des deutschen Gemüses. Nennen Sie fünf Kartoffelsorten und beschreiben Sie jeweils ein typisches Merkmal (b).

4.3 Für Blumenkohl gibt es eine typische Verkaufssaison. Welchen Zeitraum umfasst die Saison und was sind deren Kennzeichen (c)?

4.4 Nennen Sie fünf typische heimische Freiland-Gemüsearten mit deutschem und botanischem Namen (d).

4.5 Was müssen Sie bei der Bekämpfung von Samenunkräutern, was bei Wurzelunkräutern beachten (e)?

4.6 Was kennzeichnet den ökologischen Gemüsebau (f)?

4.7 Wie können Sie in Ihrer betrieblichen Praxis gewährleisten, dass Ihr angebautes Gemüse sortenecht ist (g)?

4.8 Was ist das Besondere an Leguminosen und welche Gemüsearten gehören in diese Gruppe? (b).

5. Obstbau

5.1 Benennen Sie die abgebildeten Pflanzen mit deutschem und botanischem Namen (a).

5.2 Kreuzen Sie die echten Beerenfrüchte in der unten stehenden Tabelle an (b).

Frucht	Botanischer Name	X
Holunder		
Zitrone		
Vogelbeere		
Erdbeere		
Kiwi		
Papaya		
Schwarze Johannisbeere		
Himbeere		
Tomate		

5.3 Wann beginnen die Erntesaisons für Garten-Erdbeeren und Süßkirsche (c)?

5.4 Welche Sorten von den in der Tabelle aufgeführten Pflanzen kennen Sie? Nennen Sie jeweils zwei Beispiele (b).

Pflanze	Sorte 1	Sorte 2
Tafel-Apfel		
Tafel-Birne		
Garten-Erdbeere		
Zwetschge		
Himbeere		

5.5 Worin besteht der Unterschied zwischen einem Obsthochstamm und einem Halbstamm (b)?

5.6 Nennen Sie fünf heimische Wildobstgehölzarten mit deutschem und botanischem Namen (d).

5.7 Wie heißen die abgebildeten Wildkräuter mit deutschem und botanischen Namen (e)?

5.8 Ordnen Sie die genannten Obstarten in der Reihenfolge ihrer Erntetermine: Schattenmorelle, Apfelquitte, Blaubeere, Stachelbeere, Holunder (c).

6. Staudengärtnerei

6.1 Benennen Sie die abgebildeten Pflanzen mit deutschem und botanischem Namen (a).

6.2 Nennen Sie fünf unterschiedliche Stauden, die im Lebensbereich Fr1-2 (Freiflächen, frischer bis feuchter Boden) gepflanzt werden können (b).

6.3 Ein Kunde möchte sich ein „blaues Beet" in sonniger Lage anlegen. Empfehlen Sie ihm fünf geeignete Stauden (b).

6.4 Benennen Sie den deutschen und botanischen Namen fünf heimischer Gräser und ihren Verwendungsbereich (d).

6.5 Worauf müssen Sie im Rahmen des Artenschutzes von gefährdeten Stauden besonders achten (f)?

6.6 Erstellen Sie einen Blühkalender für folgende Stauden (c):

Pflanze	**Blühtermin**											
	Jan	Feb	Mär	Apr	Mai	Jun	Jul	Aug	Sept	Okt	Nov	Dez
Kokardenblume *(Gaillardia Hybride)*												
Tränendes Herz *(Dicentra spectabilis)*												
Teppich-Seifenkraut *(Saponaria ocymoides)*												
Silberkerze *(Cimicifuga simplex)*												
Amur-Adonisröschen *(Adonis amurensis)*												

6.7 Erklären Sie, warum unter den bei uns als Wildkräuter betrachteten Pflanzen viele **invasive Arten** und **Neophyten** sind. Definieren Sie dabei auch die beiden genannten Begriffe (e).

6.8 Die Hauptpflanzzeit für Stauden ist der Herbst. Erläutern Sie, warum das so ist (c).

7. Blumen- und Zierpflanzenbau

7.1 Benennen Sie die abgebildeten Pflanzen mit deutschem und botanischem Namen (a).

7.2 Nennen Sie fünf verschiedene Arten der Gattung *Ficus* (b).

7.3 Im Zierpflanzenbau unterscheidet man Blattschmuck- von Blütenpflanzen. Nennen Sie jeweils fünf mit deutschem und botanischem Namen (b).

7.4 Erstellen Sie einen Blühkalender für folgende Pflanzen (c):

Pflanze	Blühtermin											
	Jan	Feb	Mär	Apr	Mai	Jun	Jul	Aug	Sept	Okt	Nov	Dez
Fuchsia-Hybride												
Primula acaulis												
Myosotis palustris												
Lantana camara												
Petunia Hybride												

7.5 Stellen Sie fünf Pflanzenarten für eine Ampelbepflanzung zusammen (b).

7.6 Wie heißen die abgebildeten Wildkräuter mit deutschem und botanischem Namen? Handelt es sich um Wurzel- oder Samenunkräuter? Kreuzen Sie bitte an (e).

Abbildung	Pflanzenname	Wurzelunkraut	Samenunkraut

7.7 Wann muss mit der Kultur von *Euphorbia pulcherrima* begonnen werden, um sie zur Saison verkaufsfertig kultiviert zu haben? Wann ist der optimale Verkaufszeitpunkt (c)?

7.8 *Viola x wittrockiana* und *Viola cornuta* zählen zu den heimischen Beet- und Balkonpflanzen. Welche Wildformen kennen Sie (d, e)?

8. Lösungen

1.1

Sumpfeiche *Quercus palustris*	Rispenhortensie *Hydrangea paniculata*
Gewöhnlicher Stechginster *Ulex europaeus*	Armblütige Scheinhasel *Corylopsis pauciflora*
Zweizeilige Sumpfzypresse *Taxodium distichum*	Blaue Atlaszeder *Cedrus atlantica ‚Glauca'*
Koreatanne *Abies koreana*	Rotfichte *Picea abies*
Herbst-Alpenveilchen *Cyclamen hederifolium*	Alpen-Edelweiß *Leontopodium alpinum ssp. alpinum*
Waldmeister *Galium odoratum*	Schneefeld-Funkie *Hosta undulata ‚Univittata'*
Gewöhnlicher Giersch *Aegopodium podagraria*	Ackerwinde *Convolvulus arvensis*
Gewöhnliche Knoblauchsrauke *Alliaria petiolata*	Gartenwolfsmilch *Euphorbia peplus*
Japan-Segge *Carex morrowii*	Hirschzungenfarn *Asplenium sclopendrium*
Oleander *Nerium oleander*	Engelstrompete *Brugmansia versicolor*

1.2 Beetrosen, Zwergrosen, Edelrosen, Kletterrosen, Teehybriden, Strauchrosen, Englische Rosen, Bodendeckerrosen, Park- und Wildrosen

1.3 **Gehölze:** *Carpinus betulus, Cryptomeria japonica, Juniperus squamata, Nothofagus antarctica, Picea abies 'Nidiformis', Pieris floribunda, Skimmia japonica, Taxus baccata, Thuja occidentalis, Tilia cordata*

Stauden: *Ajuga reptans, Anemone nemorosa, Cimicifuga racemosa, Convallaria majalis, Dicentra spectabilis, Epimedium x versicolor, Omphalodes verna, Pachysandra terminalis, Tiarella cordifolia, Vinca minor*

1.4

Pflanze	Sorte 1	Sorte 2	Sorte 3
Lavandula angustifolia	*‚Dwarf Blue'*	*‚Loddon Pink'*	*‚Elegance Ice'*
Malus floribunda	*‚John Downie'*	*‚Red Jewel'*	*‚Golden Hornet'*
Hypericum patulum	*‚Hidcote'*	*x moserianum* *(H. cylcinum x H. patulum)*	*forestii* *(H. patulum var. henryi)*
Salvia nemorosa	*‚Mainacht'*	*‚Ostfriesland'*	*‚Adrian'*
Potentilla fruticosa	*‚Abbotswood'*	*‚Goldfinger'*	*‚Red Ace'*

1.5 **Hochstamm:** Baum, dessen Kronenansatz in mindestens 180–220 cm Höhe liegt. Um diese Form zu erreichen, werden in der Baumschule in den ersten Jahren nach der Aussaat bzw. Veredelung sämtliche Seitenäste und im dritten Jahr alle Äste unterhalb der gewünschten Kronenhöhe entfernt. Der junge Baum wird in dieser Zeit mehrfach mittels beispielsweise eines Ballenschneiders umgesetzt, sprich „verschult", um eine Konzentration der Wurzeln auf einen kompakten Ballen zu erhalten und damit das Anwachsen am endgültigen Standort zu verbessern.

Halbstamm: Baum, deren Kronenansatz etwa zwischen 100–160 cm liegt. Bei Niederstämmen beginnt die Krone schon ab 80–100 cm Höhe.

1.6 großblumiger Rhododendron: '*Catawbiense Grandiflorum*', '*Cummingham's White*', '*Old Port*' sommergrüner Rhododendron: Knap-Hill-Azaleen '*Golden Eagle*' und '*Cecile*', *Azalea mollis x sinensis*-Hybride '*Winston Churchill*'

1.7 *Paeonia lactiflora* ist eine Staude, während *Paeonia x suffruticosa* zu den Gehölzen zählt.

1.8 *Chamaecyparis lawsoniana* (Lawsons Scheinzypresse), *C. nootkatensis* (Nutka-Scheinzypresse), *C. obtusa* (Feuer-Scheinzypresse), *C. pisifera* (Erbsenfrüchtige Scheinzypresse), *C. thyoides* (Weiße Scheinzypresse).

2.1

Buchsbaum *Buxus sempervirens*	Rot-Buche *Fagus sylvatica*
Rote Sommerspiere *Spiraea x bumalda*	Weiß-Birke *Betula pendula*
Japanisches Federborstengras *Pennisetum alopecuroides*	Weihenstephans Fetthenne *Sedum floriferum 'Weihenstephaner Gold'*
Kriechender rotblättriger Günsel *Ajuga reptans 'Atropurpurea'*	Gewöhnliche Haselwurz *Asarum europaeum*
Gerbera *Gerbera Cultivars*	Panaschierte Birkenfeige *Ficus benjamina 'Variegata'*
Behaartes Knopfkraut *Galinsoga ciliata*	Große Brennnessel *Urtica dioica*
Studentenblume *Tagetes patula*	Elfenspiegel *Nemesia strumosa Hybride*
Männertreu *Lobelia erinus*	Strauchmargerite *Argyranthemum frutescens*
Bergkiefer *Pinus mugo ssp. mugo*	Fächerblattbaum *Ginkgo biloba*
Gewöhnlicher Wacholder *Juniperus communis*	Abendländischer Lebensbaum *Thuja occidentalis*

2.2 *Carpinus betulus* (Hainbuche), *Fagus sylvatica* (Rot-Buche), *Buxus sempervirens* (Buchsbaum), *Crataegus monogyna* (Weißdorn), *Berberis thunbergii* (Thunbergs Berberitze), *Larix decidua* (Europäische Lärche), *Taxus baccata* (Gewöhnliche Eibe), *Chamaecyparis lawsoniana* (Scheinzypresse), *Thuja occidentalis* (Abendländischer Lebensbaum).

2.3 Frühling: Hornveilchen (*Viola cornuta*) und Tausendschönchen (*Bellis perennis*).

Sommer: Eisbegonien (*Begonia cucullata var. hookeri*) und Petunien (*Petunia Cultivars*).

Herbst: Schneeheide (*Erica carnea*) und Silbergreiskraut (*Senecio cineraria*).

Winter: Christrose (*Helleborus niger*) und Rebhuhnbeere (*Gaultheria procumbens*).

2.4 Einjährige Rispe (*Poa annua*), Weißklee (*Trifolium repens*), Vogelmiere (*Stellaria media*), Gartenwolfsmilch (*Euphorbia peplus*), Rote Taubnessel (*Lamium rubrum*), Greiskraut (*Senecio vulgaris*), Löwenzahn (*Taraxacum Sectio Ruderale*), kleine Brennnessel (*Urtica urens*), Gänseblümchen (*Bellis perennis*), kriechender Hahnenfuß (*Ranunculus repens*).

2.5 Washingtoner Artenschutzabkommen: Die wirtschaftliche Nutzung von gefährdeten Tieren und Pflanzen stellt neben der Lebensraumzerstörung eine der größten Gefahren für die Tier- und Pflanzenwelt dar. Als Folge des internationalen Handels sind viele Arten in ihrem Bestand gefährdet oder vom Aussterben bedroht. Um der Gefahr der Übernutzung natürlicher Ressourcen zu begegnen, hat man 1973 das Washingtoner Artenschutzübereinkommen, kurz WA, ins Leben gerufen. Die Bestimmungen des WA finden auf europäischer Ebene ihre Entsprechung in der EG-Artenschutzverordnung.

Erhaltung der natürlichen Lebensräume sowie der wild lebenden Tiere und Pflanzen (FFH-Richtlinie): Die Fauna-Flora-Habitat-Richtlinie der Europäischen Gemeinschaft hat neben dem Aufbau eines europäischen Netzes von Schutzgebieten als wesentliches Ziel den Schutz wildlebender Tier- und Pflanzenarten von europäischem Interesse und deren natürliche Lebensräume.

Erhaltung wild lebender Vogelarten (Vogelschutzrichtlinie): Ziel der Vogelschutzrichtlinie ist es, sämtliche im Gebiet der EU-Staaten natürlicherweise vorkommenden Vogelarten einschließlich der Zugvogelarten dauerhaft zu erhalten.

Schutz wandernder Arten (Bonner Konvention): Als weltweite „Rahmenkonvention" für den Schutz wandernder wild lebender Tierarten listet die Bonner Konvention in Anhang I vom Aussterben bedrohte Arten auf, für die strenge Schutzvorschriften aufgestellt wurden. In Anhang II werden Arten aufgeführt, die sich in einem ungünstigen Erhaltungszustand befinden, und für deren Erhaltung und Management internationale Übereinkünfte erforderlich sind. Auch Arten, für die eine internationale Zusammenarbeit durch derartige Übereinkünfte von Nutzen wäre, sind hier enthalten.

Erhaltung der europäischen wild lebenden Pflanzen und Tiere und ihrer natürlichen Lebensräume (Berner Konvention): Das Übereinkommen über die Erhaltung der europäischen wild lebenden Pflanzen und Tiere und ihrer natürlichen Lebensräume regelt den Schutz von Arten durch Entnahme- und Nutzungsbeschränkungen einschließlich der Verpflichtung zum Schutz ihrer Lebensräume. Besondere Aufmerksamkeit gilt den gefährdeten und den empfindlichen Arten.

2.6

Pflanze	**Blütezeit**											
	Jan	Feb	Mär	Apr	Mai	Jun	Jul	Aug	Sep	Okt	Nov	Dez
Ranunculus asiaticus												
Pelargonium Zonale Hybride												
Sanvitalia procumbens												
Impatiens walleriana												
Brachycome iberidifolia												

2.7

Zwiebelpflanzen	Knollenpflanzen
Blaustern *Scilla sibirica*	Alpenveilchen *Cyclamen-Arten*
Hyazinthe *Hyacinthus orientalis*	Garten-Krokus *Crocus vernus*
Narzisse *Narcissus pseudonarcissus*	Gladiole *Gladiolus Cultivars*
Tulpe *Tulipa Cultivars*	Knollen-Begonie *Begonia tuberhybrida Gruppe*
Schneeglöckchen *Galanthus nivalis*	Dahlie *Dahlia Cultivars*

2.8

Blaues Bärenfellgras *Festuca cinerea*	Mittleres Zittergras *Briza media*
Zebragras *Miscanthus sinensis var. zebrinus*	Kopfgras *Sesleria caerula*

3.1

Kupfer-Felsenbirne *Amelanchier lamarckii*	Hybrid-Zaubernuss *Hamamelis x intermedia*
Kartoffelrose *Rosa rugosa*	Gartenhortensie *Hydrangea macrophylla*
Gewöhnlicher Flieder *Syringa vulgaris*	Korkenzieherhaselnuss *Corylus avellana 'Contorta'*
Schneeheide *Erica carnea*	Skimmie *Skimmia japonica*
Scheinbuche *Nothofagus antarctica*	Felsen-Storchschnabel *Geranium macorrhizum 'Spessart'*
Gemswurz *Doronicum orientale*	Elfenblume *Epimedium x rubrum*
Dickmännchen *Pachysandra terminalis*	Tausendschönchen *Bellis perennis*
Gartenstiefmütterchen *Viola x wittrockiana*	Löwenzahn *Taraxacum Sectio Ruderale*
Gewöhnliche Eibe *Taxus baccata*	Europäische Lärche *Larix decidua*
Weiße Scheinzypresse *Chamaecyparis thyoides*	Fieberklee *Menyanthes trifoliata*

3.2 **Nadelgehölze:** *Taxus baccata 'Repandens'* (Kissen-Eibe), Flächendecker; *Chamaecyparis obtusa ,Nana Gracilis'* (Muschlezypresse), muschel- bis fächerförmiges Nadelwachstum; *Juniperus squamata 'Blue Carpet'* (Blauer Zwergwacholder), Flächendecker; *Picea abies 'Pumila Glauca'* (Blaue Zwergfichte), gedrungen wachsende, kugelige Fichte; *Pinus parviflora 'Glauca'* (Blaue Mädchenkiefer), blaugrüne Nadeln und leicht gedrungener Wuchs

Laubgehölze: *Acer platanoides 'Globosum'* (Kugelahorn), kleiner Baum mit kugeliger Krone; *Cotinus coggygria ,Royal Purple'* (Roter Perückenstrauch), rotlaubiges Ziergehölz; *Prunus serrulata ,Amanogawa'* (Säulen-Zierkirsche), säulenförmiger Wuchs; *Salix alba ,Tristis'* (Hänge-Weide), tief zu Boden hängende Zweige; *Fagus sylvatica 'Asplenifolia'* (Farnblättrige Buche), tief eingeschlitztes Laub

3.3 **Gehölze:** *Thymus serpyllum* (Sandthymian), *Hyssopus officinalis* (Ysop), *Satureja montana* (Bergbohnenkraut), *Lavandula angustifolia* (Lavendel), *Dryas octopetala* (Weiße Silberwurz)
Stauden: *Campanula poscharskyana* (Hängepolster-Glockenblume), *Sedum floriferum* (Mauerpfeffer), *Euphorbia myrsinites* (Walzenwolfsmilch), *Gentiana verna* (Frühlings-Enzian), *Phlox subulata* (Teppich-Phlox)

3.4 *Corylus avellana* (Haselnuss), *Sambucus nigra* (Holunder), *Prunus spinosa* (Schlehe), *Carpinus betulus* (Hainbuche), *Fagus sylvativa* (Rotbuche), *Quercus robur* (Stieleiche), *Ilex aquifolium* (Stechpalme), *Acer campestre* (Feldahorn), *Taxus baccata* (Eibe), *Syringa vulgaris* (Flieder)

3.5 **Wurzelunkräuter:** Hauptsächlich vegetative Vermehrung über besonders wüchsige Wurzeln in Form von Pfahlwurzeln oder Wurzelausläufer. Beispiel: Ackerkratzdistel (*Cirsium arvense*), Quecke (*Elymus repens*), Zaunwinde (*Calystegia sepium*)

Samenunkräuter: Hauptsächlich generative Vermehrung über die Ausbildung zahlreicher, lange überdauerungsfähiger Samen. Beispiel: Löwenzahn (*Taraxacum Sectio Ruderale*), Riesen-Bärenklau (*Heracleum gigantheum*), Hirtentäschelkraut (*Capsella bursa-pastoris*).

Es gibt Unkräuter, die zu beiden Gruppen gehören.

3.6 Viele kleine Teiche und naturnahe Wasseranlagen dienen als Lebensraumersatz, da die natürlichen Biotope immer seltener werden. Insofern können viele Anlagen in Hausgärten zu einer Biotopvernetzung führen und damit viele bedrohte Tier- und Pflanzenarten bei naturnaher Anlage ein neues Zuhause geben.

3.7

Frühjahrsblüher	Sommerblüher	Herbstblüher	Winterblüher
Cornus mas Kornellkirsche	*Hypericum calycinum* Großblättriges Johanniskraut	*Osmanthus heterophyllus* Duftblüte	*Viburnum x bodnantense* Winter-Schneeball
Forsythia x intermedia Goldglöckchenstrauch	*Hydrangea aspera sargentiana* Samthortensie	*Ceanothus x delilianus* Säckelblume	*Jasminum nudiflorum* Winter-Jasmin

3.8

Acer campestre	Feldahorn	*Acer japonicum*	Japanischer Ahorn
Acer platanoides	Spitzahorn	*Acer rufinerve*	Rotnerviger Ahorn
Acer pseudoplatanus	Bergahorn	*Acer saccharinum*	Silber-Ahorn
Acer griseum	Zimtahorn	*Acer negundo*	Eschen-Ahorn
Acer tataricum ginnala	Feuerahorn	*Acer pensylvanicum*	Streifen-Ahorn

4.1

Blumenkohl *Brassica oleracea var. botrytis*	Möhren *Daucus carota ssp. sativus*
Zwiebel *Allium cepa Cepa-Gruppe*	Radieschen *Raphanus sativus var. sativus*
Knollensellerie *Apium graveolus var. rapaceum*	Krause Petersilie *Petroselinum crispum var. crispum*
Zuckererbsen *Pisum sativum var. sativum Macrocarpon*-Gruppe	Gewöhnlicher Feldsalat *Valerianella locusta*
Einjährige Rispe *Poa annua*	Ackerkratzdistel *Cirsium arvense*
Hirtentäschelkraut *Capsella bursa-pastoris*	Spitzwegerich *Plantago lanceolata*
Feldahorn *Acer campestre*	Eberesche *Sorbus aucuparia*
Ross-Kastanie *Aesculus hippocastanum*	Douglasie *Pseudotsuga menzisii*
Kürbis *Cucurbita pepo*	Bohnen *Phasaeolus vulgaris var. vulgaris*
Mais *Zea mays*	Kresse *Lepidium sativum*

4.2

Kartoffelsorte	**Erkennungsmerkmal**
Bintje	mehlig kochend, mittelfrühe Speise- und Wirtschaftssorte
Blauer Schwede	Vorwiegend festkochend, mittelfrühe Speisesorte mit violetten Fleisch
Eurotango	Mittelspäte Stärkekartoffel
Rote Emmalie	Mittelfrühe Speiskartoffel, vorwiegend festkochend mit rotem Fleisch und roter Schale
Markies	Mittelspäte Pommessorte, mehlig bis festkochend

4.3 Blumenkohl hat in Deutschland von Mai bis Oktober Verkaufssaison. Deswegen müssen die Anbauzeiten gestaffelt werden, um durchgehend zu ernten. Da aber über die Sommermonate auch viele andere Länder ihre Ernte auf dem deutschen Gemüsemarkt verkaufen, ist in dieser Zeit der Blumenkohl – im Vergleich zu der Zeit, wo Blumenkohl von Deutschland importiert wird – besonders preisgünstig und die Gewinnspanne für den Gemüsebau besonders niedrig.

4.4 Bohnen *(Phaseolus)*, Fenchel *(Foeniculum)*, Porree *(Allium porrum var. porrum)*, Radieschen *Raphanus sativus var. sativus)*, Rote Bete *(Beta vulgaris var. vulgaris)*, Schwarzwurzel *(Scorzonera)*, Spargel *(Asparagus officinalis)*, Spinat *(Spinacia oleracea)*, Zwiebeln *(Allium cepa Cepa-Gruppe)*, Salate *(Lactuca)*

4.5 **Samenunkräuter** müssen am Aussamen gehindert werden, wenn man sie wirkungsvoll bekämpfen will. Folglich sollten sie vor der Blüte, spätestens aber vor der Samenreife gehackt oder gejätet werden. Bei trockener Witterung kann man sie dann auf dem Feld liegen lassen, wo sie vertrocknen. Später lassen sie sich als organisches Material in den Boden einarbeiten.

Wurzelunkräuter vermehren sich hauptsächlich über ein ausgeprägtes Wurzelsystem (tiefe Pfahlwurzel, teppichartige Rhizome etc.). Oberflächliches Hacken regt die Vermehrung (Neuaustrieb aus den zerteilten Wurzelstücken) an. Stattdessen sollte die gesamte Wurzel tiefgründig ausgestochen werden.

4.6 Im ökologischen Gemüsebau wird auf mineralische Stickstoffdüngung verzichtet. Der Stickstoffbedarf wird mit organischer Düngung (Gülle, Mist, Kompost) gedeckt. Andere künstlich hergestellte Düngemittel sollen ebenfalls nicht verwendet werden; nur natürlich vorkommende Nährstoffquellen werden für die Düngung herangezogen. Außerdem wird auf sämtliche Pestizide zum Schutz der Biodiversität verzichtet. Krankheiten und Unkräuter werden vorwiegend durch angepasste Fruchtfolgen, mechanische Bekämpfungsmethoden und bodenschonende Bearbeitungsmethoden im Zaum gehalten. Der Einsatz von gentechnisch veränderten Pflanzen oder Pflanzenschutzmitteln ist nicht zulässig.

4.7 Die Prüfungen nach dem Sortenschutzgesetz durch das Bundessortenamt gewährleisten fest definierte Kennzeichen der jeweiligen Sorte. Sofern man auf solch zertifiziertes Saatgut zurückgreift, sind die Sorteneigenschaften garantiert. Dies gilt insbesondere für Hybridsorten der F1-Generation. Der Selbstnachbau von Pflanzen, auch von gesammeltem Saatgut oder Pflanzmaterial, muss zum Schutz der Züchter extra erlaubt bzw. vermehrungstechnisch möglich sein.

4.8 Die Leguminosen gehen in ihren Wurzelknöllchen eine Symbiose mit Bakterien ein, die Stickstoff aus der Luft fixieren. Sie sind dadurch unabhängig vom Nitratgehalt des Bodens und auch an extrem stickstoffarme Böden angepasst. Gleichzeitig können sie den Boden mit Stickstoff anreichern, weshalb sie in der Landwirtschaft zur Gründüngung angebaut werden.
Die Leguminosen können ein- bis zweijährige oder ausdauernde krautige Pflanzen, Sträucher und Bäume sein. Unter den Gemüsepflanzen gehören Erbsen, Bohnen, Linsen, aber auch die Erdnuss dazu.

5.1

Sanddorn *Hippophae rhamnoides*	Tafel-Apfel *Malus domestica*
Heidelbeere, Blaubeere *Vaccinum corymbosum*	Brombeere *Rubus fruticosus*
Süßkirsche/Sauerkirsche *Prunus avium/ Prunus cerasus*	Apfel-Quitte *Cydonia oblonga var. maliformis*
Echte Mispel *Mespilus germanica*	Kiwi *Actinidia deliciosa*
Gemeiner Rhabarber *Rheum rhabarbarum*	Garten-Erdbeere *Fragaria x ananassa*
Kapstachelbeere *Physalis peruviana*	Banane *Musa acuminata*
Gewöhnliche Haselnuss *Corylus avellana*	Kornellkirsche *Cornus mas*
Pflaume *Prunus domestica*	Rote Johannisbeere *Ribes rubrum*
Acker-Schachtelhalm *Equisetum arvense*	Stinkender Storchschnabel *Geranium robertianum*
Weißklee *Trifolium repens*	Gänseblümchen *Bellis perennis*

5.2

Frucht	Botanischer Name	X
Holunder	Sambucus nigra	
Zitrone	Citrus x limon	X
Vogelbeere	Sorbus aucuparia	
Erdbeere	Fragraria x ananassa	
Kiwi	Actinidia deliciosa	X
Papaya	Carica papaya	X
Schwarze Johannisbeere	Ribes nigrum	X
Himbeere	Rubus idaeus	
Tomate	Solanum lycopersicum	X

5.3

Garten-Erdbeeren	Süßkirsche
Mitte Mai bis Ende Juli	Anfang Juni bis Mitte September

5.4

Pflanze	Sorte 1	Sorte 2
Tafel-Apfel	Boskop	Braeburn
Tafel-Birne	Williams Christ	Abate Fetel
Garten-Erdbeere	Senga Sengana	Korona
Zwetschge	Bühler Frühzwetschge	Presenta
Himbeeren	Autumn Bliss	Framita

5.5 **Hochstamm:** Baum, deren Kronenansatz in mindestens 180–220 cm Höhe liegt. Um diese Form zu erreichen werden in der Baumschule, in den ersten Jahren nach der Aussaat bzw. Veredelung, sämtliche Seitenäste und im dritten Jahr alle Äste unterhalb der gewünschten Kronenhöhe entfernt. Der junge Baum wird in dieser Zeit mehrfach mittels beispielsweise eines Ballenschneiders umgesetzt, sprich „verschult", um eine Konzentration der Wurzeln auf einen kompakten Ballen zu erhalten und damit das Anwachsen am endgültigen Standort zu verbessern.

Halbstamm: Baum, deren Kronenansatz etwa zwischen 100 cm und 160 cm liegt. Bei Niederstämmen beginnt die Krone schon ab 80–100 cm Höhe.

5.6 *Cornus mas* (Kornelkirsche), *Prunus spinosa* (Schlehe, Schwarzdorn), *Prunus sylvestris* (Holzapfel), *Aronia melanocarpa* (Apfelbeere), *Amelanchier ovalis* (Gewöhnliche Felsenbirne), *Sambucus nigra* (Holunder), *Prunus cerasifera* (Kirschpflaume), *Morus nigra* (Schwarze Maulbeere), *Hippophae rhamnoides* (Sanddorn), *Rosa canina* (Heckenrose)

5.7

Kriechender Hahnenfuß *(Ranunculus repens)*	Knoblauchsrauke *(Alliaria petiolata)*	Erdrauch *(Fumaria officinalis)*

5.8

Obstart	**Erntetermin**							
	Apr	Mai	Jun	Jul	Aug	Sept	Okt	Nov
Stachelbeere								
Blaubeere								
Schattenmorelle								
Holunder								
Apfelquitte								

6.1

Sommer-Linde *Tilia platyphyllos*	Weißbuche, Hainbuche *Carpinus betulus*
Blaue Mädchenkiefer *Pinus parviflora ,Glauca‘*	Muschelzypresse *Chamaecyparis obtusa ,Nana Gracilis‘*
Garten-Tulpe *Tulipa Cultivars*	Perlhyazinthe *Muscari botryoides*
Zebra-Schilf *Miscanthus sinensis zebrinus*	Pampasgras *Cortaderia selloana*
Adlerfarn *Pteridium aquilinum*	Tüpfel-Farn *Polypodium vulgare*
Federnelke *Dianthus plumarius*	Japan-Anemone *Anemone hupehensis*
Steppen-Salbei *Salvia nemorosa ssp. nemorosa*	Frauenmantel *Alchemilla mollis*
Christrose *Helleborus nigra*	Gelbfelberich *Lysimachia punctata*
Tannenwedel *Hippuris vulgaris*	Gelbe Teichrose *Nuphar lutea*
Acker-Stiefmütterchen *Viola arvensis*	Klettenlabkraut *Gallium aparine*

6.2 *Aster amellus* (Bergaster), *Centranthus ruber* (Rote Spornblume), *Eryngium planum* (Flachblättriger Mannstreu), *Euphorbia polychroma* (Bunte Wolfsmilch), *Gypsophila repens* (Teppich-Schleierkraut), *Knautia macedonia* (Mazedonische Witwenblume), *Linaria vulgaris* (Gewöhnliches Leinkraut), *Salvia nemorosa* (Steppen-Salbei), *Sedum telephium* (Herbstfetthenne), *Thymus vulgaris* (Echter Thymian)

6.3 **Blau blühend sind:** *Campanula carpatica* (Karpatenglockenblume), *Delphinum Grandiflorum*-Hybriden (Rittersporn), *Geranium himalayense* (Himalaya-Storchschnabel), *Scabiosa caucasica* (Skabiose), *Symphytum azureum* (Beinwell), *Stachys macrantha* (Ziest)

Die Farbwirkung wird durch einige gelbblühende Blütenstauden unterstützt: *Coreopsis tripteris* (Hohes Mädchenauge), *Crocosmia x crocosmiflora* (Krokosmie), *Geum chiloense* (Nelkenwurz), *Rudbeckia fulgida* (Sonnenhut), *Solidago rugosa* (Raue Goldrute)

6.4

Deutscher Name	Botanischer Name	Verwendungsbereich
Feder- Zwenke	*Brachypodium pinnatum*	ausläufertreibend
Wald-Hainsimse	*Luzula sylvatica*	unter Gehölzen
Wiesen-Kammgras	*Cynosurus cristatus*	z. T. ausläufertreibend
Weißrand-Japansegge	*Carex morrowii 'Variegata'*	unter Gehölzen, immergrün
Blaustrahl-Hafer	*Helictotrichon sempervirens*	Freiflächen, immergrün
Blauschwingel	*Festuca cinerea*	Wassernähe, Steingärten
Wimper-Perlgras	*Melica ciliata*	Freiflächen

6.5 Geschützte Stauden dürfen nicht am heimischen Wildstandort entnommen werden. Sie müssen gärtnerisch kultiviert werden, damit man sie weiterverkaufen kann. Dazu gehört, dass zugekauftes Saat- oder Pflanzgut aus zertifizierten Betrieben stammt, die für die Herkunft aus Gärtnereien garantiert.

6.6

Pflanze	**Blühtermin**											
	Jan	Feb	Mär	Apr	Mai	Jun	Jul	Aug	Sept	Okt	Nov	Dez
Kokardenblume *(Gaillardia Hybride)*						■	■	■	■			
Tränendes Herz *(Dicentra spectabilis)*					■	■						
Teppich-Seifenkraut *(Saponaria ocymoides)*					■	■	■					
Silberkerze *(Cimicifuga simplex)*									■	■		
Amur-Adonisröschen *(Adonis amurensis)*		■	■									

6.7 **Invasive Arten:** Breiten sich Arten durch den Menschen in Gebieten außerhalb ihrer Heimat aus, spricht man von invasiven Arten. Sie können erhebliche Schäden anrichten, da sie einheimische Arten verdrängen oder ökonomische und medizinische Folgekosten verursachen können. Häufig vermehren sie sich explosionsartig, da sie im neuen Gebiet keine Fraßfeinde haben. Neben etlichen Pflanzen zählen auch Tierarten dazu.

Neophyten: Pflanzen, die sich invasiv ausbreiten, nennt man auch Neophyten. Typische Vertreter der Neophyten sind neben Wildkräutern auch viele Gartenpflanzen. Neophyten können sich sprunghaft ausbreiten, wenn sie günstige Bedingungen vorfinden. Gegenwärtig sind sie in manchen Regionen bereits zum Problem geworden und ihre Ausbreitung sollte nach Möglichkeit verhindert werden, da sie unter Umständen die heimische Vegetation verdrängen.

Zu den „alten Neophyten" zählen u. a. der persische Ehrenpreis (*Veronica persica*), das Franzosenkraut (*Galinsoga cilista*) oder die kanadische Goldrute (*Solidago canadensis*). Besonders problematisch sind der Riesen-Bärenklau (*Heracleum giganteum*) und der Sachalin-Knöterich (*Polygonum sachalinensis*).

6.8 Stauden gibt es mittlerweile das ganze Jahr über zu kaufen. Die beste Pflanzzeit ist aber nach wie vor der Herbst, von September bis November: Dann ist das oberirdische Wachstum der Stauden abgeschlossen, während im warmen Boden die Wurzeln noch wachsen. Milde Temperaturen und ausreichende Niederschläge unterstützen diese Vorbereitung auf einen guten Start in den Frühling. Aber: keine Regel ohne Ausnahme. Frostempfindliche Stauden, zum Beispiel bestimmte Liliensorten, sollten besser im Frühjahr gepflanzt werden, von März bis Mai. Weil es zu dieser Jahreszeit aber schon längere Trockenperioden geben kann, darf man das Gießen nicht vergessen.

7.1

Spitzahorn *(Acer platanoides)*	Stieleiche *(Quercus robur)*
Maiglöckchen *(Convallaria majalis)*	März-Veilchen *(Viola odorata)*
Zimmerkalla *(Zantedeschia aethiopica)*	Zimmer-Azalee *(Rhododendron simsii)*
Flammendes Käthchen *(Kalanchoe blossfeldiana)*	Großes Fensterblatt *(Monstera deliciosa)*
Efeutute *(Epipremnum pinnatum)*	Grünlilie *(Chlorophytum comosum)*
Schwarzäugige Susanne *(Thunbergia alata)*	Buntnessel *(Solenostemon scutellarioides)*
Garten-Löwenmäulchen *(Antirrhinum majus)*	Feuer-Salbei *(Salvia splendens)*
Edelrose *(Rosa Cultivars)*	Garten-Nelke *(Dianthus Cultivars)*
Sonnenblume *(Helianthus annuus)*	Garten-Schleierkraut *(Gypsophila repens)*
Vogelmiere *(Stellaria media)*	Rote Taubnessel *(Lamium galeobdolon)*

7.2 *Ficus lyrata* (Geigenblatt-Feige), *Ficus elastica* (Gummibaum), *Ficus pumila* (Kletterfeige), *Ficus benjamini* (Birkenfeige), *Ficus sycomorus* (Esels-Feige)

7.3

Blattschmuckpflanzen	**Blütenpflanzen**
Efeu *(Hedera helix)*	Kleine Flamingoblume *(Anthurium scherzerianum)*
Bubikopf *(Soleirolia soleirolii)*	Weihnachtsstern *(Euphorbia pulcherrima)*
Weißfrüchtiger Drahtstrauch *(Muehlenbeckia complexa)*	Usambaraveilchen *(Saintpaulia ionantha)*
Frauenhaarfarn *(Adiantum capillus-veneris)*	Pantoffelblume *(Calceolaria Hybride)*
Zimmertanne *(Araucaria heterophylla)*	Lanzenrosette *(Aechmea fasciata)*

7.4

Pflanze	**Blühtermin**											
	Jan	Feb	Mär	Apr	Mai	Jun	Jul	Aug	Sept	Okt	Nov	Dez
Fuchsia-Hybride						■	■	■	■	■		
Primula acaulis		■	■									
Myosotis palustris			■	■	■	■	■	■	■			
Lantana camara							■	■	■			
Petunia-Hybride				■	■	■	■	■	■			

7.5 **Für überhängenden Wuchs:** Hänge-Petunien (*Petunia*-Hybride), Hänge-Pelargonien (*Pelargonium peltatum*), Männertreu (*Lobelia erinus*), Weihrauch (*Plectranthus coleoides*), Elfenspiegel (*Nemesia versicolor*)

Für aufrechten Wuchs: Aufrechte Pelargonie (*Pelargonium zonale*), aufrechte Fuchsie (*Fuchsia*-Hybride), Feuersalbei (*Salvia splendens*), Kleine Studentenblume (*Tagetes patula*), Vanilleblume (*Heliotropium arborescens*)

7.6

Abbildung	**Pflanzenname**	**Wurzelunkraut**	**Samenunkraut**
	Große Brennnessel *(Urtica dioica)*	x	x
	Ampfer-Knöterich *(Polygonum lapathifolium)*		x
	Quecke *(Elymus repens)*	x	

7.7 Damit *Euphorbia pulcherrima* zur Saison Ende November bis Ende Dezember verkaufsfertig kultiviert ist, müssen die Jungpflanzen je nach Sorte ab Mitte Juni getopft werden. Diese Angabe bezieht sich auf die Einhaltung der Kultur unter optimalen Licht- und Temperaturverhältnissen (ggf. je nach Sorte beschatten bzw. heizen).

7.8 *Viola arvensis* (Acker-Stiefmütterchen), *Viola tricolor* (Wildes Stiefmütterchen), *Viola odorata* (Märzveilchen), *Viola biflora* (Gelbes Veilchen), *Viola hirta* (Rauhaariges Veilchen)

1. Produktionsgartenbau

(Baumschule, Friedhofsgartenbau, Gemüsebau, Obstbau, Staudengärtnerei, Blumen- und Zierpflanzenbau)

1.1 Pflanzsubstrate sind vielgestaltig und werden in allen Produktionsgartenbaubetrieben verwendet.

- Erklären Sie anhand dieses Beispiels die Begriffe „Sortimentsbreite“ und „Sortimentstiefe“ (g, f).
- Ein Sack Torfsubstrat (80 l) kosten einschließlich 19 % Mehrwertsteuer 13,50 €. Berechnen Sie die Kosten für 1 m³ desselben Substrates im Einkauf netto. Berücksichtigen Sie dabei einen Kalkulationsfaktor von 2,3 (e, o).

1.2 In Ihrem Betrieb wird ein neuer Venlo-Block für den Verkauf genutzt.

- Beschreiben Sie fünf Vorteile dieses Gewächshaustyps für den Verkaufsbereich (c).
- Ermitteln Sie die Nettostellfläche des Blocks in m², wenn dieser sieben Kappen mit jeweils 3,20 m Nennbreite besitzt, 15 m tief ist und die eingebauten Tische einen Flächennutzungsgrad von 72 % ergeben (b, e, g).

1.3 Sie haben folgende Dünger in Ihrem Sortiment:

Hakaphos blau 15-15-15-1
Osmocote umhüllt 3M 15-15-12
Hakaphos rot 8-12-24-4
Hornspäne 24 % N

- Was bedeuten die Angaben? Geben Sie jeweils ein Beispiel für einen Anwendungsbereich (f).
- Welchen der genannten Dünger können Sie für eine Langzeitdüngung einer Pflanzschale empfehlen? Begründen Sie Ihre Entscheidung (f).

1.4 Für die Anzucht von Kopfsalat will ein Gemüsebaubetrieb in ein neues Gewächshaus investieren. Die Wahl der Bauart (Glas- oder Folienhaus) ist noch nicht getroffen.

- Wählen Sie einen Gewächshaustyp aus und begründen Sie mit drei Argumenten Ihre Entscheidung ausführlich (b).
- Berechnen Sie für die folgende Hausgröße die Grundfläche sowie das Luftvolumen (e):

Nennbreite	6,00 m
Stehwandhöhe	2,30 m
Firsthöhe	3,80 m
Hauslänge	40,00 m

1.5 Beschreiben und bewerten Sie zwei automatisierte Bewässerungssysteme hinsichtlich ihres Einsatzes auf Tischen oder in Grundbeeten (c).

1.6 Die Kultur einer Kurztagspflanze mit einer kritischen Tageslänge von zwölf Stunden wird zu Beginn der zweiten Augustwoche begonnen. Die Reaktionszeit beträgt sechs Wochen, die Gesamtkultur erstreckt sich auf zwölf Wochen. Muss eine fotoperiodische Zusatzbelichtung oder eine Verdunklung eingesetzt werden? Begründen Sie Ihre Entscheidung (a).

1.7 Wie sieht ein umweltschonendes Produktionsverfahren Ihrer Fachrichtung aus? Gehen Sie bei Ihren Ausführungen auf vier der folgenden Bereiche ein: Materialeinkauf, Düngung, Pflanzenschutz, Bewässerung, Entsorgung, Versand (a, f, g, i, j, m).

1.8 Auch im Gartenbau gibt es die unterschiedlichen Verpackungssysteme „Einweg“ und „Mehrweg“. Unterscheiden Sie anhand von fünf Beispielen aus Ihrer Fachrichtung diese beiden Systeme und berichten Sie über die Gründe für Ihren Einsatz (f, g, i).

1.9 Es gibt unterschiedliche Arten, Pflanzen zu bewässern.

- Bewerten Sie die Eignung eines „Überkopf-Verfahrens“ bei der Bewässerung und eines kapillaren Bewässerungssystems für die gartenbauliche Produktion (c, i).
- In einem Gewächshaus stehen 10er Rechtecktöpfe (10 cm x 10 cm) dicht an dicht. Wie viel Wasser im Jahr erhält jede Pflanze, wenn 700 mm pro m² gegeben werden (e)?

1.10 Beim Kaufverhalten der Kunden unterscheidet man verschiedene „Typen“. Wählen Sie einen Kundentyp aus und erläutern Sie ausführlich unter Angabe von vier Argumenten, wie Sie sich während eines Verkaufsgesprächs auf diesen einstellen können (g).

1.11 Erläutern Sie die automatischen Klimatisierungsmöglichkeiten eines Gewächshauses im Sommer, wenn ein steter Wechsel von Bewölkung und Sonne vorausgesetzt wird (fünf Angaben) (b, c, d).

1.12 Die Grundsätze des Umwelt- und Anwenderschutzes sind beim Einsatz von Pflanzenschutzmitteln zu beachten.

- Berichten Sie über fünf Maßnahmen, die im Hinblick auf den Umweltschutz zu berücksichtigen sind (i).
- Es sind 45 l Spritzbrühe mit einem Fungizid herzustellen, welches 0,15%ig anzumischen ist. Wie viel ml des Fungizids werden benötigt (e)?

1.13 Maschinen und Geräte mit Zweitakt-Motoren werden im Gartenbau häufig eingesetzt.

- Welche Eigenschaften hat diese Motorenbauart (d)?
- Machen Sie vier Angaben, für welche Maschinen und Geräte im Gartenbau sich der Zweitakter besonders gut eignet (d).

1.14 Pflanzenschädigungen treten u. a. auf durch den Dickmaulrüssler, Rost und Echten Mehltau. An welchen Pflanzengattungen treten diese Schädigungen und Krankheiten besonders häufig auf? Geben Sie jeweils fünf Beispiele für die Schädlinge (d, i).

1.15 Der Kunde ist König!

- Erläutern Sie je zwei Erwartungen der Kunden an den Gärtner, die Ware und das Geschäft (g).
- Ein Kunde kommt mit einer Reklamation zu Ihnen. Schildern Sie mit fünf Angaben die kundenorientierte Abwicklung einer Reklamation (g).

1.16 Der Gesetzgeber fordert als Minimum des Umweltschutzes den integrierten Pflanzenschutz.

- Erklären Sie die Begriffe „Integrierter Pflanzenschutz" und „Wirtschaftliche Schadensschwelle" (i).
- Welche Gesetze kennen Sie, die den Bereich des Pflanzenschutzes betreffen? Nennen Sie mindestens drei (k).

1.17 Sie sollen ein 12 m breites und 60 m langes Gewächshaus mit 2,20 m breiten Tischen einrichten.

- Wählen Sie zwei Varianten der Aufstellmöglichkeiten aus (b).
- Fertigen Sie Skizzen mit Maßen an (b).
- Schreiben Sie jeweils zwei Vor- und Nachteile der beiden Entwürfe (b).
- Berechnen Sie für beide Modelle den Nutzflächenanteil (e).

1.18 Der umweltbewusste Gärtner ist bestrebt, durch verschiedene Zuschlagstoffe den Torfanteil zu verringern.

- Erläutern Sie die Problematik des Torfeinsatzes (i)
- Nennen Sie drei Zuschlagstoffe mit jeweils zwei Eigenschaften (f).
- Begründen Sie, in welchen Verwendungsbereichen des Gartenbaus auf Torf teilweise verzichtet werden kann (drei Angaben) (i).

1.19 Welche Möglichkeiten haben Sie als Unternehmer Ihres eigenen Betriebes mit vier Arbeitskräften, eine Erhöhung oder Verbesserung der Arbeitsleistung Ihrer Mitarbeiter zu erreichen (l)?

1.20 Beschreiben Sie ausführlich eine Düngung Ihrer Wahl an einer Beispielkultur unter Berücksichtigung der Menge, des Zeitpunktes und der Ausbringtechnik (d, f, h).

1.21 Das Verkaufen wird mit Beraten häufig in einem Zusammenhang genannt.

- Erläutern Sie ausführlich sechs Möglichkeiten der Kundeninformation (n).
- Listen Sie vier Produkte aus der gärtnerischen Angebotspalette auf, die beratungsintensiv sind und begründen Sie dies (g).

1.22 Listen Sie vier Bausteine des Marketings auf.

1.23 Die Wachstumsfaktoren für Pflanzen lassen sich durch gärtnerische Maßnahmen nachhaltig verbessern. Nennen Sie drei Wachstumsfaktoren und erläutern Sie jeweils zwei Vorschläge für eine Verbesserung in einer Kultur (a).

1.24 Ein Gewächshaus soll für die Topfpflanzenproduktion eingerichtet werden.

- Machen Sie vier Vorschläge, welche technischen Erneuerungen für gesteuerte Kulturen notwendig sind, die ganzjährig angebaut werden sollen (b).

- Berechnen Sie den Nutzflächenanteil in m², wenn ein 12 m Normgewächshaus mit 15 Binderfeldern zu 75 % mit Tischen bestückt ist (Binderfeldabstand 3,065 m) (e).

1.25 In Gewächshäusern können Normaltische und Rolltische eingebaut werden.

- Beschreiben Sie, worin der Vorteil beim Einsatz von Rolltischen liegt (drei Angaben) (b).

- Um wie viel Prozent kann der Flächennutzungsanteil eines Gewächshauses gesteigert werden, wenn anstelle von 16 Normaltischen mit 8 m Länge und 2,20 m Breite nunmehr 20 Rolltische mit den gleichen Maßen eingebaut werden (e)?

1.26 In modernen Bewässerungssystemen finden Düngermischer und Düngercomputer Anwendung, wobei die Dosierung der Dünger häufig nach einer Leitfähigkeitsmessung vorgenommen wird.

- Erklären Sie, was mit der Leitfähigkeit gemessen wird und geben Sie auch die Messeinheiten an (d).

- Wie viel kg Dünger benötigen Sie zum Ansetzen einer 10%igenStammlösung, wenn der Behälter dafür einen Durchmesser von 0,45 m besitzt und dieser auf 0,50 m Höhe angefüllt werden soll (e)?

1.27 Beschreiben und bewerten Sie zwei automatisierte Bewässerungssysteme hinsichtlich ihres Einsatzes für die Topfpflanzenkulturen auf Tischen oder Grundbeeten. Nennen Sie jeweils fünf Argumente (d).

1.28 Die Schattierung im Gewächshaus trägt maßgeblich zur Klimasteuerung bei.

- Worin unterscheiden sich Dauerschattierungen von beweglichen Schattierungen? Erläutern Sie jeweils zwei Vor- und Nachteile (d).

- Für einen Schattierungsanstrich benötigen Sie 30 g/m² Glasfläche. Wie hoch ist der Materialbedarf, wenn Sie von folgenden Voraussetzungen ausgehen (e):

Breite	6,00 m
Länge	30,00 m
Stehwandhöhe	2,50 m
Firsthöhe	3,80 m
Dachschenkellänge	3,35 m

1.29 Jedem Düngemitteleinsatz müssen laut Düngeverordnung Bodenuntersuchungen vorangehen.

- Erläutern Sie die exakte Vorgehensweise bei der Entnahme einer Bodenprobe zur Bestimmung des Nährstoffgehaltes für eine Topfpflanzenkultur oder eine Freilandkultur von der Entnahme bis zum Verschicken der Probe (f).

- An Reinnährstoff ist in einem Liter Torfkultursubstrat (TKS) 180 mg N enthalten. Wie viel g Reinnährstoff N ist in einem m³ TKS enthalten? Wie viel kg Hornspäne mit 14% N müssen Sie einem m³ Torf zusetzen, wenn Sie ein gleichwertiges Torfkultursubstrat herstellen wollen (e)?

1.30 Die in einem Folienhaus stehenden *Primula auricula* werden durch *Botrytis cinerea* geschädigt.

- Beschreiben Sie den Ablauf der Infektion dieses Pilzes sowie das erkennbare Schadbild.

- Welche vorbeugenden Kulturmaßnahmen können eine Verringerung der Infektionsgefahr bewirken? Machen Sie bitte fünf Angaben (a).

- Wie viel ml eines Fungizids benötigen Sie für die Bekämpfung in dem Folienhaus, wenn die Bruttofläche 500 m² und die Nettofläche 75 % beträgt, die 0,15%ige Pflanzenschutzbrühe zur Bekämpfung des Erregers gelöst ist und 8 l pro 100 m² zur Bekämpfung des Erregers geeignet ist (e)?

1.31 Die unter Hochglas stehenden Rosen werden durch Spinnmilben geschädigt.

- Beschreiben Sie den Ablauf der Schädigung der Kulturpflanzen sowie das erkennbare Schadbild.

- Welche vorbeugenden Kulturmaßnahmen können eine Verringerung der Infektionsgefahr bewirken? Nennen Sie vier Möglichkeiten (a).

- Wie viel ml eines Akarizids müssen in welcher Wassermenge für die Bekämpfung gelöst werden? Die Bruttofläche beträgt 750 m², die Nettofläche macht davon 80 % aus. Das Pflanzenschutzmittel soll 0,25%ig angesetzt werden und Sie benötigen 10 l Spritzbrühe für 100 m² (e).

1.32 Pflanzenschädigungen treten unter anderem durch Thrips, Spinnmilben und Echten Mehltau auf.

- An welchen Pflanzengattungen treten diese Schädlinge und Krankheiten besonders auf? Machen Sie jeweils fünf Angaben.

- Erläutern Sie jeweils ausführlich zwei Möglichkeiten zur Bekämpfung (f).

- Wie viel ml eines Insektizids müssen in welcher Wassermenge für eine Bekämpfung gelöst werden? Die Bruttofläche beträgt 600 m², die Nettofläche macht davon 70 % aus. Das Pflanzenschutzmittel soll 0,2%ig angesetzt werden und Sie benötigen 10 l Spritzbrühe für 100 m² (e).

1.33 Torf ist eine knappe und unter Naturschutzaspekten schützenswerte Ressource.

- Erläutern Sie je drei Vor- und Nachteile des Torfeinsatzes (f).

- Nennen Sie drei Torfersatzstoffe mit jeweils zwei Eigenschaften (f).

- Begründen Sie mit drei Angaben, in welchen Verwendungsbereichen des Gartenbaus auf Torf wenigstens teilweise verzichtet werden kann (i).

1.34 Pflanzen werden in einer Vielzahl unterschiedlicher Gefäße kultiviert.

- Welche fünf Anforderungen stellen Sie an optimale Kulturgefäße (f)?

- Vergleichen Sie zwei Töpfe unterschiedlicher Materialien hinsichtlich ihrer Vor- und Nachteile mit jeweils drei Angaben (f).

1.35 Erläutern Sie eine Düngungsmaßnahme an einer Beispielkultur, indem Sie auf Menge, Zeitpunkte und Ausbringtechnik eingehen.

- Erläutern Sie, welches Ziel Sie mit der Düngergabe erreichen wollen (f).
- Wie viel kg Kalkammonsalpeter mit 27 % Gesamtstickstoff muss auf einer Fläche von 350 m^2 gestreut werden, wenn pro m^2 8 g Rein-N ausgebracht werden sollen (e)?

1.36 Im Zierpflanzenbau haben Sie die Möglichkeit, Kulturen auf einen bestimmten Verkaufstermin zu produzieren. Beschreiben Sie für eine beispielhafte Zierpflanzenkultur Ihrer Wahl die gezielte Blühterminsteuerung (g).

1.37 Im Zierpflanzenbau hat die umweltschonende Produktion große Bedeutung. Erläutern Sie ausführlich die zwei Bausteine (i)

- Düngung
- Bewässerung

1.38 Die Pflanzenernährung steht ganz im Zeichen des Umweltschutzes.

- Erläutern Sie fünf Maßnahmen einer verantwortungsbewussten und umweltverträglichen Düngung (i).
- Für eine Beetdüngung sollen 65 g eines Volldüngers pro m^2 gestreut werden. Wie viel g N, P_2O_5, K_2O und MgO werden bei einem Nährstoffverhältnis von 12-12-17-2 ausgebracht (e)?

1.39 Der Stickstoff bereitet in der Düngung große Sorgen.

- Erläutern Sie ausführlich zwei Problemfelder des Stickstoffeinsatzes (i).
- Beschreiben Sie drei Möglichkeiten, den Problemen in der N-Düngung fachgerecht zu begegnen (i).

1.40 Auf einer Fläche von 970 m^2 sollen 15 g Rein-N/m^2 gedüngt werden. Als Dünger steht Kalkammonsalpeter (27,5% N) zur Verfügung. Wie viel kg dieses Düngers muss ausgebracht werden (e)?

1.41 Energieverbrauch im Gartenbau:

- Welche Energiequellen können in Gartenbaubetrieben genutzt werden? Beschränken Sie sich auf fünf Angaben (j).
- Wie können Gartenbaubetriebe bei Verknappung und Verteuerung der fossilen Energieträger reagieren (j)?

1.42 Aus Gründen des Umweltschutzes werden viele Maßnahmen zur Energieeinsparung vorgenommen.

- Nennen Sie fünf Maßnahmen, die mit geringen Kosten durchgeführt werden können (j).
- Nennen Sie fünf bauliche Maßnahmen, die beim Neu- oder Umbau von Gewächshäusern und Gewächshausheizungen vorgenommen werden können (j).

1.43 Ein Gärtner hat die Möglichkeit, seine Heizungsanlage für Erdgas oder extra leichtes Heizöl einzurichten.

- Vergleichen Sie die beiden Brennstoffe in ihren Vor- und Nachteilen. Machen Sie dabei jeweils vier Angaben (i, j).
- Welcher Brennstoff ist günstiger, wenn extra leichtes Heizöl 0,66 €/l (Heizwert: 10,2 kWh/l) und Erdgas 0,57 €/m³ (Heizwert: 9,2 kWh/m³) kostet (e)?

1.44 Optimale Arbeitsplatzgestaltung und Arbeitsorganisation ermöglichen die Steigerung der Arbeitsleistung.

- Machen Sie fünf Vorschläge, die zu einer höheren Arbeitsleistung führen (l).
- Eine Arbeitskraft topft in einer Stunde 500 Pflanzen von Hand. Mit der Topfmaschine erhöht sich die Leistung auf 1.200 Stück pro Stunde. Wie viele Arbeitsstunden sind erforderlich, um 3.300 Pflanzen von Hand oder mit der Maschine zu topfen (e)?
- Berechnen Sie die Arbeitszeitersparnis in Stunden und in Prozent (Handarbeit = 100 %) (e)?

1.45 Die Arbeitsleistung hängt von verschiedenen Faktoren ab.

- Welche Möglichkeiten haben Sie persönlich, eine Steigerung der Arbeitsproduktivität zu erreichen? Machen Sie fünf Angaben (l).
- Welche Möglichkeiten hat der Unternehmer, die Arbeitsleistung der Mitarbeiter zu erhöhen (l)?

1.46 Bei der Berechnung von Maschinenkosten sind immer zwei Kostengruppen zu unterscheiden: Fixkosten und variable Kosten.

- Erklären Sie die Begriffe und ordnen Sie die unten angegebenen Kosten in der Aufstellung den beiden Gruppen zu (m, o).
- Was versteht man unter Abschreibung (m, o)?
- Die Festkosten einer Topfmaschine betragen pro Jahr 10.680,00 €. Berechnen Sie die variablen Kosten pro Maschinenstunde und die Gesamtkosten pro Maschinenstunde (e).

Anschaffungspreis	67.000,00 €
Nutzungsdauer	10 Jahre
Maschineneinsatz	800 h/Jahr
Wartung und Pflege	1 Lohnstd. auf 25 Std.
Betriebsstundenlohn	18,50 € + 80 % lohngeb. Kosten
Treibstoff	6 l/h zu 1,05 €/l
Unterstellkosten	450,00 €/Jahr
Zinsanspruch	8 %
Versicherung	850,00 €
Reparaturen	50 % vom Anschaffungspreis in 10 Jahren

1.47 Marketing ist wichtig für jeden Betrieb.

- Listen Sie die vier Bausteine des Marketing-Mix auf und erläutern Sie einen davon ausführlich (g).
- Ein Betrieb gibt für Marketingmaßnahmen in einem Jahr 2 % seines Umsatzes von 0,75 Millionen € aus. Wie viel Euro werden dann für einen Zeitraum von drei Monaten ausgegeben (e)?

1.48 Machen Sie zehn Angaben dazu, über welche persönlichen Fähigkeiten ein/e Gärtner/-in verfügen soll, der/die in einem Gartenbaubetrieb den Endverkauf organisieren soll (g).

1.49 Endverkaufsbetriebe können sich zur Teilnahme an einem Prüfverfahren zur PREMIUM-Gärtnerei bewerben.

- Wer führt dieses Verfahren durch (g)?
- Listen Sie fünf Beurteilungspunkte auf, die das Prüfverfahren beinhaltet und erläutern Sie einen davon ausführlich an einem konkreten Beispiel (g).

1.50 Für den Endverkauf gibt es verschiedene Anforderungen an die Beschaffung.

- Nennen Sie sechs dieser Anforderungen (g).
- Beschreiben Sie drei dieser Anforderungen ausführlich und erläutern Sie deren betriebliche Auswirkungen (g).

1.51 Zur Bepflanzung von Blumenkästen stehen verschiedene Erden zur Verfügung.

- Welche Anforderungen sind an diese Erden zu stellen? Machen Sie bitte vier Angaben (f).
- Erläutern Sie zwei Anforderungen Ihrer Wahl genauer (f).
- Beschreiben Sie die mögliche Zusammensetzung einer Erde Ihrer Wahl (f).

1.52 Beim Verkauf finden Sie folgende Angaben auf einer Pflanzenschutzmittelverpackung:

<table>
<tr><td>
</td><td>R 20, R21, R22</td></tr>
<tr><td></td><td>H 304</td></tr>
</table>

B1	
Insektizid	systemisch
Anwendungskonzentration	0,035 %

- Erklären Sie die Bedeutung dieser Angaben (f, i).
- Beschreiben Sie zwei gesetzliche Auflagen, die Sie beim Verkauf dieses Mittels einhalten müssen (f).

1.53 Seit dem 06.07.2013 gilt die neue Pflanzenschutz-Sachkundeverordnung. Erläutern Sie drei für Sie relevante Bestimmungen, die Sie beruflich berücksichtigen müssen, ausführlich (f, i).

1.54 In Ihrem Ausbildungsbetrieb ist der Neubau eines Verkaufsgewächshauses geplant.

- Nennen Sie fünf Ausstattungsmerkmale für die Inneneinrichtung des ca. 300 m² großen Verkaufsgewächshauses (c, g).
- Erläutern Sie bei drei Ausstattungselementen, warum Sie diese verwenden (c, g).

1.55 Abwechslungsreiche Werbeaktionen sollen Absatz und Umsatz im Verkaufsjahr steigern. Nennen Sie für jeden Monat des Jahres eine geeignete Werbeaktion (g, m).

1.56 In einem Gartencenter wird als Serviceleistung das Bepflanzen von Balkonkästen angeboten. Ihnen stehen zwei Erden mit folgender Zusammensetzung zur Verfügung:

Einheitserde P	LD 80
25 % Ton	40 % Ton
55 % Torf	45 % Torf
15 % Rindenhäcksel	15 % Rinde
5 % Perlite	
Mittlerer Nährstoffgehalt ohne Langzeitdünger	Hoher Nährstoffgehalt mit Langzeitdünger

Erläutern Sie die einzelnen Bestandteile und wählen Sie eine für die Balkonkastenbepflanzung aus. Begründen Sie Ihre Entscheidung (f).

1.57 Obst und Gemüse werden vor dem Verkauf oft in Kühlhäusern eingelagert.

- Beschreiben Sie anhand von drei Beispielen die Vorteile eines Kühlhauses für den Betriebsablauf (b).
- Man unterscheidet eine Direktkühlung von einer Mantelkühlung. Erläutern Sie mit jeweils zwei Angaben, was Sie dabei beachten müssen (b).

1.58 Erosion stellt ein großes Problem für unsere Nutzflächen dar.

- Mit wie viel m³ Bodenverlust müssen Sie auf 4,7 ha gärtnerisch genutzter Fläche rechnen, wenn im Durchschnitt 0,9 mm jährlich durch Erosion verloren gehen (e)?
- Wählen Sie zwei Arten der Erosion aus und beschreiben Sie diese ausführlich (a, g).
- Schlagen Sie zwei Möglichkeiten vor, wie man Erosion vermindern oder gar vermeiden kann (g, k).

1.59 Für einen Auftrag müssen Sie 150 Gewürzkräuter zukaufen. Ermitteln Sie aufgrund folgender Angaben den günstigsten Anbieter (e):

	Gemüsebaubetrieb „Lecker“	**Gemüsebaubetrieb „Kraut & Rüben“**
Listeneinkaufspreis [€]	2,50	2,75
Rabatt [%]	20	22
Skonto [%]	2	3
Verpackung [€]	30	keine
Frachtgebühren [€]	keine	40
Transportversicherung [‰ vom Listeneinkaufspreis]	2,0	1,5

1.60 Wasser ist ein schützenswertes Gut und darf durch gärtnerische Tätigkeiten nicht verunreinigt oder verschwendet werden. Beschreiben Sie fünf betriebliche Maßnahmen zum Schutz des Wassers ausführlich (g, d).

1.61 Im Rahmen der Kulturführung müssen Pflanzen über Nährstoffzufuhr ernährt werden. Wählen Sie einen Dünger aus und erläutern Sie das Ziel der Düngung, die Ausbringmenge und die Ausbringtechnik ausführlich (c, g, h, d).

2. Dienstleistungsgartenbau (Friedhofsgartenbau, Garten- und Landschaftsbau)

2.1 Die Wachstumsfaktoren für Pflanzen lassen sich durch gärtnerische Maßnahmen nachhaltig verbessern. Nennen Sie drei Wachstumsfaktoren und erläutern Sie jeweils zwei Vorschläge für eine dauerhafte Verbesserung in einer Kultur, einer friedhofsgärtnerischen Anlage oder in einem Gartenbeet (a).

2.2 Beschreiben Sie die Planungsschritte für den Bau eines Gehweges:

- Zeichnen Sie den Schichtenaufbau eines befahrbaren Weges (c).
- Benennen Sie die Schichten und erläutern Sie deren Aufgaben (c).
- Auf einem befahrbaren Gehweg (Maße: 2,25 m breit, 30 m lang) soll Mosaikpflaster verlegt werden. Eine t Mosaikpflaster reicht für 7 m² und kostet 385,00 €. Berechnen Sie die Kosten für das Pflaster inkl. 19 % Mehrwertsteuer (e).

2.3 Die Arbeitsleistung hängt von verschiedenen Faktoren ab.

- Erläutern Sie den Begriff Arbeitsleistung (l).
- Welche Möglichkeiten haben Sie persönlich, eine Erhöhung bzw. Verbesserung der Arbeitsproduktivität zu erreichen (l)?

2.4 Der integrierte Pflanzenschutz wird gesetzlich eingefordert.

- Erklären Sie die Begriffe „Integrierter Pflanzenschutz“ und „Wirtschaftliche Schadensschwelle“ (i).
- Erläutern Sie drei Bausteine des Integrierten Pflanzenschutzes anhand ausgewählter Beispiele (i).

2.5 Beschreiben und bewerten Sie zwei Bewässerungssysteme hinsichtlich ihres Einsatzes im Freiland mit jeweils fünf Angaben (c, d).

2.6 Im Friedhofsgartenbau werden Pflanzen in unterschiedlichen Töpfen kultiviert.

- Welche fünf Anforderungen stellen Sie an optimale Kulturgefäße (f)?
- Vergleichen Sie zwei Töpfe aus unterschiedlichen Materialien hinsichtlich ihrer Vor- und Nachteile mit jeweils drei Vergleichsgrößen pro Material (f).
- Für eine Topflieferung werden 3.750,00 € in Rechnung gestellt. Dem Gartenbaubetrieb wird ein Mengenrabatt von 15 % und bei Zahlung innerhalb von zehn Tagen ein Skonto von 3 % angeboten. Berechnen Sie den zu überweisenden Betrag nach Abzug der Preisnachlässe (e).

2.7 Sie sollen einen Weg mit Betonplatten (40 x 40 cm) anlegen. Der Weg ist 50 m lang und 2 m breit.

- Fertigen Sie eine Skizze mit den dazugehörigen Maßen an (c).
- Welche Materialien benötigen Sie für den Schichtenaufbau? Geben Sie auch die jeweiligen Mengen an (e, f).

2.8 Stickstoffdüngung wird häufig zu sorglos angewendet.

- Erläutern Sie ausführlich zwei Problemfelder des Stickstoffeinsatzes (i).
- Beschreiben Sie drei Möglichkeiten, den Problemen in der N-Versorgung sachgerecht zu begegnen (i).
- Auf einer Fläche von 675 m^2 sollen 19 g Rein-N/m^2 ausgebracht werden. Als Dünger steht Kalkammonsalpeter mit 27,5% N zur Verfügung. Wie viel kg des Düngemittels muss bereitgestellt werden (e)?

2.9 Torf ist eine endliche Ressource auf der Welt.

- Welche drei Argumente sprechen für, welche drei Argumente gegen den Einsatz von Torf (f, i)?
- Welche Materialien können den Torf ersetzen? Nennen Sie drei Materialien und erläutern Sie jeweils zwei Eigenschaften (f).
- Machen Sie drei Angaben, wo im Gartenbau auf Torfeinsatz wenigstens teilweise verzichtet werden kann (f).

2.10 Spinnmilben und Thripse zählen zu den pflanzenschädigenden Insekten, Rost und Mehltau zu den pilzlichen Pathogenen.

- Nennen Sie fünf Pflanzengattungen, welche besonders durch die genannten Insekten und Pilze bedroht sind (i).
- Welche Bekämpfungsmaßnahmen kennen Sie für Insekten, welche für den Pilzbefall? Zählen Sie jeweils zwei auf und erläutern Sie die Maßnahmen ausführlich (i).

2.11 Beschreiben Sie anhand von fünf Beispielen aus Ihrer beruflichen Praxis, wie durch optimale Gestaltung des Arbeitsplatzes und der Arbeitsorganisation die Arbeitsleistung erhöht werden kann (l).

- Für die Pflanzung von 500 *Floribunda*-Rosen benötigt ein erfahrener Kollege bei optimaler Arbeitsvorbereitung 2,5 Stunden. Die junge Auszubildende schafft in der gleichen Zeit 70 % der genannten Arbeitsleistung. Wie hoch ist die Arbeitsleistung beider zusammen nach einem Acht-Stunden-Arbeitstag (e)?

2.12 Ein rundes Beet mit einem Durchmesser von 4,20 m ist mit *Viola x wittrockiana* zu bepflanzen. Der Pflanzabstand beträgt 20 x 20 cm. Der Beetrand soll mit *Buxus sempervirens* im Abstand von 25 cm bepflanzt werden.

- Schildern Sie die Vorgehensweise bei der Bepflanzung (h).
- Berechnen Sie jeweils die benötigte Anzahl der Pflanzen (e).

2.13 Der kirchliche Friedhof Ihrer Stadt erhält eine umfangreiche Pflanzenlieferung, für deren Richtigkeit Sie zuständig sind. Dabei fallen Ihnen folgende Mängel auf:

Anzahl	Warenbezeichnung	Art des Mangels
5 von 10 Stck.	*Corylus colurna* Solitär, 3xv., mit DB, mehrst., 200–250 cm hoch	Großflächige Rindenverletzungen auf ganzer Stammlänge durch den Antransport
2 von 15 Stck.	*Rhododendron „Catawbiense Album“* m. B., 30–40 cm hoch	Dickmaulrüsslerbefall
100 von 100 Stck.	*Vinca minor* m. Tb., 8–11 Triebe	Falsche Lieferung: *Vinca minor „Alba“* m. Tb., 8–11 Triebe

- Welche Gewährleistungsansprüche können Sie bei den festgestellten Mängeln geltend machen (k)?
- Für welche Maßnahmen würden Sie sich entscheiden? Begründen Sie ausführlich (k).
- Gibt es weitere gesetzliche Ansprüche des Kunden (k)?

2.14 Ein GaLaBau-Betrieb will in den Kauf eines Minibaggers investieren. Zwei Angebote hat er sich eingeholt:

Angebot 1		**Angebot 2**	
Kauf vom Hersteller, fabrikneu		Messeangebot, Vorführmodell	
Nutzungsdauer	**8 Jahre**	Nutzungsdauer	**8 Jahre**
Wiederbeschaffungswert:	**40.000,00 €**	Wiederbeschaffungswert:	**40.000,00 €**
Leasing auf 5 Jahre Jährliche Leasingbelastung:	**7.500,00 €**	Anschaffungspreis:	**36.000,00 €**
Laufzeit: Bereits geleistete Laufzeit:	**600 Std/Jahr** **0 Std**	Laufzeit: Bereits geleistete Laufzeit:	**600,00 Std/Jahr** **16 Std**
Kalkulatorische Zinsen vom halben Anschaffungswert:	**1,25%**	Kalkulatorische Zinsen vom halben Anschaffungswert	**1,25%**
Reparaturkosten (angesetzter Kostenfaktor 0,4 * Anschaffungspreis : Nutzungsdauer)		Reparaturkosten (angesetzter Kostenfaktor 0,4 * Anschaffungspreis : Nutzungsdauer)	

Welches Angebot ist das für den Betrieb günstigere, wenn er pro Jahr maximal 12.000,00 € für die Investition aus dem laufenden Betrieb aufbringen kann und deshalb Angebot 2 über die Bank mit einem Zinssatz von 3 % bei einem Jahr Laufzeit finanzieren müsste (e, o)?

2.15 Treppen zählen zu den oft in Gärten eingebauten Gestaltungselementen und dienen der Überwindung von Höhenunterschieden.

- Nennen Sie die verschiedenen Stufenarten und erläutern Sie an einem selbstgewählten Beispiel die Bauweise (b).
- Fertigen Sie zu Ihrer Beschreibung eine bemaßte Skizze an (d).
- Eine Treppe soll einen Höhenunterschied von 1,50 m überwinden. Welche Baulänge hat die Treppe, wenn kein Geländer eingebaut und entsprechend Podeste berücksichtigt werden sollen? Die Stufenhöhe soll inkl. Stufengefälle 15 cm betragen (e).

2.16 Knickpflege ist Umweltschutz.

- Erläutern Sie anhand von drei Beispielen die Bedeutung des Knicks für den Umweltschutz (i).
- Welche Rechtsvorschriften sind für den Erhalt von Knickstreifen maßgeblich (k)?

2.17 Auf der Bedienungsanleitung einer Motorheckenschere finden Sie folgende Abbildungen:

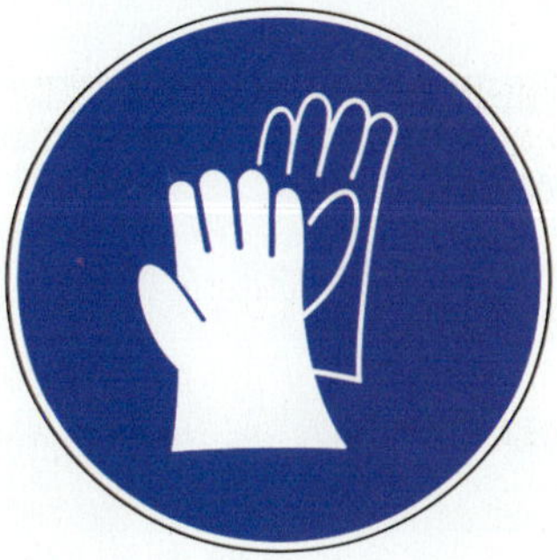

Erläutern Sie die Bedeutung dieser Gebotszeichen (k).

2.18 Bei der Beteiligung an einem öffentlichen Ausschreibungsverfahren müssen festgelegte Vorschriften berücksichtigt und die richtige Reihenfolge bei der Angebotsabgabe eingehalten werden. Erläutern Sie den Ablauf eines öffentlichen Ausschreibungsverfahrens (k).

2.19 Nennen Sie drei Maßnahmen, um eine vernässte Rasenfläche zu entwässern (bautechnisch oder bodenphysikalisch) (h).

2.20 Bei der Kalkulation unterscheidet man Fixkosten von variablen Kosten.

- Erklären Sie den Unterschied zwischen den beiden Begriffen (m).
- Nennen Sie jeweils drei Beispiele, welche Kosten den Fixkosten bzw. den variablen Kosten zuzuordnen sind (m).
- Die Fixkosten eines Radladers betragen pro Jahr 9.570,00 €. Berechnen Sie die variablen Kosten pro Maschinenstunde und die Gesamtkosten pro Maschinenstunde (e).

Anschaffungspreis	125.000,00 €
Nutzungsdauer	10 Jahre
Maschineneinsatz	950 h/Jahr
Wartung und Pflege	1 Lohnstd. auf 25 Std.
Betriebsstundenlohn	17,75 € + 70 % lohngeb. Kosten
Treibstoff	6 l/h zu 1,05 €/l
Unterstellkosten	500,00 €/Jahr
Zinsanspruch	7,5 %
Versicherung	1.250,00 €
Reparaturen	50 % vom Anschaffungspreis in 10 Jahren

2.21 Umwelt- und Anwenderschutz stehen beim Einsatz von Pflanzenschutzmitteln im Vordergrund.

- Berichten Sie über fünf Maßnahmen, die im Hinblick auf den Umweltschutz zu berücksichtigen sind (i).

- Es sind 40 l Spritzbrühe mit einem Fungizid gegen Rosenrost herzustellen, welches 0,2%ig anzumischen ist. Wie viel mg des Fungizids werden benötigt (e)?

2.22 Müllvermeidung und Recycling sind in jedem Gartenbaubetrieb zu beachten. Beschreiben Sie jeweils zwei Maßnahmen, wie Sie im betrieblichen Ablauf Müll vermeiden und Rohstoffe wiederverwenden können (i, j).

2.23 Erläutern Sie anhand von vier Beispielen, wie Sie mit Ihrem Betrieb an neue Kunden gelangen können (h).

2.24 Machen Sie fünf Angaben dazu, über welche persönlichen Fähigkeiten ein/e Gärtner/-in verfügen soll, der/die in Ihrem Betrieb als Vorarbeiter eingesetzt werden soll (g, h).

2.25 Welche gängigen Vorschriften sind auf einem Friedhof zu beachten? Beschreiben Sie kurz die Vorschriften und was sie beinhalten (k).

2.26 Beschreiben Sie anhand von fünf Beispielen aus Ihrer beruflichen Praxis, wie durch optimale Gestaltung des Arbeitsplatzes und der Arbeitsorganisation die Arbeitsleistung erhöht werden kann (l).

- Für die Pflanzung von 750 *Pachysandra terminalis* benötigt ein erfahrener Kollege bei optimaler Arbeitsvorbereitung 2,75 Stunden. Die junge Auszubildende schafft in der gleichen Zeit 72 % der genannten Arbeitsleistung. Wie hoch ist die Arbeitsleistung beider zusammen nach einem Acht-Stunden-Arbeitstag (e)?

2.27 Umweltschutz ist ein selbstverständlicher Bestandteil gärtnerischen Handelns.

- Erläutern Sie fünf Maßnahmen einer verantwortungsbewussten und umweltverträglichen Düngung (i).

- Für eine Rasendüngung sollen 50 g eines Volldüngers pro m² gestreut werden. Wie viel g N, P_2O_5, K_2O werden bei einem Nährstoffverhältnis von 9-3-5 ausgebracht (e)?

2.28 Verschiedene Bestimmungsfaktoren wirken auf die Arbeitsleistung ein.

- Was bedeutet der Begriff Arbeitsleistung (k)?

- Beschreiben Sie vier Bestimmungsfaktoren, wie der Arbeitnehmer eigenverantwortlich im Rahmen seiner Möglichkeiten seine Arbeitsleistung steigern kann (k).

2.29 Für den Bau eines Gehweges sollen Sie Betonplatten mit den Maßen 50/50/6 verwenden.

- Beschreiben Sie den Schichtenaufbau in Worten und mit einer bemaßten Querschnittszeichnung (c).

- Welche Materialien brauchen Sie außer den Betonplatten und wofür (c)?

- Berechnen Sie den Materialverbrauch, wenn der Weg 125 m lang und 1,50 m breit ist (e).

2.30 Die letzte Pflanzenlieferung aus Ihrer Baumschule weist einige Mängel auf:

Anzahl	Warenbezeichnung	Art des Mangels
3 von 15 Stck.	*Aesculus carnea ‚Briotii‘* Solitär, 3xv., mit DB, mehrst., 200–250 cm hoch	Leittrieb herausgebrochen bzw. nicht gerade gewachsen
15 von 15 Stck.	Beetrose *‚Botticelli‘* m. B., 30–40 cm hoch, rosa-gefüllt	Falsche Lieferung: Beetrose ‚Aspirin-Rose‘ m. B., 30–40 cm hoch, weiß-gefüllt

- Welche Gewährleistungsansprüche können Sie bei diesen Mängelarten geltend machen? Welche Gründe gibt es für Ihre Entscheidung (h,k)?
- Welche weiteren Möglichkeiten bei der Lieferung mangelhafter Ware eröffnet der Gesetzgeber (k)?

2.31 Um einen Betrieb erfolgreich führen zu können, müssen alle Preise sorgfältig kalkuliert werden.

- Beschreiben Sie ausführlich zwei Gründe für eine gründliche Preiskalkulation (o).
- Für eine Wechselbepflanzung benötigen Sie 500 Stck. *Bellis perennis*. Folgendes Angebot erhalten Sie von zwei Zulieferern:

	Gärtnerei „Flora“	Gärtnerei „Eden“
Listeneinkaufspreis [€]	1,15	1,75
Rabatt [%]	15	20
Skonto [%]	2	3
Verpackung [€]	27,50	30,00
Frachtgebühren [€]	12,50	keine
Transportversicherung [‰ vom Listeneinkaufspreis]	1,0	1,5

- Berechnen Sie die Bezugspreise und ermitteln Sie den preiswerteren Anbieter (o, e).

2.32 Welche Möglichkeiten zur Bewässerung der Freilandpflanzen gibt es? Wählen Sie zwei aus und beschreiben Sie die jeweiligen Vor- und Nachteile (c, d).

2.33 Die Beachtung und Ausnutzung der Wachstumsfaktoren lassen Pflanzen besser und gesünder gedeihen.

- Nennen Sie die fünf Wachstumsfaktoren (a).
- Machen Sie zwei Vorschläge pro Wachstumsfaktor, wie sich die Kultivierung von Pflanzen nachhaltig verbessern lassen (c).

2.34 Ein Doppelgrab soll mit einer Buchsbaumhecke (*Buxus sempervirens*) mit vier Pflanzen pro Meter eingefasst werden. Die Wechselbepflanzung ist rund und hat einen Durchmesser von 75 cm. Auf der Fläche sollen *Viola cornuta* im Abstand von 20 cm x 20 cm gepflanzt werden.

- Beschreiben Sie Ihre Vorgehensweise bei der Bepflanzung ausführlich (d).
- Berechnen Sie die benötigte Pflanzenmenge (e).

2.35 Nicht nur Menschen brauchen Sauerstoff, sondern auch Tiere und Pflanzen. Daher wirft die Schadstoffbelastung der Luft immer mehr Probleme auf.

- Der Mensch mit seinem enormen Energieverbrauch ist Hauptverursacher für die bodennahe Ozonbildung. Erläutern Sie den Zusammenhang (i, j).
- Beschreiben Sie vier Maßnahmen der betrieblichen Arbeitsorganisation, um Ihre Gesundheit bei Ozonalarm zu schützen (i).

2.36 Sie sollen im Betrieb den Listenverkaufspreis einer Kultur ermitteln.

- Beschreiben Sie, inwieweit Markt und Preis den Wirtschaftsprozess beeinflussen (g).
- Wie muss ein Preisschild korrekt erstellt werden (g, h)?
- Für die Kalkulation des Listenverkaufspreis von Pflanzsubstrat gehen Sie von nachstehenden Voraussetzungen aus Berechnen Sie den Listenverkaufspreis (e).

Bezugspreis [€]	2,75
Gemeinkostenzuschlag [% vom Bezugspreis]	17
Gewinn [% vom Selbstkostenpreis]	35
Gewährtes Skonto [%]	3
Gewährter Rabatt [%]	15

2.37 Bei der Begutachtung einer seit mehreren Jahren bestehenden Zierrasenfläche von 3.000 m² stellen Sie eine starke Verunkrautung und einen hohen Moosanteil fest.

- Erstellen Sie stichwortartig einen Jahrespflegeplan aller notwendigen Arbeiten und unter Berücksichtigung Ihres Begutachtungsergebnisses (a, d).
- Berechnen Sie die Versorgung des Rasens mit einem mineralischen Düngemittel mit 12 % N in einem 25 kg Sack. Die Aufwandmenge beträgt 7 g N/m². Wie viel kg des Düngemittels müssen Sie auf einer Fläche von 675 m² ausbringen (e)?

2.38 Ein Kunde beauftragt Sie, eine blickdichte, schnittvertägliche und ca. 2 m hohe Hecke um sein Grundstück zu pflanzen.

- Für eine Auswahl des Kunden machen Sie fünf Vorschläge mit deutschem und botanischem Namen (f).
- Erläutern Sie für eine der o. g. Pflanzen die typischen Merkmale und Eigenschaften. Welche Pflanzqualität würden Sie wählen? Begründen Sie Ihre Entscheidung (f).

- Das Grundstück ist 15,50 m lang und 12 m breit. Die Garagenzufahrt hat eine Breite von 4 m. Wie viel Pflanzen benötigen Sie, wenn vier Pflanzen pro m² gepflanzt werden sollen (e)?

- Beschreiben Sie den Arbeitsablauf des Pflanzens (f).

2.39 Nach DIN 18915 „Vegetationstechnik im Landschaftsbau – Bodenarbeiten" sind für die Lagerung abgeschobenen Oberbodens einige Grundsätze zu beachten.

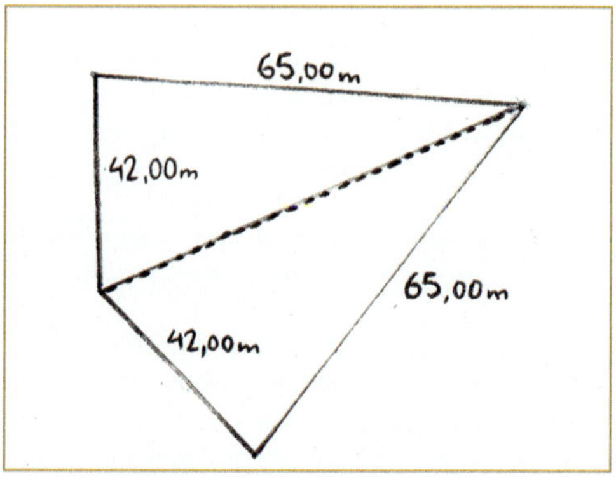

- Auf einer Grundstücksfläche (siehe Abbildung) soll der Oberboden 0,40 cm stark abgeschoben und für sechs Monate zwischengelagert werden. Nennen Sie fünf Regeln für die fachgerechte Zwischenlagerung (i).

- Wie viel m³ Boden müssen zwischengelagert werden (e)?

2.40 In der Pflanzenverwendung werden zwölf verschiedene Lebensbereiche unterschieden.

- Wählen Sie zwei Lebensbereiche aus und erläutern Sie dazu drei der jeweiligen kennzeichnenden Standortfaktoren (a, f).

- Welche Pflanzen sind für die von Ihnen genannten Lebensbereiche geeignet? Nennen Sie jeweils zwei Gehölze und zwei Stauden (f).

2.41 Das Mulchen von Beeten erfreut sich zunehmender Bedeutung.

- Definieren Sie den Begriff „Mulchen" und beschreiben Sie vier positive Auswirkungen organischen Mulchmaterials auf Pflanzen und Boden (f).

- Bei der Verwendung von Stroh oder Rindenhäcksel gilt es, die Stickstoffversorgung der Pflanzen im Auge zu behalten. Erläutern Sie, warum und welche Maßnahmen Sie gegen diese Wirkungsweise ergreifen können (f).

2.42 In einer Fußgängerzone sollen Sie eine Fläche von 62,00 m² mit Granitkleinpflaster ergänzen (c).

- Machen Sie anhand einer Skizze deutlich, wie der Schichtenaufbau aussehen könnte. Geben Sie dazu die entsprechenden Schichtdicken an und benennen Sie das verwendete Material (f).

- Beschreiben Sie den Bauablauf einschließlich des notwendigen Maschinen- und Geräteeinsatzes (c, d).

- Berechnen Sie die Materialmengen anhand Ihrer Zeichnung (e).
  Tipp: 1 t 9/11 Granitkleinpflaster ≈ 5,7 m²; Verdichtungsfaktor: 1,3

2.43 Eine Dachbegrünung hat nicht nur einen ästhetischen, sondern auch einen ökologischen Wert (c).

- Erläutern Sie stichwortartig drei ökologisch positive Auswirkungen (i).

- Beschreiben Sie vier Eigenschaften, die ein Dachgartensubstrat haben sollte (c, f).

- Zeichnen Sie den Schichtaufbau einer extensiven Dachbegrünung im Querschnitt unter Angabe der Materialien und deren Funktionen (f).

2.44 Ein Gartenteich ist ein häufig genutztes Stilelement im Hausgarten.

- Beschriften Sie die abgebildete Skizze unter Verwendung der entsprechenden Fachbegriffe (d).

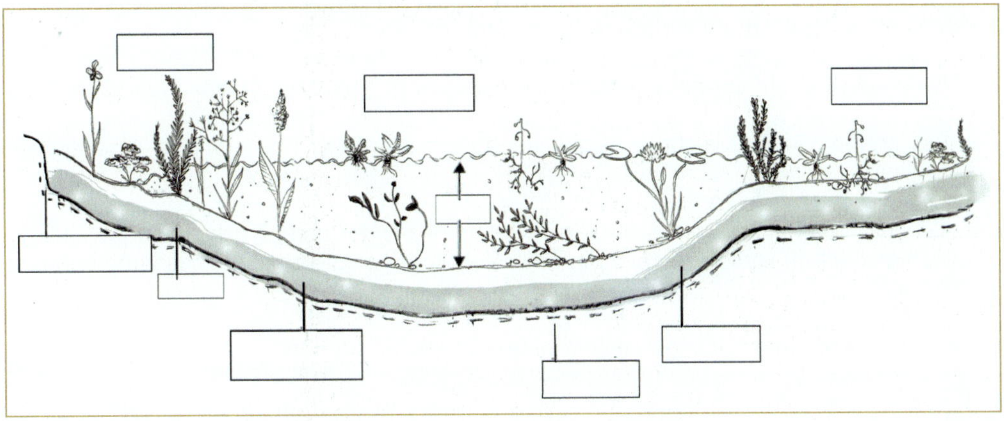

- Bennen Sie die drei Tiefenzonen und geben Sie die empfohlenen Wassertiefen an. Welche Pflanzen wachsen in den Zonen? Geben Sie jeweils zwei Beispiele mit deutschem und botanischem Namen (f).

- In der Regel werden Gartenteiche im Stufenprofil angelegt. Begründen Sie die Vorteile dieser Bauweise (c).

- Welche Funktion erfüllt die Kapillarsperre (c)?

2.45 Für die Abdichtung eines Gartenteiches lassen sich unterschiedliche Materialien verwenden.

- Machen Sie drei Vorschläge und benennen Sie auch die jeweiligen Vor- und Nachteile (c).

- Für eine Teichanlage mit der abgebildeten Wasseroberfläche und einer Tiefe von 1,20 m in der tiefsten und 0,30 m in der flachsten Zone sollen Sie Folie bestellen. Berechnen Sie die benötigte Menge und den Überweisungsbetrag unter Berücksichtigung folgender Angaben (e):

Materialpreis [€/m²]	7,38
Mehrwertsteuer [%]	19
Rabatt [%]	15
Skonto [%]	2

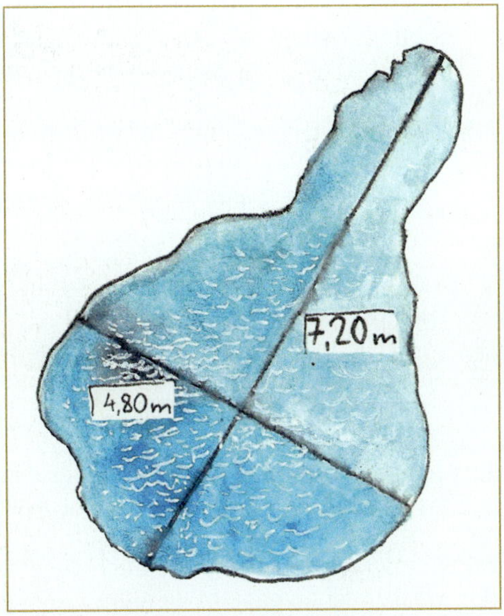

2.46 Eine Dachbegrünung hat nicht nur einen ästhetischen, sondern auch einen ökologischen Wert.

- Listen Sie fünf Argumente auf, die für eine Dachbegrünung sprechen (i).

- Es wird die extensive von der intensiven Dachbegrünung unterschieden. Nennen Sie jeweils zwei typische Unterscheidungsmerkmale (c).

- Für 250 m² Dachfolie sollen Sie innerhalb von zehn Tagen 4.514,14 € frei Baustelle bezahlen, wobei 3 % Skonto und 15 % Mengenrabatt angerechnet wurden. Was kostet 1 m² Dachfolie beim Lieferanten (e)?

2.47 Eine Trockenmauer ist ein typisches Stilelement in Gärten.

- Benennen Sie fünf Vorteile eines Trockenmauerwerks gegenüber einer vermörtelten Mauer (c).
- Beschreiben Sie fünf wichtige Regeln, die für den Bau einer Trockenmauer beachtet werden müssen (c).
- Mit welchen Pflanzen lässt sich eine nach Süden ausgerichtete Trockenmauer bepflanzen? Wählen Sie fünf verschiedene Stauden aus und nennen Sie die deutschen und botanischen Namen (c).

2.48 Für eine Fassadenbegrünung sprechen viele ökologische Gründe.

- Nennen Sie fünf positive Auswirkungen auf das Kleinklima und die Biodiversität (i).
- Welche Standortfaktoren und Wachstumsbedingungen müssen Sie bei der Auswahl der geeigneten Pflanzen berücksichtigen (a). Beschreiben Sie vier genauer.
- Nennen Sie jeweils zwei Schlinger, zwei Selbstklimmer und zwei Spreizklimmer mit deutschem und botanischem Namen (f).

2.49 Eine Rasenfläche lässt sich durch Aussaat oder durch das Verlegen von Rollrasen anlegen.

- Listen Sie für das jeweilige Verfahren drei Vor- und Nachteile auf (c).
- Beschreiben Sie den Arbeitsablauf der Anlage einer Rollrasenfläche im Einzelnen. Berücksichtigen Sie dabei auch den eventuell notwendigen Maschineneinsatz (c, d).

2.50 Großgehölze, die eine Straße flankieren, müssen besondere Kriterien erfüllen.

- Welche geeigneten Großgehölze kennen Sie? Nennen Sie fünf mit deutschem und botanischem Namen (f).
- Welche Qualitätskriterien müssen Straßen- und Alleebäume erfüllen? Nennen Sie auch hier fünf (f).
- Welchen besonderen Stressbelastungen müssen Straßenbäume unbeschadet aushalten können? Nennen Sie fünf (f).

2.51 Bei Baumaßnahmen gilt oft Bestandsschutz für die bestehende Vegetation. Beschreiben Sie anhand von fünf Beispielen, wie solche Vegetationsschutzmaßnahmen aussehen können (c, i).

2.52 Sowohl bautechnisch als auch vegetationstechnisch muss die Entwässerung von Oberflächenwasser genau geplant werden.

- Wann kann die Versickerung sinnvoll eingesetzt werden und welche Vorteile bestehen in dieser Methode (d)?

- Ein Parkplatz (26,50 m lang und 12,75 m breit) soll mit versickerungsfähigem Betonpflaster gepflastert werden, sodass bei einem Niederschlagsereignis für eine Zeit von 15 Minuten mit 300 l/ha • sec alles Wasser abgeführt werden kann. Berechnen Sie die abzuführende Wassermenge, wenn 40 % des Niederschlags versickern kann (e).

2.53 Im Garten- und Landschaftsbau werden viele Arbeiten durch Maschinen und Geräte erledigt.

- Erläutern Sie anhand von jeweils drei Angaben die unterschiedlichen Einsatzmöglichkeiten von Radlader und Bagger (c).
- 892,50 m³ Oberboden sollen abgetragen und in 50 m lange dammförmige Mieten aufgeschichtet. Der Fuß der Miete beträgt 3 m, die Höhe 1,50 m. Die Dammkrone ist 1,50 m breit. Wie viele Mieten werden aufgeschüttet (e)? Fertigen Sie eine Skizze an.

2.54 Im Wegebau bildet den Oberen Abschluss die Deckschicht.

- Wählen Sie vier verschiedene Deckschichtmaterialien aus und erläutern Sie stichwortartig die Vor- und Nachteile, die Kosten und den Einsatzbereich/die Eignung (c).
- Vor einem Schulgebäude soll ein Parkstreifen für acht Stellflächen mit Betonrechteckpflaster 20/20/8 gepflastert werden. Eine Stellfläche hat die Maße 5,50 m x 2,50 m. Berechnen Sie die Anzahl der benötigten Paletten, wenn auf einer Palette 250 Steine gestapelt sind und Sie mit einem Verlust- bzw. Verschnittfaktor von 1,25 rechnen müssen (e).

2.55 Ein Handrasenmäher ist eine häufig genutzte Maschine im Gartenbau. Erläutern Sie Ihre Vorgehensweise zur Überprüfung des Gerätes vor der Inbetriebnahme unter Berücksichtigung fünf wichtiger Arbeitsschritte (c).

2.56 Die 450 m² große Rasenfläche eines Kunden weist Kalkmangel auf.

- Wählen Sie einen Kalkdünger aus und begründen Sie Ihre Wahl (f).
- Beschreiben Sie zwei Wirkungsweisen des Kalkes auf Pflanze und Boden (d).
- Wie viel Kalkdünger benötigen Sie, wenn die Aufwandmenge 40 g/m² beträgt (e)?

2.57 Nach DIN 18300 „Erdarbeiten" werden die Bodenklassen künftig in Homogenbereiche unterteilt. Umgangssprachlich spricht man von Oberboden, Unterboden und Untergrund.

- Erklären Sie die Unterschiede dieser drei Begriffe (f).
- Wann ist es auf der Baustelle wichtig, diese Bodenarten zu unterscheiden? Beschreiben Sie drei typische Situationen (c).

2.58 Der fachgerechte Umgang mit Beton zählt zu den Grundfertigkeiten des Garten- und Landschaftsbauers.

- Worin unterscheiden sich Transportbeton und Baustellenbeton/Ortbeton (f)?
- Benennen Sie jeweils fünf Vor- und Nachteile (f).
- Beschreiben Sie den Arbeitsablauf beim Anmischen von Beton mit dem Betonmischer auf der Baustelle (f).

2.59 Bei der Kontrolle einer Pflanzenlieferung müssen Sie die verschiedenen Wuchs- und Lebensformen auseinanderhalten können. Benennen und erklären Sie die Bedeutung der Symbole und geben Sie jeweils zwei Pflanzenbeispiele mit deutschem und botanischem Namen (f).

Symbol	Begriff	Erklärung	Beispielpflanzen
♃			
♄ H			
h			
⊙			
♄ Hei			

2.60 Ihr GaLaBau-Betrieb fühlt sich besonders dem Naturschutz und der ökologischen Wirtschaftsweise verpflichtet. Wählen Sie von den unten aufgeführten Kategorien drei aus und geben Sie dazu jeweils drei Möglichkeiten für umweltschonende Maßnahmen an (i).

Kategorien	Maßnahmen
Düngung	
Entsorgung	
Maschineneinsatz	
Materialeinkauf	
Pflanzenschutz	
Pflege	

2.61 Neben der organischen und der mineralischen Düngung kennen Sie auch die Gründüngung.

- Beschreiben Sie vier Vorteile dieser Maßnahme gegenüber den anderen Düngungsmethoden (c, f).
- Nennen Sie fünf für eine Gründüngung geeignete Pflanzengattungen (c).
- *Lupinus angustifolius* hat eine Aufwandmenge von 20 g/m², welche für die Gründüngung der abgebildeten Flächeausgebracht werden soll. Wie viel kg Saatgut müssen Sie einplanen (e)?

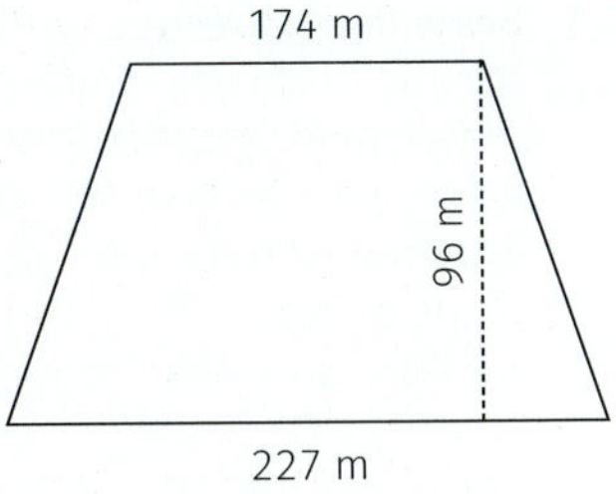

2.62 Rostpilze, Dickmaulrüssler und Rotpustel richten großen Schaden im Freiland an.

- Nennen Sie für jeden Pathogen jeweils eine typische Pflanze, die dafür anfällig ist (c, f).
- Welche Maßnahmen zur Bekämpfung außer den chemischen Pflanzenschutz kennen Sie? Beschreiben Sie jeweils zwei Varianten (c, f).

2.63 Für die Anlage eines Zierrasen wird RSM 1.1 verwendet.

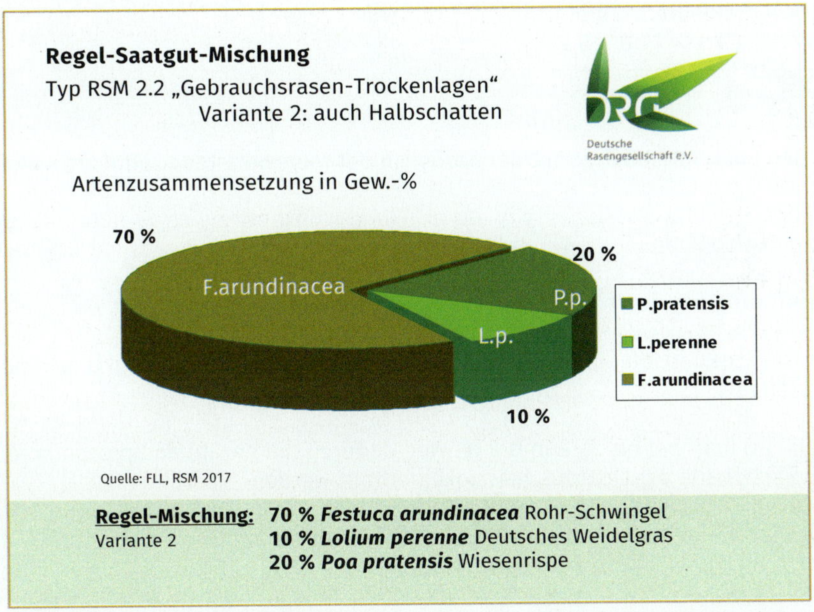

- Beschreiben Sie die Arbeitsabläufe einer Rasenansaat ausführlich (c).
- Für eine 950 m² große Fläche werden 23,75 kg Saatgut verbraucht. Wie viel g entfallen dabei pro m² (e)?
- Berechnen Sie auch die Menge der einzelnen Mischungsanteile in kg (e).

3. Lösungen

1.1 **Sortimentsbreite** bezeichnet die Zahl der im Angebot befindlichen verschiedenen Güter. Ein breites Sortiment umfasst also viele verschiedene Produkte, ein schmales Sortiment dagegen nur wenige verschiedene Produkte.

Sortimentstiefe bezeichnet dagegen die Zahl der Varianten gleichartiger Güter. Ein tiefes Sortiment umfasst also Produkte in vielen Variationen, ein flaches Sortiment dagegen Produkte in wenigen Variationen.

Bei einem breiten Sortiment würde es viele unterschiedliche Produkte im Sortimentsbereich geben. Bei Pflanzsubstrat ist die Sortimentsbreite eher eng, da die Verschiedenartigkeit des Produkts gering ist. Die Sortimentstiefe kann allerdings groß sein, wenn der Betrieb viele verschiedene Pflanzsubstratarten (Moorbeetsubstrat, TKS auf verschiedenen Düngungsstufen je nach Bedarf, selbst gemischte Pflanzerden, verschiedene Anbieter von Substraten mit gleichem Verwendungszweck) verwendet oder zum Verkauf anbietet.

- 1 000 l = 1 m^3 → 80 l = 0,08 m^3
  0,08 m^3 = 8 % von 1 m^3 → 13,50 € = 8 % des Preises von 1 m^3
  13,50 € : 8 % x 100 % = 168,75 € inkl. 19 % Mehrwertsteuer und Kalkulationsfaktor von 2,3 (Aufschlag, der auf den Einstandspreis vorgenommen wird, um zum Listenverkaufspreis zu gelangen. Der Kalkulationsfaktor ist der Multiplikator, mit dem multipliziert der Einstandswert den Listenverkaufspreis ergibt.)
  168,75 € : 100 % x 19 % = 32,0625 €
  168,75 € – 32,0625 € = 136,6875 €
  136,6875 € : 2,3 = 59,429 €

- Der Preis für den Sack Torfsubstrat beträgt abzüglich der Mehrwertsteuer und des Kalkulationsfaktors 59,43 € pro m^3.

1.2 Vorteile des Gewächshaustyps:

a. Ein großer Luftraum, der durch entsprechend hohe Stehwandhöhen erreicht wird.

b. Eine leichte Konstruktion, die einen hohen Lichteinfall ermöglicht, beides wirkt sich positiv auf die Kulturen aus.

c. Das Scheibenmaß liegt bei bis zu 2 m Breite. Weil dadurch die Anzahl an Sprossen reduziert werden kann, kann die Lichtdurchlässigkeit erhöht werden.

d. Durch den großen Raum bestehen gute Möglichkeiten, das Verkaufssortiment einschließlich des Raums für Publikumsverkehr auszunutzen.

e. Kulturtechnische Anlagen zur Bewässerung, Schattierung, Klimasteuerung können arbeitssparend eingeplant werden, wobei dies nicht den Besucherstrom/die Verkaufsaktivitäten stört.

- Nettostellfläche:
  3,20 m x 7 x 15 m = 336 m^2 = 100 %
  72 % Nutzfläche = 336 m^2 : 100 % x 72 % = 241,92 m^2
  Bei einer Ausnutzung von 72 % beträgt die Nettostellfläche 241,92 m^2

1.3 Die Zahlenangaben für Hakaphos blau und rot, aber auch die für Osmocote geben den Nährstoffgehalt des Düngers an. Dabei steht der erste Zahlenwert immer für Stickstoff (N), der zweite für Phosphor (P), der dritte für Kalium (K) und der vierte für Magnesium (Mg). Zusätzlich gibt die

Bezeichnung „3M" die dreimonatige Wirkungsdauer des Osmocote-Düngers an. Dieser Dünger ist auch umhüllt, was bedeutet, dass er zur besseren Streufähigkeit mit einer sich langsam auflösenden Kunststoffummantelung umgeben ist, wodurch die lange Wirkungsdauer gewährleistet werden soll. Die Hornspäne hat einen garantierten Nährstoffanteil von 24 % N, d. h., in einem Sack mit 25 kg Inhalt entsprechen 6 kg Stickstoff.

- Für eine Langzeitdüngung (einmalige Wirkstoffgabe bei möglichst lang andauernder Wirkungszeit) einer Pflanzschale mit Sommerblumen empfiehlt sich der Osmocote-Dünger, der die Pflanzen für die Vegetationszeit von Mai bis Juli versorgt. Für die Nährstoffversorgung der restlichen Zeit bis zum Frost gewährleisten Flüssigdünger (mineralisch und schnell wirkend) eine weiterhin schöne Blüte.

1.4 Venlo-Gewächshaus in Cabrio-Bauweise: Hierbei handelt es sich um einen Gewächshaustyp, bei dem die Dachfläche weitestgehend zusammengeschoben oder aufgeklappt werden kann, um damit annähernd Freilandbedingungen zu schaffen.

a. Auf diese Weise können die empfindlichen Kopfsalat-Pflanzen gut abgehärtet und die Nitrateinlagerungen minimiert werden.

b. Wichtig ist es, dass bei ungünstigen Witterungsverhältnissen das Dach kurzfristig geschlossen werden kann, um die Pflanzen z. B. vor Hagelschäden zu schützen.

c. Außerdem lassen sich in diesem modernen und großräumigen Gewächshaus alle notwendigen Kultursteuerungen optimal integrieren; sogar eine Bearbeitung der Bodenbeete mit Schleppern ist bei dieser Bauweise möglich.

- Grundfläche: 6 m x 40 m = 240 m²
  Luftvolumen: 6 m x 40 m x 2,30 m + 6 m x 1,50 m : 2 x 40 m
  = 552 m³ + 180 m³ = 732 m³

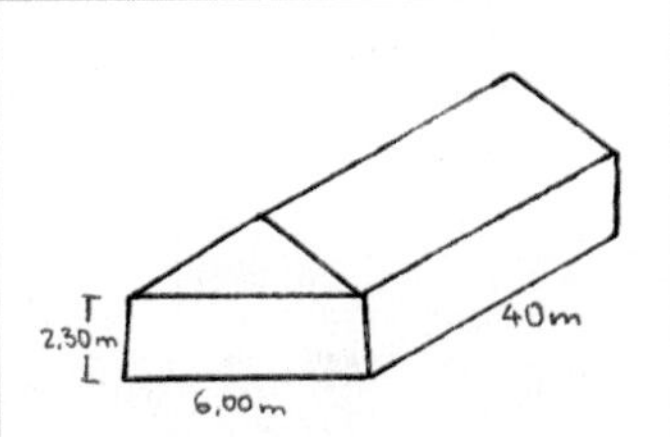

1.5

	Tröpfchenbewässerung	Beregnung
Beschreibung	An Schläuchen werden in regelmäßigen Abständen Auslässe angebracht, über die nur geringe, exakte Wassermengen (tröpfchenweise meist 2–4 l/h) weitgehend unabhängig vom Druck in der Rohrleitung abgegeben werden.	Über mobile oder fest stationierte Leitungssysteme wird das Wasser im Kopfüberverfahren fein verstäubt: Das Wasser fällt wie Regentropfen auf die Pflanzen.
Vorteile	• Einsparung von Wasser durch exakte Aufbringung • Vermeidung von Verdunstungsverlusten besonders bei Erden mit geringer Wasserspeicherkapazität • Kosteneinsparung durch Wassereinsparung • Nährstoffbeimischung möglich • Blätter werden nicht benetzt , damit Vermeidung von Pilzerkrankungen und Kalkflecken	• Relativ einfach auf- und abzubauen (mobile Anlagen) und deshalb je nach Bedarf einsetzbar. • Kostengünstiger in der Anschaffung • Kann mit Düngemittel vermischt werden • Auch als Frostschutzberegnung geeignet

	Tröpfchenbewässerung	Beregnung
Nachteile	• Kostenintensiv in der Anschaffung • Arbeitsintensiv im Aufbau • Gefahr der Verstopfung bei Düngerbeimischung • Versalzungsgefahr	• Hohe Verdunstung (Wassernutzungseffizienz 60–75 %) • Windanfällig, Abdrift • Schäden durch zu große Wassertropfen an den Pflanzen möglich • Pilzerkrankungen und Kalkflecken durch hohen Blattbenetzungsgrad

1.6 Die Kultur der beschriebenen Kurztagspflanze benötigt für mindestens sechs Wochen einen Einfluss des Tageslichtes, der nicht zwölf Stunden überschreiten darf. Wenn mit der Kultur in der zweiten Augustwoche begonnen wird, beträgt die Tageslichtlänge noch über 13 Stunden. Der benötigte Lichtreiz von unter 12 Stunden beginnt erst Ende September, wenn schon über acht Wochen der Kulturdauer herum sind. Folglich sind nach der angestrebten zwölfwöchigen Kulturdauer erst fünf Wochen der Reaktionszeit um, sodass es noch nicht zu einer entsprechenden, zum Verkauf angestrebten Blütenbildung kommen kann. Deshalb empfiehlt sich eine zusätzlich Verdunklung in der Zeit, wenn die Tageslichtdauer noch über zwölf Stunden liegt. Um die Blüte zu induzieren, darf die Verdunkelung nicht unterbrochen werden, d. h., dass die Verdunkelung dann einsetzen muss, bevor die kritische Tageslänge nahtlos anschließt. Deshalb sollte schon Mitte September, besser noch Anfang September, mit der Verdunkelung begonnen werden, um eine ausreichende kritische Tageslänge und damit eine gut ausgeprägte Blütenbildung zu fördern.

Sonnenaufgang u. Sonnenuntergang im August 2017

	Mo	Di	Mi	Do	Fr	Sa	So
Datum Sonnenaufgang Sonnenuntergang Tageslänge		**1** 05:25 21:00 15:35	**2** 05:27 20:58 15:31	**3** 05:28 20:56 15:28	**4** 05:30 20:54 15:24	**5** 05:31 20:52 15:21	**6** 05:33 20:51 15:18
Datum Sonnenaufgang Sonnenuntergang Tageslänge	**7** 05:35 20:49 15:14	**8** 05:36 20:47 15:11	**9** 05:38 20:45 15:07	**10** 05:40 20:43 15:03	**11** 05:41 20:41 15:00	**12** 05:43 20:39 14:56	**13** 05:45 20:37 14:52
Datum Sonnenaufgang Sonnenuntergang Tageslänge	**14** 05:46 20:35 14:49	**15** 05:48 20:33 14:45	**16** 05:50 20:31 14:41	**17** 05:51 20:29 14:38	**18** 05:53 20:27 14:34	**19** 05:55 20:24 14:29	**20** 05:56 20:22 14:26
Datum Sonnenaufgang Sonnenuntergang Tageslänge	**21** 05:58 20:20 14:22	**22** 06:00 20:18 14:18	**23** 06:01 20:16 14:15	**24** 06:03 20:13 14:10	**25** 06:05 20:11 14:06	**26** 06:06 20:09 14:03	**27** 06:08 20:07 13:59
Datum Sonnenaufgang Sonnenuntergang Tageslänge	**28** 06:10 20:04 13:54	**29** 06:11 20:02 13:51	**30** 06:13 20:00 13:47	**31** 06:15 19:58 13:43			

Sonnenaufgang u. Sonnenuntergang im September 2017

	Mo	Di	Mi	Do	Fr	Sa	So
Datum					**1**	**2**	**3**
Sonnenaufgang					06:16	06:18	06:20
Sonnenuntergang					19:55	19:53	19:51
Tageslänge					13:39	13:35	13:31
Datum	**4**	**5**	**6**	**7**	**8**	**9**	**10**
Sonnenaufgang	06:21	06:23	06:25	06:26	06:28	06:30	06:31
Sonnenuntergang	19:48	19:46	19:44	19:41	19:39	19:37	19:34
Tageslänge	13:27	13:23	13:19	13:15	13:11	13:07	13:03
Datum	**11**	**12**	**13**	**14**	**15**	**16**	**17**
Sonnenaufgang	06:33	06:35	06:36	06:38	06:40	06:41	06:43
Sonnenuntergang	19:32	19:29	19:27	19:25	19:22	19:20	19:18
Tageslänge	12:59	12:54	12:51	12:47	12:42	12:39	12:35
Datum	**18**	**19**	**20**	**21**	**22**	**23**	**24**
Sonnenaufgang	06:45	06:46	06:48	06:50	06:51	06:53	06:55
Sonnenuntergang	19:15	19:13	19:10	19:08	19:06	19:03	19:01
Tageslänge	12:30	12:27	12:22	12:18	12:15	12:10	12:06
Datum	**25**	**26**	**27**	**28**	**29**	**30**	
Sonnenaufgang	06:56	06:58	07:00	07:02	07:03	07:05	
Sonnenuntergang	18:58	18:56	18:54	18:51	18:49	18:47	
Tageslänge	12:02	11:58	11:54	11:49	11:46	11:42	

Zeiten Sonnenaufgang u. Sonnenuntergang im Oktober 2017

	Mo	Di	Mi	Do	Fr	Sa	So
Datum							**1**
Sonnenaufgang							07:07
Sonnenuntergang							18:44
Tageslänge							11:37
Datum	**2**	**3**	**4**	**5**	**6**	**7**	**8**
Sonnenaufgang	07:08	07:10	07:12	07:13	07:15	07:17	07:19
Sonnenuntergang	18:42	18:40	18:37	18:35	18:33	18:30	18:28
Tageslänge	11:34	11:30	11:25	11:22	11:18	11:13	11:09
Datum	**9**	**10**	**11**	**12**	**13**	**14**	**15**
Sonnenaufgang	07:20	07:22	07:24	07:26	07:27	07:29	07:31
Sonnenuntergang	18:26	18:24	18:21	18:19	18:17	18:15	18:12
Tageslänge	11:06	11:02	10:57	10:53	10:50	10:46	10:41
Datum	**16**	**17**	**18**	**19**	**20**	**21**	**22**
Sonnenaufgang	07:33	07:35	07:36	07:38	07:40	07:42	07:43
Sonnenuntergang	18:10	18:08	18:06	18:04	18:02	17:59	17:57
Tageslänge	10:37	10:33	10:30	10:26	10:22	10:17	10:14
Datum	**23**	**24**	**25**	**26**	**27**	**28**	**29**
Sonnenaufgang	07:45	07:47	07:49	07:51	07:53	07:54	06:56
Sonnenuntergang	17:55	17:53	17:51	17:49	17:47	17:45	16:43
Tageslänge	10:10	10:06	10:02	09:58	09:54	09:51	09:47

1.7 Kultur einer Staude, einer Balkonpflanze, eines Gemüse etc.

Materialeinkauf	Zukauf von Jungpflanzen in Presstöpfen zur Müllvermeidung oder Selbstaussaat Verwendung von selbstgemischter Pflanzerde auf Kompostbasis zum Schutz der Torfvorkommen und Müllvermeidung (Sackware)
Düngung	Nur nach vorhergehender Bodenanalyse zur Vermeidung von Überdüngung, langsam wirkende Grunddüngung zur Herabsenkung der Auswaschung von Nährstoffen. Bei Gemüseanbau auf dem Feld: Vorher Grünbrache mit Leguminosen zum Auffüllen des Stickstoffspeichers.
Pflanzenschutz	Durch optimale Kulturbedingungen, weiter Pflanzenabstand, Wahl von robusten/resistenten Sorten Minimierung des Schädlingsbefall. Im Gemüsebau ggf. Pflanzenmischungen auf den Beeten, die sich gegenseitig positiv beeinflussen (z. B. Zwiebeln und Möhren). Bei Bedarf Einsatz von Nützlingen bzw. biologischen Präparaten (Bacillus thuringiensis). Mechanische Unkrautbekämpfung vermeidet Herbizideinsatz.
Bewässerung	Wassersparende Tröpfchenbewässerung, Rückhalt von nicht genutztem Gieß- oder Regenwasser in Zisternen, die zur Bewässerung genutzt werden können. Nur wässern, wenn die Verdunstung möglichst gering ist (Morgen- oder Abendstunden). Durch Bodenlockerung oberflächliche Kapillarität zerstören, hilft Verdunstung zu senken und erhöht die Oberfläche, sodass mehr Wasser in den Boden einsickern kann.
Entsorgung	Organische (Pflanzen-) Abfälle kompostieren, andere Stoffe weitestgehend recyceln oder mehrfach verwenden.
Versand	Für den Versand weitestgehend auf Kunststoffverpackungen verzichten und durch Papier- oder Pappmaterial ersetzen. Gemüsekulturen wie Möhren, Sellerie oder Kartoffeln sind durch ihre Schale ausreichend geschützt und müssen nur minimal verpackt werden. Einführung eines Pfandsystems (z. B. Pfandkisten), um Kunststoffverpackungen mehrfach zu nutzen.

1.8 **Einweg:** Substrat, Düngemittel, Verpackungsfolien, recycelfähige Kulturgefäße, Etiketten. Diese Rohstoffe werden entweder im Laufe der Kultur verbraucht (Substrat, Düngemittel) oder sind nachdem einmaligen Gebrauch für eine erneute Verwendung nicht mehr geeignet (Etiketten wegen der Beschriftung, Verpackungsfolien zerreißen oftmals nach Gebrauch). Sie durch andere Materialien zu ersetzen ist meist schwierig oder zu teuer.
Mehrweg: Kulturgefäße, Pfandkisten, Folien und Vliese (Mypex und Bewässerungsmatten), Material zum Stäben (Bambusrohr, Drahtbinder), Transportpaletten. Hierbei handelt es sich um Materialien, die nach sorgfältiger Reinigung mehrfach in der Pflanzenproduktion eingesetzt werden können. Dadurch senken sich der z. T. relativ hohe Anschaffungspreis und damit die gesamten Produktionskosten.

1.9 Beim Überkopf-Verfahren lassen sich folgende Nachteile feststellen:

Bei starkem Wind und Gefällneigung (im Freiland) lässt sich das Gießwasser nicht gleichmäßig genug verteilen. Daraus ergibt sich eine geringere Effizienz sowie ein höherer Wasser- und Düngemittelverbrauch. Wurzelstock und Blätter werden teilweise oder vollständig befeuchtet, dadurch ergibt sich eine hohe Anfälligkeit für Pilzerkrankungen und es können Kalkflecken auf den Laubblättern sichtbar werden, was die Verkaufsqualität vermindert. Die Verdunstung ist relativ hoch, insbesondere, wenn über den Tag hinweg statt in den frühen Morgen- bzw. späten Abendstunden gegossen wird.

Vorteilhaft ist die relativ einfache Handhabung der Bewässerung, die auch mobil eingesetzt werden kann und sich somit auf kurzfristig sich ändernde Bedingungen reagieren lässt. Im Verhältnis zu anderen Bewässerungsformen sind die Kosten für die Anschaffung und der Arbeitsaufwand relativ niedrig.

- 700 mm/m² = 700 l/m²

  10 cm x 10 cm = 0,1 m x 0,1 m = 0,01 m²
  0,01 m² x 700 l/m² : 1 m² = 7 l

- Die Pflanzen erhalten pro Topf und Jahr 7 l.

1.10 Kundentypen:

a. **Der Ängstliche/Unentschlossene:** Ein ängstlicher oder unentschlossener Kunde kann verschiedene Hintergründe haben. Es kann sein, dass er sich mit den Produkten wenig auskennt, dass er schon oft von Artikeln enttäuscht wurde oder Negatives über die Ware oder den Händler erfahren hat.
Ist der Kunde unentschlossen, helfen Sie ihm beim Verkaufsgespräch weiter, indem Sie versuchen, die Bedürfnisse zu erfahren und dann passende Artikel vorzuschlagen. Geben Sie dem Kunden die Artikel in die Hand und versuchen Sie ganz besonders, die Sinne des Kunden miteinzubeziehen. Lassen Sie ihn die Ware anfassen, anprobieren oder kosten. Ist der Kunde immer noch skeptisch, weisen Sie ihn auf das Umtauschrecht hin. Nehmen Sie den Kunden mit seinen Sorgen oder Ängsten ernst und räumen Sie sein Misstrauen durch gute Argumente aus.

b. **Der Arrogante:** Ein arroganter Kunde hält sich für etwas Besseres. Oft haben sie wirklich viel Geld, aber nicht immer. Er tritt oft fordernd auf und erwartet meist außergewöhnliche Beratung und Bedienung.
Wenn Sie diesen Kunden für sich gewinnen wollen, sollten Sie ihn auch so behandeln. Bieten Sie dabei ruhig höherwertige Produkte und keine Sonderangebote an. Doch seien Sie vorsichtig, andere Kunden durch den Arroganten nicht zu benachteiligen. Verfallen Sie also selbst nicht gleichfalls in arrogantes Verhalten, katzbuckeln hilft aber auch nicht weiter. Schlagen Sie ihm brandneue Entwicklungen vor, die sonst noch keiner hat, greifen Sie auf bekannte Markenware zurück oder empfehlen Sie ihm im Rahmen des Sortiments nicht das Preiswerteste, aber auch nicht überteuerte Produkte.

c. **Der Besserwisser:** Er gehört häufig, aber nicht immer, zu den besser informierten Kunden und hält sich für besonders wichtig. Oft haben sie eine negative Meinung zu einem Artikel und wissen alles besser als das Verkaufspersonal. Teilweise werden diese Kunden auch laut.
Diesem Kundentyp sollten Sie zwar Aufmerksamkeit geben, doch nicht anfangen mit ihm zu diskutieren. Probieren Sie, ihn zu beruhigen oder schlagen Sie Alternativartikel vor. Wenn Sie Argumente bringen wollen, tun Sie das in Form von Fragen. Dadurch packen Sie den Kunden bei seiner eigenen „Kompetenz“.

d. **Der Kommunikative:** Dieser Kundentyp ist bekannt für seine kommunikative Ader. Er plaudert beim Einkaufen gern ausgiebig mit dem Personal. Entweder aus Mitteilungsdrang, Freundlichkeit, Interesse, Langeweile oder sonstigen Gründen.
Die meisten von ihnen stehen dem Geschäft eher positiv gegenüber und haben auch Verständnis dafür, wenn Sie ihnen mitteilen, dass Sie gerade zu tun haben und sich nicht ausgiebig unterhalten können. Nutzen Sie ruhige Momente jedoch auch mal aus, um mit diesen Kunden ein Schwätzchen zu halten. Sie werden es Ihnen dankend anerkennen. Auf diese Weise knüpfen Sie eine Beziehung zu dem Kunden, die sich bei späteren Verkaufsgesprächen auszahlen wird.

e. **Der Persönliche:** Zu diesen Kundentypen gehören die Stammkunden, welche öfter das Geschäft betreten und auf der persönlichen Ebene mit dem Verkaufspersonal kommunizieren. Teilweise sind Sie mit dem Verkaufspersonal verwandt oder befreundet.
Entscheiden Sie bei diesen Kunden bewusst, was Sie über sich selbst preisgeben wollen und wie weit Sie sich mit diesem Kunden unterhalten. Eine gewisse Distanz sollten Sie mindestens eine Weile zu jedem Kunden halten. Dieser Kunde mag es, persönlich begrüßt und bedient zu werden. Er mag es, wenn der Verkäufer seine Interessen und Kaufmotive bereits aus früheren Verkaufsgesprächen kennt und anwendet. Durch die persönliche Beziehung glaubt der Kunde, immer ein Schnäppchen zu machen oder wenigstens ein Produkt zu kaufen, das in einem guten Preis-Leistung-Verhältnis steht.

f. **Der Preisbewusste:** Preisbewusste Kunden sind stets auf ein neues Schnäppchen aus. Sie interessieren sich besonders für Sonderangebote, reduzierte Ware und verhandeln gern mit dem Personal über den Preis. Teilweise sogar mit vorbereiteten Argumenten.
Wenn Sie diesen Kunden für sich gewinnen wollen, sollten Sie ihm nach Möglichkeit Preisnachlässe gewähren. Natürlich hängt dies stark davon ab, ob Sie als Mitarbeiter dazu befugt sind. Sonst können Sie dem Kunden mitteilen, dass Sie dazu nicht befugt sind und ihm verdeutlichen, dass die Ware den Preis wert ist. Zum Beispiel aufgrund des teuren Materials, der aufwendigen Herstellung etc. Der Preisnachlass kann auch in Form einer Draufgabe sein, dass Sie ihm einfach noch einen anderen günstigen Artikel gratis mitgeben oder auch eine zusätzliche Serviceleistung anbieten. Seien Sie jedoch vorsichtig oder kalkulieren Sie mit ein, dass der Kunde nach einem erfolgreichen Preisnachlass sehr wahrscheinlich nochmals nach einem Nachlass fragen wird und sich an die reduzierten Preise gewöhnen könnte. Dieser Kundentyp kauft aber auch mehr, als er eigentlich beabsichtigt, wenn er das Gefühl hat, besonders preisgünstig einzukaufen.

g. **Der Wissensdurstige:** Dieser Kunde stellt Ihre Kenntnisse als Verkäufer infrage. Gerade mit Warenkunde/Warenwissen und Wissen über Ihr eigenes Unternehmen können Sie beim wissensdurstigen Kunden gut punkten. Er hat großes Verlangen nach Wissen über die Artikel oder das Unternehmen, die er Ihnen alle nacheinander stellt. Zum Beispiel, wo etwas genau hergestellt wurde, welche neuen Produkte es gibt, was sich innerhalb des Betriebes abspielt oder was es noch so alles zu fragen gibt.
Sie als Verkäufer/-in dürfen natürlich auch beim wissensdurstigen Kunden nur die Informationen preisgeben, zu denen Sie auch befugt sind. Stellt der Kunde Fragen zum Hintergrund, können Sie ihm ruhig mitteilen, dass dies intern ist. Alle Fragen zu Artikeln sollten Sie ihm natürlich bestmöglich mitteilen und ihm alles sagen, was ihm in der Hinsicht weiterhelfen könnte. Sind Sie überfragt, ist es besser einen anderen Mitarbeiter zu rufen, statt keine oder wage Auskünfte zu geben.

h. **Der Zeitsparer:** Er nimmt sich aus verschiedenen Gründen nur das Nötigste an Zeit für seinen Einkauf. Es kann zum Beispiel sein, dass er „spät dran ist", einen Termin einhalten muss oder sich einfach beeilen möchte. Dieser Kundentyp kauft häufig nur das Notwendigste ein und führt seinen Einkauf zügig durch.
Wenn Sie dem Zeitsparer entgegenkommen wollen, sollten Sie ihm dabei helfen, seinen Einkauf möglich rasant zu gestalten. Antworten Sie ihm auf Fragen nur kurz mit dem Wichtigsten. Führen Sie den Kassenvorgang wenn möglich zügig durch, doch fertigen Sie den Kunden auch nicht ab. Selbst wenn er das im Ansatz erwartet. Einem Zeitsparer sollten Sie dennoch ebenfalls kurz Zusatz- und Ergänzungsartikel anbieten.

1.11 Ein Gewächshaus schützt die Pflanzen vor den Tücken von Frost, Wind, Wetter und zu hoher Sonneneinstrahlung. Im Gewächshaus ist es mit dem richtigen Klima möglich, auch außerhalb der Saison zu ernten oder empfindliche Pflanzen problemlos zu kultivieren. Besonders bei einem steten Wechsel von Bewölkung und praller Sonne wird die Klimatisierung kompliziert: In Zeiten der starken Einstrahlung heizt das Gewächshaus schnell auf (Temperaturanstieg), was zu hohen Verdunstungsraten führt, und es kann zu Verbrennungsschäden an empfindlichen Pflanzen kommen. In solchen Fällen muss schnell reagiert werden, indem die Temperatur gedrosselt, die Fenster für eine zusätzliche Belüftung geöffnet und die Schattierung geschlossen wird. Bei automatisch eingestellten Kulturkenngrößen ist diese Regelung problemlos und zeitnah zu leisten, sodass die Pflanzen keinen Schaden nehmen: Fühler nehmen die jeweiligen Messdaten auf und setzen sie in entsprechende Regelmechanismen um. Verschwindet die Sonne dann hinter den Wolken, müssen u. U. die Temperatur wieder heraufgeregelt, die Fenster geschlossen und für eine verbesserte Lichtausbeute die Schattierung wieder geöffnet werden.

1.12 Zu berücksichtigen sind die Schonung des Grundwassers durch Vermeidung von Nährstoffauswaschung und der sparsame Einsatz von Gießwasser, Förderung der Bodenstruktur und der Bodengare durch möglichst geringe mechanische Belastung und Einarbeitung organischen Materials. Damit einhergehend sind die Humusförderung und die Aktivierung des Bodenlebens. Außerdem sollte energiesparend gearbeitet werden, indem im Gewächshaus auf moderne Heiztechnik umgerüstet und durch verbesserte Isolierung bzw. genau dosierte Regelungstechnik Energieverluste gemindert werden. Die Düngung sollte stets bedarfsgerecht, am besten nach vorangegangener Bodenanalyse erfolgen, um eine Auswaschung zu vermeiden und den Abbau von nicht erneuerbaren Nährstoffvorkommen (z. B. Phosphor) zu verringern. Der Einsatz von Torf sollte auf ein Mindestmaß reduziert und stattdessen Ersatzstoffe verwendet werden, um natürliche Habitate zu schonen. Beim Einsatz von chemischen Pflanzenschutzmitteln sollte man die Schadensschwelle beachten, Abdrift verhindern und nur zugelassenen Produkte verwenden. Nur so können Kollateralschäden auf angrenzende Flora, Fauna und Boden vermieden werden. Auch der Mensch wird durch sachgerechte Pflanzenschutzanwendung geschützt. Nach Möglichkeit sollten vor dem Einsatz chemischer Mittel immer andere Maßnahmen erwogen werden (optimale Anbaubedingungen gegen Schwächeparasiten, Einsatz von resistenten Sorten, Ausbringen von Nützlingen, mechanische Maßnahmen).

- 0,15 % bedeutet, auf 100 l Spritzbrühe benötigt man 0,15 l Pflanzenschutzmittel
  Rechnung: 0,15 l x 45 l : 100 l = 0,0675 l = 67,50 ml
  Es werden 67,50 ml des Fungizids benötigt.

1.13 Ein Zweitaktmotor ist ein Verbrennungsmotor in Form eines Hubkolbenmotors, der pro Arbeitszyklus nur zwei Takte absolviert, und zwar innerhalb nur einer Auf- und Abwärtsbewegung des Kolbens, anstatt wie beim Viertaktmotor mit vier Takten innerhalb von zwei Auf- und Abwärtsbewegungen. Wenn sich der Arbeitskolben nach oben bewegt, wird das Kraftstoff-Luft-Gemisch im Brennraum oberhalb des Kolbens verdichtet. Gleichzeitig wird durch den Unterdruck unterhalb des Kolbens neues Kraftstoff-Luft-Gemisch, welches beispielsweise mithilfe eines Vergasers erzeugt wird, in das Kurbelgehäuse angesogen. Etwas vor dem Erreichen des oberen Totpunkts wird die Verbrennung mithilfe der Zündkerze gestartet. Der Druck im Brennraum nimmt dadurch stark zu, und der Kolben wird bei der folgenden Abwärtsbewegung dadurch angetrieben. Ab einer bestimmten Position gibt der Kolben den Auslassschlitz frei, sodass das verbrannte Gemisch als Abgas zum Teil in den Auspuff ausgestoßen werden kann. Unterhalb des Kolbens wird das zuvor angesaugte Kraftstoff-Luft-Gemisch komprimiert und über einen Überströmkanal in den Brennraum geleitet, sobald auch der entsprechende Einlassschlitz vom Kolben freigegeben wird. Das Einströmen des Gemischs führt zu einer weiteren Verdrängung des Abgases. Ein Rückströmen zum Vergaser wird beispielsweise durch ein Membranventil verhindert. Moderne Membranventile arbeiten selbst bei sehr hohen Motordrehzahlen noch zuverlässig.
Durch diese Bauweise arbeitet der Motor auch dann noch zuverlässig, wenn sich seine Lage verändert, also durch Bewegungen über Kopf oder in starker Hanglage.

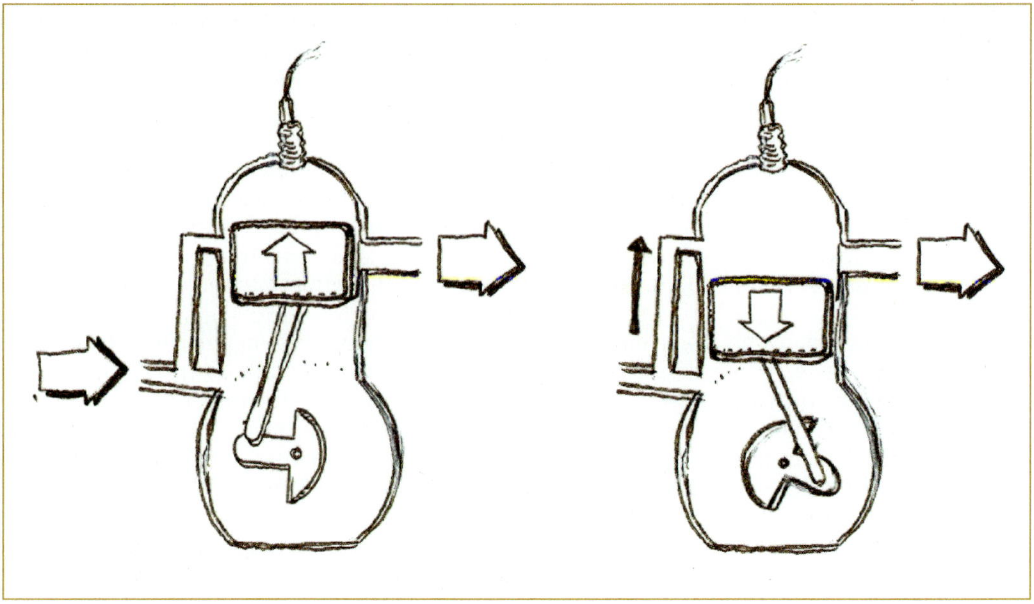

Motorsäge, Motorheckenschere, Rasenmäher (heute nur noch selten), Motorspritzen (selten), Vibrationsstampfer, Motorflex

1.14

Dickmaulrüssler	Rost	Echter Mehltau
Rhododendron Kirschlorbeer Kletterspindelstrauch Forsythie Flieder Schneebeere	Rosen Gewürzkräuter wie Majoran, Schnittlauch, Pfefferminze, Oregano Obst wie Brombeere, Himbeere, Pflaume Erbsen Pfaffenhütchen Weißdorn	Liguster Haselnuss Mangold Erbse Feldsalat Rose Flieder Hainbuche Rhododendron

1.15

Gärtner (Know-how)	Ware (Produkt)	Geschäft (Ambiente)
Fachkompetenz: Der Gärtner versteht sein Handwerk und kann auf alle Fragen zum Produkt, zur Herstellung oder zu verwandten Arten Auskunft geben. Sozialkompetenz: Der Gärtner kann auf den Kunden zugehen, ist höflich und zuvorkommend, gibt gern Auskunft und lässt Begeisterung für seinen Beruf im Beratungsgespräch/bei seiner Arbeit spüren.	Qualität: Die Pflanze ist ein Qualitätsprodukt, fachlich kompetent produziert und ihr Geld wert (nicht überteuert). Nachhaltigkeit: Die Pflanze stammt nicht aus Wilderei am Naturstandort, ist fair gehandelt bzw. produziert, wobei Ressourcen (Rohstoffe und Energie) sparsam verwendet wurden. Die Pflanze ist gesund und frei von Krankheiten.	Außenwirkung: Das Geschäft ist optisch ansprechend, aufgeräumt, sauber, die Produkte sind einladend produziert. Sortiment: Das Geschäft verfügt über eine ansprechende Sortimentsbreite und Tiefe. Der Kunde findet, was er sucht oder kann sich das gewünschte Produkt über das Geschäft bestellen.

Nach dem Kauf einer Sache muss der Händler zwei Jahre dafür gerade stehen, dass er eine mangelfreie Ware übergeben hat. Für die Behebung von Mängeln ist der Verkäufer verantwortlich, nicht der Hersteller. Reklamationen sind auch möglich, wenn Händler einen Umtausch ausschließen. Defekte Ware sollte am besten immer schriftlich reklamiert werden. Man beschreibt in einem Brief oder per E-Mail die aufgetretenen Mängel möglichst genau. Wird im Geschäft mündlich reklamiert, ist es hilfreich, eine Notiz über das Gespräch anzufertigen: Name des Gesprächspartners, Datum, Reklamationsgründe und das Ergebnis des Gesprächs inklusive gesetzter Fristen sollten dabei festgehalten werden. Bei einer Reklamation innerhalb der Gewährleistungsfrist sollte mit dem Verkäufer immer eine Frist vereinbart werden, innerhalb der die Ware entweder repariert oder durch ein neues Produkt ersetzt wird. Ein Zeitraum zwischen einer und zwei Wochen ist hierbei in den meisten Fällen angemessen. Reagiert der Verkäufer innerhalb dieser angemessenen Frist nicht oder scheitern wiederholte Reparaturversuche, lassen sich weitere Rechte geltend machen. So kann man vom Vertrag zurücktreten oder auch verlangen, dass der Kaufpreis reduziert wird. Selbst bei unerheblichen Mängeln ist ein herabgesetzter Kaufpreis gerechtfertigt, aber vom Vertrag zurücktreten kann man in diesem Fall nicht. Händler schreiben oft, dass z. B. reduzierte Ware vom Umtausch ausgeschlossen sei. Defekte Ware kann man aber trotzdem reklamieren.
Der sogenannte Umtausch hingegen ist eine freiwillige Leistung des Händlers, bei der beispielsweise die zu reklamierende Ware gegen eine andere getauscht werden darf, weil sie dem Käufer nach dem Kauf vielleicht doch nicht mehr gefällt. Mängelrechte dagegen sind gesetzlich geregelt und gelten für alle Gegenstände, die man bei einem Händler kauft – auch, wenn sie reduziert sein mögen.

1.16 Integrierter Pflanzenschutz: Er umfasst Systeme, in denen alle wirtschaftlich, ökologisch und toxikologisch geeigneten Verfahren in möglichst guter Abstimmung verwendet werden, um Schadorganismen unter der wirtschaftlichen Schadensschwelle zu halten, wobei die bewusste Ausnutzung natürlicher Begrenzungsfaktoren im Vordergrund steht. Der § 2 des Pflanzenschutzgesetzes definiert integrierten Pflanzenschutz als eine Kombination von Verfahren, bei denen unter vorrangiger Berücksichtigung biologischer, biotechnischer, pflanzenzüchterischer sowie anbau- und kulturtechnischer Maßnahmen die Anwendung chemischer Pflanzenschutzmittel auf das notwendige Maß beschränkt wird. Nach § 2a gehört zur guten fachlichen Praxis bei der Durchführung von Pflanzenschutzmaßnahmen die Berücksichtigung des integrierten Pflanzenschutzes. Er ist zwingender Bestandteil der Fortbildung zum Sachkundenachweis Pflanzenschutz seit 2013. Der integrierte Pflanzenschutz beginnt bereits bei der Auswcahl des für die Kulturpflanze geeigneten Standortes, der sachgerechten Bodenbearbeitung, der Wahl des geeigneten Saat- bzw. Pflanztermins, Verwendung von gesundem Saat- bzw. Pflanzgut einer möglichst gegenüber den vorherrschenden Schadorganismen widerstandsfähigen Sorte sowie einer ausgewogenen organischen oder mineralischen Düngung. Im Rahmen des integrierten Pflanzenschutzes kann auch der biologische Pflanzenschutz eine Rolle spielen. Er umfasst die durch den Menschen gesteuerte Nutzung von Organismen (einschließlich Viren) und deren Leistungen zum Schutz von Pflanzen gegenüber Belastungen durch biotische oder abiotische Faktoren.

Wirtschaftliche Schadensschwelle: Er gibt die Befallsdichte mit Schaderregern, Krankheiten oder den Besatz mit Unkräutern an, ab denen eine Bekämpfung wirtschaftlich sinnvoll wird. Bis zu diesem Wert ist der wirtschaftliche Mehraufwand durch eine Bekämpfung größer als der zu befürchtende Erlösverlust. Übersteigt der Befall oder die Verunkrautung diesen Wert, werden die Bekämpfungskosten durch den zu erwartenden Mehrerlös gedeckt. Jede Bekämpfung eines Schädlings oder einer Krankheit beansprucht Ressourcen, sei es Zeit oder Geld, und hat oft noch weitere Auswirkungen, die wiederum Zeit und Geld in Anspruch nehmen. Um eine ökonomisch richtige Entscheidung zu treffen, sind all diese Faktoren zu bedenken. Da nicht in jedem Einzelfall eine genaue Analyse erstellt werden kann, geht man meist von einer durch Erfahrung oder wissenschaftliche Untersuchungen festgelegten Schadschwelle aus.

Das deutsche Pflanzenschutzgesetz dient dem Pflanzenschutz, dem Schutz von Pflanzenerzeugnissen sowie dem Schutz von Menschen, Tieren und des Naturhaushalts vor Gefahren insbesondere durch die Anwendung von Pflanzenschutzmitteln. Neben allgemeinen Aussagen zum Pflanzenschutz enthält es Vorschriften zu Anwendung und Verkehr mit Pflanzenschutzmitteln, Pflanzenschutzgeräte und Pflanzenstärkungsmittel. Zudem werden die behördliche Überwachung und Auskunftspflichten geregelt. Weitere gesetzliche Regelungen sind:

Verordnung (EU) über das Inverkehrbringen von Pflanzenschutzmitteln
Verordnung (EU) über Statistiken zu Pestiziden
Verordnung (EU) zur Durchführung der Verordnung (EG) Nr. 1.107/2009 hinsichtlich der Kennzeichnungsanforderungen für Pflanzenschutzmittel
Richtlinie über einen Aktionsrahmen der Gemeinschaft für die nachhaltige Verwendung von Pestiziden (Pflanzenschutz-Rahmenrichtlinie)
Richtlinie betreffend Maschinen zur Ausbringung von Pestiziden
Gesetz zum Schutz der Kulturpflanzen (Pflanzenschutzgesetz)
Gute fachliche Praxis im Pflanzenschutz – Grundsätze für die Durchführung
Verordnung über die Prüfung von Pflanzenschutzgeräten (Pflanzenschutz-Geräteverordnung)
Verordnung über Zulassungs- und Genehmigungsverfahren für Pflanzenschutzmittel (Pflanzenschutzmittelverordnung)
Verordnung über Anwendungsverbote für Pflanzenschutzmittel (Pflanzenschutz-Anwendungsverordnung)
Pflanzenschutz-Sachkundeverordnung
Pflanzenschutz-Kontrollprogramm
Verordnung über die Anwendung bienengefährlicher Pflanzenschutzmittel (Bienenschutzverordnung)
Nationaler Aktionsplan zur nachhaltigen Anwendung von Pflanzenschutzmitteln
Landesverordnung über die Kontrollstellen zur Prüfung von Pflanzenschutzgeräten (Pflanzenschutz-Kontrollverordnung, Rheinland-Pfalz)
Landesverordnung über die Prüfung zum Sachkundenachweis für die Anwendung und Abgabe von Pflanzenschutzmitteln (Pflanzenschutz-Sachkundeprüfungsverordnung, Rheinland-Pfalz)
Bundes-Bodenschutzgesetz
Bundesnaturschutzgesetz
EU-Öko-Verordnung, Verordnung (EG) Nr. 834/2007
Durchführungsverordnung Öko (EG) Nr. 889/2008
Europäische Wasserrahmenrichtlinie, Richtlinie 2000/60/EG EU-WRRL
Gefahrstoffverordnung GefStoffV
Landesgesetz zur nachhaltigen Entwicklung von Natur und Landschaft (Landesnaturschutzgesetz)
Sachkundenachweis

1.17 Bei den Aufstellmöglichkeiten lässt sich zwischen fest montierten Tischen und Rolltischen wählen. Bei den Rolltischen lässt sich der Platz für die Nutzfläche optimieren, da sich der nicht produktive Platz für die Wege zusammenschieben lässt. Auf diese Weise lässt sich auch die Pflanzenproduktion erhöhen. Feste Tische haben den Vorteil, dass der Platzbedarf nicht immer kraftaufwendig reguliert werden muss, es steht immer genügend Platz für alle Arbeiten zur Verfügung. Außerdem ist die Gefahr der Pflanzeninfektion durch zu dichten Stand der Pflanzen minimiert.

- Feste Tische:

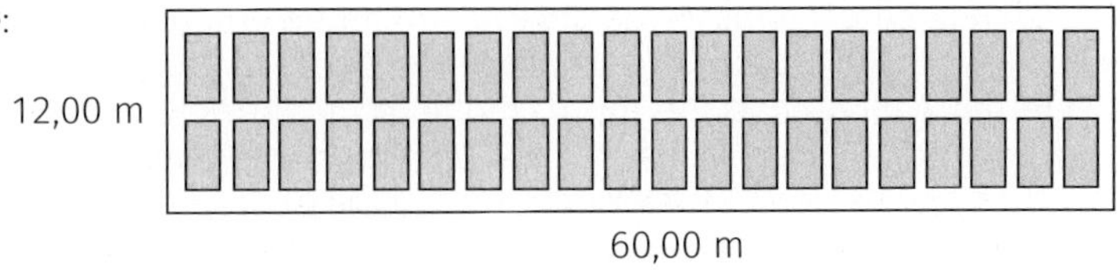

Tische: 2,20 m x 4,00 m
Mittelweg: 2,00 m breit
Weg an den Außenwänden: 1,00 m breit, an den Stehwänden: 0,40 m
Wegbreite zwischen den Tischen: 0,80 m
Tischnutzfläche insgesamt: 352,00 m²

- Rolltische:

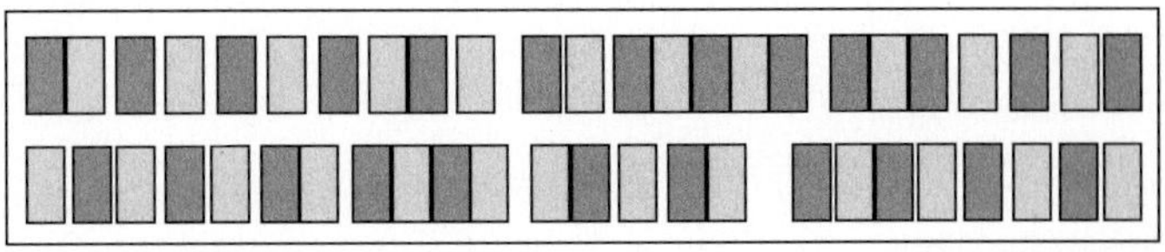

Mittelweg: 2,00 m breit
Tischnutzfläche: 50 x 2,20 m x 4,00 m = 440,00 m²
Zur Verfügung stehende Wegebreite zwischen den Tischen: 60,00 m – 2,20 m x 25 = 5,00 m

1.18 Torf ist ein organischer Stoff, der durch die Entstehung von Mooren in der Evolution der Erdgeschichte über mehrere Millionen Jahre entstanden ist. Moore sind heute sehr selten und gelten als bedrohte und schützenswerte Ökosysteme. Durch den Abbau von Torf aus diesen natürlichen Vorkommen werden die Moore mit allen darin beheimateten tierischen und pflanzlichen Lebewesen unwiederbringlich zerstört. Im Torf der Moore ist sehr viel CO_2 gespeichert, was sich mit dem Abbau als klimaschädliches Gas in unserer Erdatmosphäre anreichert. Torf wurde aber schon immer als Grundlage für die Herstellung von gärtnerischen Erden genutzt. Er ist sehr leicht, mit vielen Wasser- und Luftporen. Neben den zahlreichen positiven chemisch-physikalischen Eigenschaften weist Torf eine sehr geringe mikrobielle Aktivität auf. Damit besitzt er eine hohe Strukturstabilität und wird im Laufe der Lagerung sowie Kulturführung nur wenig zersetzt. Zudem kann der pH-Wert vergleichsweise mühelos eingestellt und die Verfügbarkeit von Nährstoffen relativ einfach abgeschätzt werden. Darüber hinaus ist die ganzjährige Verfügbarkeit gleichbleibend hoher Qualität meist gegeben. Substrate auf Torfbasis werden den hohen Anforderungen der heute alltäglichen Terminkultur auch durch das komplexe Zusammenspiel von Substrat, Dünger, Pflanzenmaterial und Gärtner gerecht. Ein kultursicheres Substrat ist für den Gartenbauer existenziell.

- Alternative Torfersatzstoffe wie beispielsweise Holzfaser oder Holzhäcksel besitzen allerdings eine deutlich geringere Strukturstabilität. Dies kann durch mikrobiellen Abbau, speziell bei Kulturen mit längeren Standzeiten, zu deutlichem Masse- und Volumenverlust der Substrate führen. Komposte weisen meist eine hohe mikrobielle Aktivität auf, wodurch Nährstofffreisetzung oder Nährstofffestlegung zum Teil nur schwer abgeschätzt werden kann. Diese Problematik nimmt bei dem Einsatz organischer Düngemittel zu. Aufgrund dieser Nährstoffdynamik sind diese Substrate nur bedingt lagerfähig, da eine mikrobielle Nährstoffumsetzung die tatsächlichen Gehalte oft von den deklarierten Angaben abweichen lässt. Resultierend aus der Inhomogenität der Ausgangsstoffe besitzen Komposte oft stark schwankende Qualitäten. Zuschlagstoffe wie Sand verfügen zwar über gute Wasser- und Luftporen, sind aber wesentliche schwerer und ohne Nährstoffspeicherkapazität. Perlite ist dagegen leichter, aber ebenfalls ohne die Fähigkeit, Nährstoffe zu speichern. Bei Verwendung von Substraten aus alternativen Ausgangsstoffen muss sich der Gartenbauer auf das jeweilige Substrat neu einstellen, um das zusätzliche Risiko der Kultursicherheit so gering wie möglich zu halten.

- Auf Torfe können beim Pflanzen von Moorbeetpflanzen größtenteils verzichtet werden, da es hier Ersatzerden gibt, die über hervorragende Eigenschaften für dies Kulturen verfügen (Moorbeeterde). Außerdem sollte Torf nicht mehr für eine Verbesserung von Bodeneigenschaften eingesetzt werden, da der Torf außerhalb des Moorstandortes in anderen Bodengefügen schnell seine bodenverbessernden Eigenschaften verliert und somit die Maßnahmen regelmäßig wiederholt werden müssen. Auch bei der Pflanzung von Rosen, deren Anhäufelung oder Winterabdeckung sollte auf andere, wirkungsvollere Materialien zurückgegriffen werden.

1.19 Eine Erhöhung der Arbeitsleistung könnte durch Automatisierung von einfachen Arbeitsabläufen gelingen: Über den Einsatz einer automatischen Bewässerung oder Klimasteuerung im Gewächshaus, den Einsatz einer Topfmaschine u. Ä. kann Arbeitszeit eingespart werden, die für andere Tätigkeiten genutzt werden kann. Der Nachteil ist allerdings, dass eine Automatisierung immer mit hohen Kosten verbunden ist, die auch wieder erwirtschaftet werden müssen.

Als zweite Maßnahme sollten die anfallenden Arbeiten von gut eingespielten Teams erledigt werden. Mitarbeiter, die Hand in Hand zusammen arbeiten, können Arbeitsabläufe ökonomischer und damit produktiver erledigen als Kollegen, die nicht gut zusammenarbeiten können. Dazu kann beitragen, dass sich die Mitarbeiter an ihrem Arbeitsplatz wohl fühlen: Ein gutes Arbeitsklima und gesundheitsschonende (ergonomische) Arbeitsbedingungen verringern die Krankheitstage, steigern die Motivation und erhöhen damit die produktive Arbeitszeit.

Darüber hinaus sollten die Mitarbeiter nach ihren Fähigkeiten eingesetzt werden, sodass jeder Kollege mit den Aufgaben betraut ist, die er von seinen Fähigkeiten her gut kann. Eine Schulung oder Fortbildung unterstützt die Fachkompetenz der Mitarbeiter.

1.20 Fuchsia Cultivars. Düngungsvorschläge: Die Pflanzen gelten als mittelstark zehrend und sollten deshalb einmal wöchentlich 0,1–0,2 % eines Volldüngers erhalten. Die Nährstoffgabe kann mithilfe eines Düngermischers, der mit der Bewässerungsanlage verbunden ist, beim Gießen oder Anstauen gut dosiert werden. Der Dünger sollte nicht zu viel Stickstoff enthalten, da eine Überversorgung mit diesem Nährstoff führt zu mastigen Pflanzen. Gegebenenfalls kann Eisenmangel auftreten, dessen Symptome können problemlos mit handelsüblichen Eisenchelat-Düngern behoben werden.

Bei der Kultur von Freilandgemüse müssen vor dem Anbau die noch im Boden enthaltenen Stickstoffwerte über eine Bodenprobe ermittelt werden. Je nach Ertragsstufe (A bis D) werden dann die Hauptnährstoffe in der Regel in drei Gaben zugeführt (Grunddüngung zu Beginn und zwei Bedarfsdüngungen während der Weiterkultur). Dabei sollte vor dem Erntezeitpunkt eine ausreichende Düngepause eingehalten werden, um eine Nitratanreicherung des Erntegutes zu verhindern. Als Hinweis können die Düngeempfehlungen der Landwirtschaftskammer genutzt werden (vgl. auch Landwirtschaftskammer Schleswig-Holstein, http://www.lksh.de/landwirtschaft/pflanze/freilandgemuese/moehren/)

1.21 Die Möglichkeiten der Kundeninformation werden als Kundeninformationssystem (KIS) bezeichnet. Es umfasst die für die einzelnen bzw. zumindest die wichtigeren Kunden aus den Geschäftsbeziehungen mit diesen sich ergebenden Daten. Wichtiges Instrument für die Kundenbetreuung, -beratung, Kalkulationen, Konditionenüberlegungen, Risikoanalysen etc. Daraus lassen sich folgende Möglichkeiten ableiten:

Beratungsgespräch: Der Gärtner tritt in intensiven Gesprächskontakt mit dem Kunden und informiert ihn dabei über Produkteigenschaften, Neuerungen auf dem Markt, Preisentwicklungen etc. Durch diesen direkten Kontakt lässt sich mit dem Kunden eine optimale Beziehung und Kundenbindung aufbauen.

Flyer und Postwurfsendungen: Sie informieren über den Betrieb, neue Produkte und Dienstleistungen oder über Sonderveranstaltung (z. B. Tag der offenen Gärtnerei). Die Ansprache bleibt anonym. Der Gärtner hat also keine direkte Rückmeldung, ob seine Informationen ein Kundenbedürfnis wecken oder nicht weiter beachtet werden. Aber anhand der verteilten Flyer im Verhältnis zu den erzielten Ergebnis (z. B. wie viel Produkte von den beworbenen verkauft werden oder wie viele Besucher in die Gärtnerei kommen) lassen sich statistische Auswertungen über die Effektivität anfertigen.

Digitale Kontakte/Newsletter: Regelmäßige kurze Mails oder Newsletter, die digital verschickt werden, lassen sich über eingebaute Tools auswerten (automatische Registrierung, wer die Mails gelesen hat oder wer angehängte Links angeklickt hat).

Website: das Einrichten einer betriebseigenen Website liefert regelmäßig Informationen für den interessierten Kunden. Der Vorteil liegt darin, dass jeder Kunde bei Bedarf die Informationen abgreifen kann, die er jeweils benötigt. Über ein Kunden-Login lassen sich aus den angeklickten Links, Berichten etc. die Vorlieben des Kunden herausfiltern und sogar über die Möglichkeiten eines Onlineshops die getätigten Einkäufe speichern und zurückverfolgen.

Inserat/Annonce: Kurze, prägnante Mitteilungen an alle potenzielle Kunden des Einzugsbereiches über Produkte und Dienstleistungen, Preisentwicklungen und Events. Es bleibt aber für den Betrieb im Unklaren, wer oder wann der Kunde aufmerksam wurde und ob mit der Annonce der Effekt erzielt wurde, der beabsichtigt war, wenn nicht eine Kundenabfrage stattfindet.

Messestand: Möglichkeit, mit Interessierten in direkten Kontakt zu treten und zur Angebotspalette des Betriebes Rede und Antwort zu stehen. Der Vorteil liegt ähnlich wie beim Beratungsgespräch auf der Nachhaltigkeit der Informationen und damit der hohen Wahrscheinlichkeit für positive Kaufentscheidungen.

Kundenumfrage: Direkte Möglichkeit, Kundenwünsche zu erfragen und seine Angebote und Dienstleistungen darauf abzustimmen. Dadurch wird Kundeninteresse geweckt. Die Wirkung ist ähnlich wie bei einem Messestand.

- Auswahl der richtigen, auf die Pflanzen abgestimmte Pflanzerde; Kauf eines Apfelbaumes inkl. passender Befruchtersorte, Pflege- und Düngemaßnahmen; Umfang einer Dauergrabpflege einschließlich der regelmäßig im Jahr erneuerten Wechselbepflanzung; Auswahl geeigneter Stauden für Themenbeete (z. B. Alpinum, Schattenbeet); Unterscheidungsmerkmale von Biogemüse zu konventionell hergestelltem Gemüse.

1.22 Zu den Bausteinen des Marketings zählen die Produktpolitik, die Preispolitik, die Kommunikationspolitik und die Distributionspolitik. Sie sind nicht als Einzelwerkzeuge zu begreifen, sondern sind in ihrer Anwendung und Wirkungsweise miteinander verzahnt.

Zusammenhänge und besondere Merkmale	Produktpolitik	Preispolitik	Kommunikationspolitik	Distributionspolitik
Umfeld: Darüber lassen sich die Dienstleistung und ihre Qualität erlebbar machen für den Kunden; der Service bekommt indirekt eine materielle Qualität.	Immaterialität wird durch Umfeld aufgehoben; Service wird indirekt sichtbar	Umfeldgestaltung unterstützt Positionierung in einem Preissegment	Umfeld vermittelt Leistungen und Servicequalität	Standortwahl beeinflusst Kundennähe, Umfeldgestaltung und Kosten (Beispiel: Gestaltung von Ladengeschäften)
Prozess: Neben Produktplanung kommt es auf Prozessgestaltung an, die außerdem berücksichtigen muss, dass Service nicht lagerfähig ist.	Service ist ein Prozess; Entwicklung einer Dienstleistung ist vor allem Prozessgestaltung	Prozessgestaltung beeinflusst die Kosten des Serviceangebots	Transparenz über Prozesse und Formen der Kundenintegration	standardisierte und automatisierte Prozesse machen unterschiedliche Vertriebskanäle möglich
Kundenintegration: Der Kunde muss direkt in den Prozess eingebunden werden; er ist nicht nur Zielgruppe, sondern auch Teil des Angebots selbst.	Service entsteht durch Interaktion mit dem Kunden	Zahlungsbereitschaft durch den Kunden; Kosten für den Kunden durch Mitwirkung beim Service	Kommunikation mit dem Kunden vermittelt das Serviceangebot und Erwartungen an die Servicequalität	Kundennähe; Aufwand für Anfahrt
Mitarbeiter: Die Mitarbeiter erbringen die Dienstleistung und sind damit maßgeblich dafür verantwortlich, wie die Dienstleistung und ihre Qualität erlebt werden.	Kompetenzen und Auftreten der Mitarbeiter bestimmen die Servicequalität	Mitarbeiter erbringen Service und sind wichtiger Kostenfaktor; vermitteln durch ihre Kompetenzen die Preiswürdigkeit des Services	Kommunikation erfolgt über die Mitarbeiter	meist nur Direktvertrieb von Service möglich, weil an Mitarbeiter gebunden

1.23

Wachstumsfaktoren	Kultur: *Euphorbia pulcherrima* (Weihnachtsstern)	
Nährstoffe	Grunddüngung mit wasserlöslichen Salzen oder Depotdüngern. In der Hauptwachstumsphase erhöhen = 120 % der mittleren Konzentration	während der Brakteenentwicklung senken = auf 80 % der mittleren Konzentration
Licht	Vegetatives Wachstum: das Wachstum steigt mit zunehmender Beleuchtungsstärke, die Blüte ist früher entwickelt (mit zunehmender Beleuchtungsstärke wird gleichzeitig die Wirkung steigender Temperatur verstärkt): – in strahlungsarmen Jahren > 20° C keine Steigerung des Wachstums → kleinere Pflanzen, – in strahlungsreichen Jahren > 23° C Wachstumssteigerung zu erwarten → Großpflanzen In lichtarmen Jahren muss evtl. die Temperatur für die anvisierte Pflanzen- und Brakteengröße erhöht werden (22–23° C). In lichtreichen Jahren Blüte 5–7 Tage früher, wobei ein hohes Lichtangebot am KT-Beginn die Blütenbildung besonders fördert	Brakteenbildung im Kurztag (KT): obligate KT-Pflanze, Tageslichtlänge zwischen 11 3/4 und 12 1/4 Std. (sortenabhängig) Reaktionszeit je nach Sorte 8–12 Wochen die Tageslichtlänge wird durch die Temperatur modifiziert (entscheidend ist die NT): → im 12 Std.-Tag (A Okt) kommt es bei hoher TT und niedriger NT zur Verzögerung der Induktion → Hitzeverzögerung → im 10 Std.-Tag bleibt die NT ohne verzögernden Einfluss auf die Induktion bei gesteuerter Kultur ist es daher notwendig, ca. 2 Std. länger als die Tageslichtlänge zu verdunkeln (Nachtlänge ca. 14 Std.).
Wärme	Wurzelbildung gefördert, wenn die Boden- über der Lufttemperatur liegt: Bodentemperatur 22–24° C, Lufttemperatur 20–22° C	Sprosswachstum gefördert, wenn die Lufttemperatur höher als die Bodentemperatur ist: Bodentemperatur 22–24° C, Lufttemperatur 20–22° C
Wasser	Problematisch sind kleine Töpfe, bis zu zweimal täglich, Vliesmatten günstig Vernässung vermeiden, sonst erhöhte Pilzgefahr.	Verdunstungspotenzial gesenkt durch Anstautische, Fließrinnen, und weiten Stand. Geringe Luftfeuchte verstärkt den Wasserstress → Vakuolen kleiner
Luft	Luftfeuchtigkeit nahe 100 %, die Pflanze muss turgeszent sein und bleiben, ein einmal gewelkter Steckling erholt sich nicht: Vermehrung daher unter Sprühnebel	Luftfeuchtigkeit nahe 100 %, die Pflanze muss turgeszent sein und bleiben, ein einmal gewelkter Steckling erholt sich nicht: Vermehrung daher unter Folie (u. U. schattieren)

1.24 Es empfiehlt sich eine automatische Klimasteuerung, die die Belüftung, Temperaturgestaltung, Schattierung, zusätzliche Belichtung und auch die Bewässerung umfassen sollte. Auch die Nährstoffgaben können über ein Düngermischgerät angepasst automatisiert werden. Für eine optimale Einstrahlung sollte die Eindeckung aus Kunststoffplatten bestehen, die leicht einzubauen und wenig bruchanfällig ist und die Lichtintensität für die Pflanzen im optimalen Bereich gestalten. Pflanzen, die ganzjährig kultiviert werden, benötigen für ein optimales Wachstum wechselnde Wachstumsfaktoren, die über eine gesteuerte Kulturführung auf die jeweiligen Bedürfnisse (je nach Tageszeit oder klimatischen Bedingungen) verfügen.

- 15 x 3,065 m x 12 m = 551,70 m²

  551,70 m² : 100 % x 75 % = 413,775 m²

  Der Nutzflächenanteil beträgt 413,775 m².

1.25

Rolltische	**Normaltische**
Mobil- und Rollmobiltischsysteme ermöglichen eine maximale Ausnutzung der Gewächshausfläche ohne Verlust von Arbeitswegen. Die Tischformate richten sich nach den marktgängigen Belägen (Standardbreiten: 1,61 m; 1,81 m; 1,91 m; 2,01 m) und sind in ihrer Länge nahezu beliebig. Konstruktion und Bauweise sind gleichzeitig leicht (gut zu bewegen) und stabil (rutschen nicht vom Rollsystem). Es besteht die Möglichkeit, die Rolltische in ein mobiles Transportsystem ganzer Tische zu erweitern (erleichterte Arbeitsabläufe).	Feste und stabile Konstruktionen wirken gegen umkippen und machen gleichzeitiges Arbeiten an allen Tischen möglich. Die Tischformate lassen sich individuell auf die Gewächshausgrößen und auf die Arbeitsgänge anpassen. Konstruktionen zur Bewässerung und Düngung lassen sich fest installieren und müssen nicht an die Beweglichkeit wie bei Rolltischen angepasst werden.

- 16 x 8 m x 2,20 m = 281,60 m²
  20 x 8 m x 2,20 m = 352,00 m²

Prozentuale Steigerung = 100 % x 352,00 m² : 281,60 m² = 125 %
Es ist eine Steigerung um 25 % möglich.

1.26 Die Leitfähigkeit ist ein Maß für die gesamte Ionenkonzentration einer Messlösung. Je mehr Salze, Säuren oder Basen in der Messlösung anwesend sind, umso höher ist die Leitfähigkeit. Im Gießwasser von Pflanzen befinden sich durch den Anschluss eines Düngermischers vorwiegend Ionen von gelösten Nährsalzen. Die Leitfähigkeit liefert somit eine Aussage über die Nährstoffkonzentration im Gießwasser. Die elektrische Leitfähigkeit in Flüssigkeiten entsteht dadurch, dass die Nährstoffe in positiv geladene Kationen und negativ geladene Anionen zerfallen. Kochsalz (NaCl) als Beispiel zerfällt in Wasser zu Natrium-Ionen (Na+) und Chlorid-Ionen (Cl-). Die niedrige Eigenleitfähigkeit des Wassers stellt die untere Grenze der Leitfähigkeitsskala dar.

Die Messung der elektrischen Leitfähigkeit erfolgt über eine Widerstandsmessung. Im einfachsten Fall besteht die Messzelle aus zwei metallischen Elektroden, zwischen denen eine Wechselspannung angelegt wird. Je mehr Ionen die Messlösung enthält, desto größer ist der zwischen den Elektroden fließende Strom. Mit dem Ohm'schen Gesetz wird daraus die Leitfähigkeit berechnet. Die Einheit der elektrischen Leitfähigkeit ist S/cm (Siemen pro cm) oder mmho/cm (Mikroohm pro cm) in den USA.

1 S/cm = 1.000 mS/cm

1 mS/cm = 1.000 µS/cm

- r = 0,45 m : 2 = 0,225 m
  $r^2 \times \pi$ = 0,025 m x 0,025 m x 3,1415 = 0,15904 m^2
  0,15904 m^2 x 0,5 m = 0,0795 m^3

  0,0795 m^3 = 79,5216 l = 79,5216 kg = 100 % → 79,5216 kg : 100 % x 10 % = 7,95216 kg

  Für eine 10%ige Stammlösung werden 7,95216 kg Dünger in 71,56944 kg Wasser (71,56944 l) aufgelöst.

1.27

Anstaubewässerung	**Beregnung**
Besonders geeignet für Kulturen, die anfällig für Kalkflecken sind.	Wasser tropft von oben auf die Pflanzen, sodass Kalkflecken entstehen können.
Jeder Pflanzballen saugt sich mit so viel Wasser voll, bis er gänzlich gesättigt ist (Optimum).	Feine Tropfen dringen gut in das Substrat ein.
Mit Düngermischer kombinierbar.	Erhöhte Luftfeuchtigkeit in gesamter Pflanzenumgebung gut für Jungpflanzen.
Nur dann wassersparend, wenn überschüssiges Wasser aufgefangen und wieder verwendet werden kann.	Hohe Verdunstung führt zu hohem Wasserverbrauch.
Das stehende Wasser in den Anstaubehältern begünstigt u. U. den Befall mit Pilzen.	Einfach zu installieren und anzuwenden, dabei wenig kostenintensiv.

1.28 Dauerschattierung: Auftragen von Kalkfarbe auf die Außenseite der Gewächshausbedachung.

Vorteile: Relativ preisgünstig und einfach aufzutragen, schützt effektiv und dauerhaft vor zu hoher Lichtintensität.

Nachteile: Farbe nutzt sich im Laufe eines Jahres ab und muss regelmäßig erneuert werden; bei geringer Lichtintensität lässt sich die Farbe nur umständlich wieder abwaschen (nicht flexibel genug).

Bewegliche Schattierung: Bändchengewebe wird wie ein horizontaler Vorhang von innen unter das Gewächshausdach gezogen.

Vorteile: Flexibel regulierbar je nach wechselnder Lichtintensität; viele Schattierungen können auch als Energieschirme Heizkosten sparen.

Nachteile: Teurer in der Anschaffung als eine Dauerschattierung; stark reparaturanfällig durch den mobilen Mechanismus.

- 30,00 m x 2,50 m x 2 + 6,00 m x 2,50 m x 2 + 6,00 m x 1,30 m + 3,35 m x 30 m x 2 =
  150 m^2 + 30 m^2 + 7,80 m^2 + 201 m^2 = 388,80 m^2

  388,80 m^2 x 30g/m^2 = 11664 g = 11,664 kg

  Es werden 11,664 kg Schattierungsanstrich benötigt.

1.29 Bei einer Bodenprobe werden an mehreren Stellen der einzusetzenden Erde (z. B. Komposterde als lose Schüttung) einige Gramm entnommen und in einem Behältnis vermischt. Auf diese Weise werden Anteile mit unterschiedlichen Nährstoffgehalten zu einer Durchschnittsmenge vermischt. Diese Durchschnittsbodenprobe schickt man dann an ein Analyselabor, das die in dem Boden enthaltenen Nährstoffe (N, P, K, Ca, Mg) und den pH-Wert bestimmt. Darüber hinaus kann man noch zusätzlich die Untersuchung auf andere Inhaltsstoffe erhalten, wenn man diesen Extraaufwand wünscht. So lassen sich z. B. bestimmte Spurennährstoffe oder Schwermetalle bestimmen. Das Ergebnis dieses aufwendigen chemischen Analyseverfahrens erhält man schriftlich zugesandt. Einige Labore geben zusätzlich noch Düngeempfehlungen anhand der Messergebnisse aus.

- 1 l = 0,001 m^3 N-Gehalt = 180 mg x 1 m^3 : 0,001 m^3 = 180.000 mg = 180 g

  Torfkultursubstrat hat ein spezifisches Gewicht von 1.100–1.150 kg/m^3.
  1 m^3 Torf wiegt 0,10 t = 100 kg in loser Schüttung.

Kg	% TKS
1.150	100
1	0,086957
0,18	0,015652

Kg	% Torf
100	100

14 % = 180 g N

In einem Kubikmeter Torf sind 180 g Reinnährstoff N enthalten.

1.30 Botrytis ist in hohem Maße von der Luftfeuchtigkeit abhängig, seine Sporen sind allgegenwärtig und können längere Zeit auf Pflanzen lagern, bis die geeignete Luftfeuchte eine Infektion ermöglicht. Der Pilz befällt alle oberirdischen Pflanzenteile und bildet darauf massenhaft Konidien, die durch Luftbewegung verteilt werden. In manchen Fällen wächst der Pilz im Stängel und ist nur an einer braunen Verfärbung zu erkennen. Wenn die Sporen auswachsen, ist das Gewebe meistens schon zerstört. Begünstigt wird eine Infektion, wenn die Pflanze unter Stress steht, z.B. durch Überdüngung, Lichtmangel, engen Stand, Verletzungen und hohe Ozongehalte der Luft.

Klimavoraussetzungen sind hohe Luftfeuchtigkeit (> 85 %), wenig Luftbewegung und Temperaturen ab 3 °C, was für eine Infektion reicht, das Optimum liegt bei 22–25 °C. Bei Luftfeuchte 93 % und Temperaturen von 10–20 °C kann Botrytis die Pflanze in 20–30 Sekunden infizieren. Die Übertragung/Verbreitung erfolgt durch Luftbewegung und Spritzwasser. Die Hauptinfektion der Früchte erfolgt über die Blute. Bei Erdbeeren geht die Infektion von abgestorbenen Blattstielen bzw. mumifizierten Früchten aus, woran der Pilz in Form der Sklerotien überwintert. Botrytis kann auf totem Pflanzenmaterial leben und sich darauf vermehren. Unter ungünstigen Bedingungen kann der Pilz zur Überdauerung Sklerotien bilden, diese sind im Durchmesser 2–5 mm groß. Im Frühjahr werden hieraus Sporen entlassen, welche mit Wind und Regen verbreitet werden.

Eine Infektion erfolgt nur dann, wenn das Gewebe geschwächt oder tot ist (z. B. abgestorbene Blattstiele).

- Ein nicht zu dichter Pflanzenbestand fördert das Abtrocknen der Pflanzen und vermindert dadurch den Befall. Zu stark mit Stickstoff gedüngte Pflanzen werden mastig und dadurch anfälliger, sodass eine moderate Düngung vorbeugen hilft. Die Reduzierung der Luftfeuchtigkeit mithilfe von Ventilatoren und durch Lüften, das Verhindern von Taunässe durch entsprechende Klimaregelung und vorsichtiges Gießen sind ebenfalls vorbeugende Kulturmaßnahmen. Bereits infizierte Pflanzen müssen frühzeitig aussortiert werden, sodass eine weitere Infektion vermieden werden kann. Insofern sind regelmäßige gründliche Kontrollen hilfreich.

- 500 m² Bruttofläche → 375 m² Nettofläche
  Bei 8 l/100 m² = 0,08 l/m² → 0,08 l/m² x 375 m² = 30 l Pflanzenschutzbrühe
  Bei 0,15%iger Lösung sind deshalb 0,15 % x 30 l : 100 % = 0,045 l = 45 ml notwendig.

1.31 Spinnmilben sind sehr kleine, nur ca. 0,3 bis 0,8 mm große Milben. Ihre Körpergestalt ist birnenförmig, die Körperfarbe variiert von gelblich, grünlich oder orangegelb bis rot. Sie haben acht Beine. Man kann die Tiere mit bloßem Auge an den Pflanzen erkennen. Durch das Anstechen und Aussaugen einzelner Pflanzenzellen entstehen zunächst einzelne weiße oder gelbliche punktförmige Flecken auf Blättern oder Blüten. Bei zunehmendem Befall dehnen sich die Flecken weiter aus, die Epidermis zerfällt. Die Pflanzen vergilben zusehends, bis die Blätter schließlich zu stark geschädigt sind und vertrocknen. Aufgrund der Spinntätigkeit der meisten Arten sind befallene Pflanzen entweder mit feinen Spinnfäden oder dichten Gespinsten überzogen, auf deren Unterseite sich die Milben, geschützt vor Regen, Austrocknung und dem Herabfallen, bewegen. Oftmals geht der Befall mit Kümmertrieben, gestauchtem Wuchs und/oder eingerollten Blättern einher.

- Als wichtigste vorbeugende Maßnahme ist der Einsatz von Raubmilben (hauptsächlich *Phytoseiulus persimilis*) zu nennen. Im Gewächshaus ist trockenwarmes Klima zu vermeiden. Im Freiland wird empfohlen, die Kulturen tagsüber mit Wasser zu besprühen und für ein kühles Mikroklima zu sorgen. Auch schwefelhaltige Präparate wirken vorbeugend und entwicklungshemmend.

- 600 m² Bruttofläche → 420 m² Nettofläche
  Bei 10 l/100 m² = 0,1 l/m² → 0,1 l/m² x 420 m² = 42 l Pflanzenschutzbrühe
  Bei 0,2%iger Lösung sind deshalb 0,2 % x 42 l : 100 % = 0,084 l = 84 ml notwendig.

1.32

Thrips	Spinnmilben	Echten Mehltau
Pelargonien	Gemeine Spinnmilbe:	Rosen
Weihnachtsstern		Pfirsich
Chrysanthemen	Paprika, Aubergine, Gurke, Gerbera, Rose, Chrysantheme	Stachelbeeren
Primeln		Erdbeeren
Erbsen	Obstbaumspinnmilbe:	Gerbera
Spargel		Petunien
Rosen	Steinobst, Kernobst, Wein	*Impatiens*

Thrips	Spinnmilben	Echten Mehltau
Bekämpfung:		
Vorbeugend: Thripse können sich bei hoher Luftfeuchte nicht gut entwickeln.	Vorbeugend: Einsatz von Raubmilben. Im Gewächshaus ist trockenwarmes Klima zu vermeiden. Im Freiland wird empfohlen, die Kulturen tagsüber mit Wasser zu besprühen und für ein kühles Mikroklima zu sorgen.	Vorbeugend: Engstand vermeiden, für gute Belichtung sorgen, ausgewogene Ernährung, Zugluft und schroffe Temperaturwechsel vermeiden, Sortenwahl beachten (z. B. bei Begonien), Pilz kann sich von Beständen mit niedrigem Turgor nicht verbreiten, d. h. befallene Pflanzen schlappen lassen.
Chemisch: Systemisch wirkende Pflanzenschutzmittel	Chemisch über Akarizide: In kurzen Intervallen spritzen, mit einem besonderen Augenmerk auf die Blattunterseiten; durch Wirkstoffwechsel Resistenzbildung vermeiden; nützlingsschonende Mittel verwenden; schwefelhaltige Präparate wirken vorbeugend und entwicklungshemmend.	Chemisch über Fungizide

- 600 m² = 100 % Bruttofläche Nettofläche = 600 m² : 100 % x 70 % = 430 m²
  10 l Spritzbrühe für 100 m² → 10 l : 100 m² x 430 m² = 43 l
  43 l = 100 % → 0,2 % = 43 l : 100 % x 0,2 % = 0,86 l = 86 ml

  Für eine Nettofläche von 420 m² werden insgesamt 43 l Spritzbrühe aus 86 ml Insektizid und 42,14 l Wasser angemischt.

1.33

Vorteile Torfeinsatz	Nachteile Torfeinsatz
Wegen des niedrigen pH-Wertes gut geeignet für Pflanzen, die ein saures Wurzelmedium benötigen (Rhododendren, Bergenien, Orchideen etc.)	Wenn der Torf austrocknet, lässt er sich nur sehr schwer wieder benetzen. Man muss also die Wasserversorgung genau kontrollieren.
Hohes Luft- und Wasserporenvolumen sorgt für eine gute Versorgung der Pflanzen mit Sauerstoff, Wasser und den darin enthaltenen Nährstoffen.	Torf zersetzt sich im Laufe einer Vegetationsperiode und muss für Dauerkulturen deshalb regelmäßig ersetzt werden (Moorbeetpflanzen im Freiland).
Da Torf nährstoffarm ist, lässt er sich optimal auf alle Nährstoffbedürfnisse der verschiedenen Kulturen anpassen, indem man je nach Bedarf mit der entsprechenden Nährstoffkonzentration aufdüngt.	Torf kann nur aus Mooren abgebaut werden, die dadurch unwiederbringlich zerstört werden. Im Sinne eines Schutzes von Ökosystemen sollte deshalb auf den Torfeinsatz verzichtet werden.

- Rindenhumus ist nährstoffreich, strukturstabil, verfügt über gute Bodenbelüftung, Wasserkapazität und Wiederbenetzbarkeit und ist außerdem ein nachwachsender Rohstoff. Kokosfasern haben eine hohe Wiederbenetzbarkeit, sind sehr strukturstabil. Bei guter Wasser- und Luftkapazität und idealem pH-Wert ist das Gewicht gering. Auch Kokosfasern sind ein nachwachsender Rohstoff.
  Mit der Zugabe von Perlite, welches ein unerschöpfliches Naturprodukt (vulkanisch) ist, gelingt die Verbesserung der Bodenbelüftung. Perlite ist keimfrei, hat ein geringes Gewicht, eine gute Wasserkapazität. Es ist als reine Hydrokultur möglich, nährstofffrei und die problemlose Rückführung in die Natur ist machbar.

- Verzicht auf Torfe bei der Kultur von Moorbeetpflanzen durch Ausweichen auf torffreie Moorbeeterde schafft gleich gute Ergebnisse. Auch für Topfsubstrate können geeignete Ersatzstoffe im Handel ohne großen Aufwand bezogen oder auch selbst angemischt werden. Als Bodenhilfsstoff ist Torf wegen der schellen Umsetzung im Boden durch Mikroorganismen und der dadurch notwendigen regelmäßigen Erneuerung des Torfes nicht geeignet. Für eine erhöhte Wasserkapazität kann man z. B. auf Perlite zurückgreifen. Für eine verbesserte Bodenfauna erfüllt Kompost einen besseren Dienst als Torf.

1.34 Anforderungen an Kulturgefäße: Kulturgefäße müssen robust sein, damit sie nicht beschädigt werden, wenn sie mehrfach im Gewächshaus umgeräumt und Pflanzen gerückt werden. Sie sollten keimfrei, oder bei Wiederverwertung gut zu säubern und zu sterilisieren sein. Sie sollten nicht mit den Pflanzen, dem Substrat oder dem gedüngten Gießwasser in eine chemische Reaktion eintreten und damit porös werden oder gar giftige Substanzen absondern. Sie sollten eine einheitliche, an die praxisbezogenen Bedingungen angepasste Größe haben, damit sie gut gestapelt, gerückt, in Versandkisten verpackt werden können. Da Kulturgefäße zu den Massenverbrauchsartikeln im Gartenbau gehören, müssen sie ebenfalls preiswert sein. In ökologischen Betrieben wird zusätzlich noch großen Wert auf die Natürlichkeit (nicht aus Kunststoffen hergestellt) und die Nachhaltigkeit (gut zu recyceln) gelegt. Dies trifft in erster Linie auf Töpfe aus Tonmaterial, Pappmaché oder Erdpresstöpfe zu.

- **Töpfe aus Ton:** Vorteile sind das natürliche Material, die gute Porosität des Topfes, die überschüssiges Wasser gut ablaufen lässt, andererseits aber auch Wasser gut speichern kann. Sie sind gut zu recyceln in Form von Splittmaterialien. Nachteilig wirkt sich dagegen das hohe Gewicht, die hohen Kosten und die schlechte Desinfizierbarkeit aus: Kalkränder, Algenreste und andere Substanzen bleiben lange sichtbar und hartnäckig haften.

- **Töpfe aus Kunststoff:** Sie sind preiswert, mehrfach zu verwenden und gut sauber zu halten. Außerdem sind sie mit ihren verschiedenen Größen und Formen an alle Bedingungen angepasst. Nachteilig wirkt die schlechtere Recycelfähigkeit, die geringe Bruchstabilität und das sie Wasser nicht gut speichern können.

1.35 Düngung am Beispiel einer Kultur von *Viola x wittrockiana* (Gartenstiefmütterchen)

Gesamtnährstoffbedarf: N-Entzug ca. 150 mg pro Pflanze (Violen sind stark salzempfindlich)

Nährstoffverhältnis: N: K_2O = 1:1 bis 1,3 (geschützt). In der Topfkultur zuerst ausgeglichenes Verhältnis, später K-betont düngen.

Grunddüngung für Topfviolen nach Richtwerten der Bodenanalyse [mg/l]

N	P_2O_5	K_2O	MgO	Salz
100–150	100–180	100–200	40–50	800–1.000

Bei den oberen Werten ist erst ab Januar mit der Nachdüngung zu beginnen, sonst frühestens drei Wochen nach dem Topfen. Flüssige Nachdüngung je nach Witterung und Versorgung der Kultur 2- bis 4-mal 0,1–0,15%ig bei Frühjahrskultur, einmal wöchentlich 0,1–0,15%ig bei Herbstverkauf. Bei Bewässerungsdüngung jeweils die halbe Konzentration.

Grunddüngung für Freilandviolen nach Richtwerten der Bodenanalyse [mg/100 g Boden]

P_2O_5	K_2O	MgO
20–35	25–35	15

Der anzustrebende N-Gehalt beträgt nach Nitratschnelltest 50–60 kg N/ha → 30 cm Durchwurzelungstiefe und ist ausreichend für die gesamte Kulturzeit.

- 1 kg Kalkammonsalpeter enthält 27 % N = 1kg : 100 % x 27 % = 0,27 kg = 270 g
  Bei 8 g N/m² werden 8 g N/m² x 350 m² = 2.160 g = 2,16 kg

Kg KAS	g Rein N
1	270
0,0037	1
8	2.160

Für die gesamte Fläche von 350 m² werden 8 kg KAS benötigt.

1.36 Blühterminsteuerung bei Orchideen
Normalerweise wird die Blütenbildung durch geringe Temperaturen von ca. 16 °C ausgelöst. In seltenen Fällen kann eine zusätzliche Kurztagsbehandlung (auf <12 h Belichtung abdunkeln) förderlich sein. Der Erfolg der Kühlbehandlung hängt von der Pflanzengröße ab. So sollten die Pflanzen zu Beginn der niedrigen Temperaturen einen Durchmesser von 25 cm haben. Starke Pflanzen haben später mehr Blüten pro Infloreszenz. Die Kühlphase muss mindestens sechs Wochen betragen. Um nicht alle Pflanzen zum gleichen Zeitpunkt zu verkaufen, kann sie auf acht bis zehn Wochen ausgedehnt werden. So wird erreicht, dass man über einen längeren Zeitraum blühfähige Pflanzen vermarkten kann.

Wird auf die Kühlbehandlung verzichtet, kann zur Blütenförderung auch eine vier Wochen lange Phosphor- und Kalium betonte Düngung gegeben werden. Auch dadurch kann der Bestand in mehrere Sätze geteilt werden.

Die Höhe der Stickstoffdüngung beeinflusst zusätzlich den Blühverlauf. Pflanzen, die 60 bis 120 mg N/l erhalten blühen früher als bei höheren Stickstoffgaben. Das Verhältnis sollte bei 2/3 Nitrat-N und 1/3 Ammonium-N liegen.

Sollen die Pflanzen zu einem bestimmten Termin verkauft werden, muss vom Verkaufstermin entsprechend der jeweiligen Zeiten zurückgerechnet werden, um den Aussaat- bzw. Pflanztermin zu bestimmen.

1.37 Düngung: Eine umweltschonende Düngung beinhaltet, dass die gedüngten Nährstoffe nicht ungenutzt im Boden versickern oder ausgewaschen werden. Um das zu erreichen, muss einerseits bedarfsgerecht gedüngt werden. Das erfordert eine ausführliche Bodenanalyse vor der Düngung, um den Nährstoffvorrat im Boden oder im Substrat festzustellen und auf den Nährstoffbedarf zu ergänzen. Insbesondere Stickstoff kann bei der Ausbringung schon gasförmig in die Luft entweichen. Dagegen hilft eine direkte Einarbeitung in den Boden. Boden und Substrat sollten auch nur dann gedüngt werden, wenn die Pflanze die Nährstoffe braucht, also ausschließlich während der Vegetationsperiode, sodass die Pflanzen die Nährstoffe über die Wurzeln aufnehmen.

Bewässerung: Wasser ist ein kostbares Gut. Beim Bewässern selbst gelangt nur ein Bruchteil an bzw. in die Pflanze, das meiste Wasser verdunstet. Um diese Verluste zu reduzieren, sollte unbedingt direkt an die Pflanzenwurzeln (Unterflurbewässerung, Tröpfchenbewässerung) gelangen, sodass die Wurzeln das Wasser direkt aufnehmen. Außerdem sollte auf eine Bewässerung während starker Sonneneinstrahlung verzichtet werden, auch wenn die Pflanzen gerade jetzt viel Wasser brauchen, da die Verdunstungsrate viel zu hoch ist. Es bieten sich somit die frühen Morgen- oder Abendstunden an. Bei Anstaubewässerung sollte das zu viel gegossene Wasser nach dem Ablaufen in einer Zisterne aufgefangen und wieder verwendet werden. Um kostbares Trinkwasser einzusparen lässt sich auch aufgefangenes Regenwasser nutzen.

1.38 (Siehe Antwort „Düngung" aus Aufgabe 1.37)

N	P_2O_5	K_2O	MgO
12 %	12 %	17 %	2 %
65 g = 100 % 12 % = 65 : 100 % x 12 % = 7,8 g	65 g = 100 % 12 % = 65 : 100 % x 12 % = 7,8 g	65 g = 100 % 17 % = 65g : 100 % x 17 % = 11,5 g	65 g = 100 % 2 % = 65 : 100 % x 2 % = 1,3 g

Pro m² werden jeweils 7,8 g N und P_2O_5 ausgebracht, außerdem 11,5 g K_2O= und 1,3 g MgO.

1.39 Ein Übermaß an Stickstoff und die Verlagerung in empfindliche Ökosysteme kann gravierende Auswirkungen auf die Umwelt haben. Wird der ausgebrachte Stickstoffdünger nicht durch die Pflanzen aufgenommen, kann er nach Umwandlung in angrenzende Gewässer oder die Luft gelangen. Dort gefährdet er als Nitrat das Grund- und Trinkwasser und trägt zur Nährstoffüberversorgung (Eutrophierung) von Oberflächengewässern und Landökosystemen bei. Über die Luft werden eutrophierende und versauernde Luftschadstoffe in empfindliche Ökosysteme eingetragen. Die entstehenden Treibhausgase beeinträchtigen zudem das Klima. Negative Folgen hat dies für die Landschaftsqualität und für die Artenvielfalt.

Eine unsachgemäße, überhöhte Düngemittelgabe insbesondere von sauren Düngemitteln (wie zum Beispiel Ammoniumsulfat) kann zu einer beschleunigten Bodenversauerung beitragen. Das bei der Nitrifikation entstehende Nitrat (NO^{3-}) ist besonders mobil. Wird es nicht von den Pflanzen aufgenommen, sondern in das Grundwasser ausgewaschen (Basenauswaschung), beschleunigt sich die Bodenversauerung. Damit verbunden sind gleichzeitig Veränderungen der Bodenstruktur und der Lebensbedingungen für Bodenmikroorganismen. In der Folge kann dies Einfluss auf die Bodenfruchtbarkeit und auf die Erträge und die Qualität der pflanzlichen Produkte haben. Mineraldünger, insbesondere Phosphatdünger, aber auch organische Reststoffdünger wie Klärschlämme enthalten darüber hinaus Schwermetalle (vor allem Uran und Cadmium).

Stickstoff kann im Boden in unterschiedlichen Formen vorliegen. In der Ammoniumform (NH_4^+) ist er zunächst an Bodenpartikel gebunden. Im Laufe der Zeit wird er jedoch durch Bodenmikroorganismen in Nitrat (NO_{3-}) umgewandelt. Nitrat ist im Boden sehr mobil und kann insbesondere im Herbst nach der Ernte und bei starken Niederschlägen mit dem Sickerwasser in das Grundwasser verlagert werden. Im Grundwasser – und in der Folge dann im Trinkwasser – kann Nitrat unter bestimmten Bedingungen in das gesundheitlich bedenkliche Nitrit umgewandelt werden. Der Grenzwert für Nitrat im Trinkwasser wurde deshalb 1991 EU-weit auf 50 mg/l festgesetzt.

Große Mengen an Stickstoffverbindungen gelangen mit dem Grundwasser und aus Abschwemmungen von landwirtschaftlich genutzten Flächen in die Oberflächengewässer. In Flüssen, Seen und Meeren kommt es dadurch zu überhöhten Nährstoffgehalten, die zur Eutrophierung der betroffenen Gewässer führen. Eine Überversorgung mit Stickstoff führt im Gewässer zu einer Steigerung der pflanzlichen Primärproduktion, zum Beispiel von Algen. Das wiederum kann zu erheblichem Sauerstoffmangel im Gewässer und zu lebensfeindlichen Bedingungen für Tiere und Pflanzen führen. Die Wirkung, die eine übermäßige Stickstoffzufuhr auf Oberflächengewässer hat, hängt jedoch auch von anderen wachstumsbegrenzenden Nährstoffen wie zum Beispiel

Phosphor ab. Das Verhältnis von Stickstoff und Phosphor ist entscheidend für die Wachstumsbedingungen von Pflanzen. Das natürliche, biologische Verhältnis von 16 (Stickstoff):1 (Phosphor) in Gewässern hat sich aufgrund der hohen Stickstoffeinträge zugunsten des Stickstoffs verschoben.

In naturnahen, terrestrischen (Wald-)Ökosysteme kann eine Überversorgung mit Stickstoff langfristig negative Auswirkungen auf die Vegetation und die Artenzusammensetzung haben. Pflanzen und Tiere, die an nährstoffarme Lebensbedingungen angepasst sind, können durch stickstoffliebende Arten, die sich dann stärker ausbreiten, verdrängt werden. In der Folge kann es zu einer Vereinheitlichung der Vegetation und zu einem Rückgang der biologischen Vielfalt kommen.

Weiterhin verursacht die Stickstoffüberdüngung bei Kulturpflanzen und Bäumen ein übermäßiges Wachstum in die Länge und weiche, schwammige Triebe, Zellen und Gewebe. Sie werden anfälliger gegenüber Frost und Hitze, die Lagerfähigkeit der Ernteprodukte nimmt ab und Pflanzenschädlinge sowie Bakterien- und Pilzkrankheiten können sich leichter ausbreiten. Ertragseinbußen bei landwirtschaftlichen Kulturpflanzen und Windbruchschäden in Wäldern können folgen.

Sind die Düngemittel ausgebracht, entsteht bei ihrer Mineralisation Lachgas (N_2O). Ein hochwirksames Treibhausgas sowie Bakterien- und Pilzkrankheiten können sich leichter ausbreiten. Ertragseinbußen bei landwirtschaftlichen Kulturpflanzen und Windbruchschäden in Wäldern können folgen.

- Um eine Verbesserung des Umweltzustands zu erreichen und den Eintrag reaktiver Stickstoffverbindungen zu reduzieren, wurden in der europäischen und nationalen Umweltpolitik Richtlinien und Strategien mit definierten Umweltqualitätszielen und Maßnahmen verabschiedet.

- Zum Schutz des Grund- und Oberflächenwassers vor Nitrat-Verunreinigungen aus der Landwirtschaft wurde 1991 die EU-Nitrat-Richtlinie erlassen. Diese sieht die Überwachung des Grund- und Oberflächenwassers, die Ausweisung gefährdeter Gebiete und die Aufstellung von Regeln vor. Eine umweltschonende Düngung gewährleistet, dass die gedüngten Nährstoffe nicht ungenutzt im Boden versickern oder ausgewaschen werden. Um das zu erreichen, muss einerseits bedarfsgerecht gedüngt werden. Das erfordert eine ausführliche Bodenanalyse vor der Düngung, um den Nährstoffvorrat im Boden oder im Substrat festzustellen und auf den Nährstoffbedarf zu ergänzen. Insbesondere Stickstoff kann bei der Ausbringung schon gasförmig in die Luft entweichen. Dagegen hilft eine direkte Einarbeitung in den Boden. Boden und Substrat sollten auch nur dann gedüngt werden, wenn die Pflanze die Nährstoffe braucht, also ausschließlich während der Vegetationsperiode, sodass die Pflanzen die Nährstoffe über die Wurzeln aufnehmen.

1.40 1 kg KAS = 1 kg : 100 % x 27,5 % = 0,275 kg = 275 g N

15 g N/m² x 970 m² = 14.550 g   14.550 g : 275 g = 52,90 kg KAS

Es müssen 52,90 kg KAS ausgebracht werden.

1.41 Es lassen sich sowohl herkömmliche Erdöl- und Erdgasheizanlagen im Gartenbau nutzen als auch moderne Holzpellets- oder Biogasanlagen. Daneben können Erdwärme und andere alternative Energiequellen (Windkraft, Sonnenenergie) genutzt werden, sofern man eine Möglichkeit einplant, die stark schwankenden Energiequellen in ihren Spitzenzeiten über Speichermedien einzuspeisen.

- Tritt eine Verknappung oder Verteuerung für absehbare Zeit ein (z. B. momentanes Preishoch der erdölexportierenden Länder), kann der Gartenbaubetrieb mit Einsparmaßnahmen reagieren. Das können zusätzlich auf die Gewächshauswand angebrachte Luftpolsterfolien sein, die beim Isolieren helfen. Aber auch eine Verringerung der Gewächshaustemperatur an die untere Temperaturgrenze der Kulturmöglichkeiten hat ein nicht zu verachtendes Einsparpotenzial. Bei extrem starker Verteuerung oder einer dauerhaften Verknappung muss überlegt werden, ob es sich lohnt, die Heizanlage des Gewächshauses zu modernisieren und auf andere Energieträger umzustellen. Dafür muss sich jeder Betrieb für seinen persönlichen Bedarf ausrechnen, ab welchen Preis pro Liter Heizöl oder Kubikmeter Erdgas die Anschaffung einer neuen Anlage ökonomisch sinnvoll wird.

1.42 Der Einbau von Zeitschaltuhren bzw. die genaue Einstellung der Computersteuerung hilft, Energie einzusparen, indem je nach Kulturbedarf Heizung, Licht oder andere Stromverbraucher in Betrieb genommen werden. Da es für Kulturen sowohl für die Wärme als auch für den Lichtbedarf gibt, kann man die entsprechenden Einstellungen an den unteren Rand des Reaktionsbereiches herunterdrosseln. Um Heizenergie zu sparen, kann das Gewächshaus mit einfachen Mitteln isoliert werden. Dazu zählen das Anbringen von Luftpolsterfolie oder das Auffahren eines Energieschirms zum Überbrücken von vorübergehend zu niedrigeren Temperaturen. Viele Kulturen vertragen auch den sogenannten „cool morning" sehr gut, bei dem in den Morgenstunden die Temperatur bewusst auf einen niedrigen Temperaturbereich gehalten wird. Umfangreiche Versuche in den 1970er- und frühen 1980er-Jahren ergaben immer wieder, dass es für Kulturen sinnvoll ist, die Heiztemperatur tagsüber um 2 bis 3 °C höher anzusetzen als in der Nacht. Am komplexesten ist aber wohl die Regelungsstrategie „IntelliGrow". Dabei sollen die qualitäts- und wachstumsbeeinflussenden Faktoren Beleuchtungsstärke, Temperatur und CO_2-Gehalt der Luft so aufeinander abgestimmt werden, dass die Nettoassimilation der Pflanze möglichst maximiert wird. Hohes Lichtangebot führt per vorhandener Computersteuerung demnach zu einer angepassten Erhöhung von Temperatur und CO_2-Gehalt der Luft, während bei geringer Beleuchtungsstärke die Temperatur und das CO_2-Angebot entsprechend vermindert werden. In Forschungsversuchen konnte bei praxisnaher Kultur der Heizenergieaufwand im Kulturabschnitt KW 5 bis KW 17 gegenüber einer statischen Temperaturregelung um 30 % gesenkt werden. Die äußere Qualität der Pflanzen war bei beiden Behandlungen marktgerecht und bis KW 12 bei derselben Sorte gleich.

- Beim Neubau eines Gewächshauses sollte auf gut isolierende Verglasung geachtet werden und das keine Energie durch Zugluft verloren geht. Auch bei der Innenausstattung eines neuen Gewächshauses sollten gerade neue preisgünstige und energiesparende Heizanlagen installiert werden. Auch bei der Wahl der Beleuchtungsmittel für Zusatzbeleuchtung, einer kombinierten Schattierungs- und Energieschirminstallation und bei der Steuerungsanlage über Fühler und Computerprogramme lassen sich Energieverluste reduzieren und Kosten senken. Nicht zuletzt kann auch bei den Kulturverfahren viel Energie eingespart werden, indem man mit der „cool morning"-Strategie produziert oder auf Kulturen umstellt, die mit niedrigerem Temperatur- oder Lichtbedarf zurechtkommen.

1.43

	Erdgas	Flüssiggas	Heizöl	Strom	Brennholz	Holzpellets	Hackschnitzel	Braunkohle-Briketts	Strohpellets	Weizen
Einheit	1 m³	1 Liter (l) = 1,96 kg	1 Liter (l)	1 KWh	1 kg	1 kg	1 kg	1 kg	1 kg	1 kg
Heizwert	10,4 KWh/m³	6,57 KWh/l	10,08 KWh/l	1 KWh	4,04 KWh/kg	4,9 KWh/kg	4,3 KWh/kg (bei 15% Wassergehalt)	6,0 KWh/kg	4,9 KWh/kg	4,7 KWh/kg

	Erdgas	Flüssiggas	Heizöl	Strom	Brennholz	Holzpellets	Hackschnitzel	Braunkohle-Briketts	Strohpellets	Weizen
	1 m^3 Erdgas entspricht	1 l Flüssiggas entspricht	1 l Heizöl entspricht	1 KWh Strom entspricht	1 kg Brennholz entspricht	1 kg Holzpellets entspricht	1 kg Hackschnitzel entspricht	1 kg Braunkohle Briketts entspricht	1 kg Strohpellets entspricht	1 kg Weizen entspricht
Erdgas	X	0,63 m^3 gas	0,97 m^3 gas	0,10 m^3 gas	0,39 m^3 gas	0,47 m^3 gas	0,41 m^3 gas	0,58 m^3 gas	0,47 m^3 gas	0,45 m^3 gas
Flüssiggas	1,58 l gas	X	1,53 l gas	0,10 l gas	0,61 l gas	0,75 l gas	0,65 l gas	0,91 l gas	0,75 l gas	0,71 l gas
Heizöl	1,03 l öl	0,65 l öl	X	0,09 l öl	0,40 l öl	0,49 l öl	0,43 l öl	0,60 l öl	0,49 l öl	0,47 l öl
Strom	10,4 KWh Strom	6,57 KWh Strom	10,08 KWh Strom	X	4,04 KWh Strom	4,90 KWh Strom	4,30 KWh Strom	6,00 KWh Strom	4,90 KWh Strom	4,70 KWh Strom
Brennholz	2,57 kg holz	1,63 kg holz	2,50 kg holz	0,25 kg holz	X	1,21 kg holz	1,06 kg holz	1,49 kg holz	1,21 kg holz	1,16 kg holz
Holzpellets	2,12 kg	1,34 kg	2,05 kg	0,20 kg	0,82 kg	X	0,88 kg	1,22 kg	1,00 kg	0,96 kg
Hackschnitzel	2,42 kg	1,53 kg	2,34 kg	0,23 kg	0,94 kg	1,14 kg	X	1,40 kg	1,14 kg	1,09 kg
Braunkohle-Briketts	1,73 kg	1,10 kg	1,68 kg	0,17 kg	0,67 kg	0,82 kg	0,72 kg	X	0,82 kg	0,78 kg
Strohpellets	2,12 kg	1,34 kg	2,05 kg	0,20 kg	0,82 kg	1,00 kg	0,88 kg	1,22 kg	X	0,96 kg
Weizen	2,21 kg Weizen	1,40 kg Weizen	2,14 kg Weizen	0,21 kg Weizen	0,86 kg Weizen	1,04 kg Weizen	0,91 kg Weizen	1,28 kg Weizen	1,04 kg Weizen	X

(vgl. auch **http://www.schreiber-hsm.com/heizung/Brennstoffvergleich.html**)

Verbrauchsgebundene Kosten (ca.)

Grundpreis	(8,38 €/Mon.)
Arbeitspreis	(4,55 Cent/kWh)
Heizöl	(0,4 €/l)
Pellets	(170 €/t)
Scheitholz	(41 €/m)
Strom	(11,25 Cent/kWh)
Flüssiggas	(0,40 €/l)

Heizöl: So paradox es angesichts des Heizens mit Öl klingen mag, doch zeigt die Ölheizung vor allem im Bereich des Umweltschutzes einige Vorteile. Das liegt an der weiten Verbreitung der Ölheizung, die in den vergangenen Jahren zu einer kontinuierlichen Weiterentwicklung und einer rapiden Steigerung der Effizienz geführt hat. Entsprechend zeigen sich die Vorteile in neuen und innovativen Ölbrennvorrichtungen, in einer kompakteren und sparsameren Bauweise sowie in einer Senkung der Verbrennungstemperatur und damit einhergehend auch des Ölverbrauchs. Ebenfalls darf die langjährige Erfahrung mit Ölheizungen zu den Vorteilen gezählt werden, denn hier handelt es sich um eine etablierte Technologie, die nahezu jeder Heizungsinstallateur warten und reparieren kann. Zuletzt zeigen sich Vorteile in der Unabhängigkeit von den jeweiligen

Öllieferanten. Sie bestimmen selbst, wie viel Öl geliefert wird und zu welchem Zeitpunkt dies geschieht. Mit dem Brennstoff Öl gehen jedoch auch die Nachteile der Ölheizung einher. Die CO_2-Emissionen mögen zwar gesenkt worden sein, gegenüber innovativen neuen Technologien wie Solaranlagen zeigt die Ölheizung jedoch erhebliche Nachteile in diesem Bereich. Zudem bedarf es einer Menge an Platz, um den Kessel und die Ölheizung zu installieren. Weitere Nachteile bestehen darin, dass man mit einer Ölheizung auch von den steigenden Preisen für Öl betroffen ist. Langfristig könnten die Nachteile somit überwiegen und eine andere Form der Heizung lukrativer und damit auch attraktiver machen.

Erdgas: Zu den Vorteilen einer Erdgasheizung zählt, dass kein Lagerraum wie etwa bei Heizöl oder Holzpellets notwendig ist. Beim Neubau macht dies die Gasheizung insgesamt billiger. Die Versorgung mit Erdgas ist relativ sauber und bequem und moderne Installations- und Sicherheitstechnik garantieren ein hohes Sicherheitsniveau. Erdgas ist in weiten Teilen Deutschlands verfügbar, wobei es einen höheren Brennwert als Heizöl hat und daher für Brennwertheizungen besonders gut geeignet ist. Außerdem ist Erdgas ungiftig, es erzeugt bei der Verbrennung weniger Kohlendioxid als etwa Ölheizungen. Daher sind mit Erdgas befeuerte Gasheizungen umweltfreundlicher. Zudem verbrennt Erdgas ruß- und staubfrei. Die Energiewirtschaft kümmert sich ständig um die Versorgungssicherheit von Erdgas. Auch am Erdgasmarkt wird der Wettbewerb zunehmend stärker, was sich positiv auf den Preis auswirken kann.

Nachteilig wirkt sich aus, dass Erdgas explosiv ist, Gasleitungen und -installationen nur von Fachleuten verlegt beziehungsweise vorgenommen werden dürfen und Erdgas nur genutzt werden kann, wenn zum betreffenden Grundstück eine Erdgasleitung führt. Erdgas ist ein fossiler Brennstoff und damit endlich. Deshalb kann auch die Preisentwicklung von Erdgas kaum abgeschätzt werden. Zwar ist die Bindung an den Ölpreis inzwischen umstritten, trotzdem steigen die Preise für Erdgas analog den Preisen von Heizöl. Damit ist auch die Erdgasversorgung abhängig von der weltpolitischen Lage. Erdgas kann nicht günstig auf Vorrat gekauft werden und bei Erdgas ist Deutschland auf das Ausland angewiesen. So kommt der größte Anteil an Erdgas in Deutschland aus Russland, Norwegen, den Niederlanden und Großbritannien.

	Heizöl	Erdgas
Heizwert	10,2 kWh/l	9,2 kWh/m³
Preis	0,66 €/l	0,57 €/m³
Gleichwertigkeitsvergleich	10,2 kWh/l x 9,2 kWh/m³ = 93,84 kWh 0,66 €/l x 9,2 kWh = 6,072 €	10,2 kWh/l x 9,2 kWh/m³ = 93,84 kWh 0,57 €/m³ x 10,2 kWh = 5,814 €

Für 93,84 kWh Leistung betragen die Heizölkosten 6,07 € und die Erdgaskosten 5,81 €. Das Erdgas ist also für die gleiche Leistung günstiger.

1.44 Zu einer höheren Arbeitsleistung führt die Zusammenstellung von geeigneten Arbeitsteams, die Hand in Hand miteinander arbeiten können. Auch die Schulung und Weiterbildung der Kollegen führt zu besseren Arbeitsergebnissen und damit zu einer höheren Arbeitsleistung. Arbeitnehmer sollte durch geeignete Maßnahmen (Belobigungen, Bonuszahlungen, Betriebsausflüge etc.) motiviert werden, denn eine hohe Motivation bewirkt, dass die Arbeitnehmer sich stärker mit ihrer Arbeit identifizieren, was wiederum das Arbeitsergebnis positiv beeinflusst. Jeder Arbeitnehmer sollte ausschließlich nach seinen Fähigkeiten und Fertigkeiten eingesetzt werden, um eine höhere Arbeitsleistung zu erzielen. Die Ausstattung mit modernen Maschinen und ergonomisch geformten Werkzeugen hilft, die Gesundheit der Kollegen zu erhalten und damit die Produktivität (weniger Ausfall durch Krankheitstage) zu erhöhen.

Stückzahl Pflanzen	Arbeitszeit in sec. (Hand)
500	3.600
1	7,2
3.300	23.760 = 396 min = 6 h und 36 min

Stückzahl Pflanzen	Arbeitszeit in sec. (Topfmaschine)
1.200	3.600
1	3
3.300	9.900 = 165 min = 2 h und 45 min

  Von Hand getopft benötigt man für 3.300 Pflanzen 6 h und 36 min. Mit der Topfmaschine braucht man für die gleiche Arbeitsleistung 2 h und 45 min.

- Prozentuale Arbeitsleistung = 9.900 sec x 100 % : 23.760 sec = 41,667 %
  Bei dem Einsatz der Topfmaschine erwirtschaftet man eine Arbeitszeitersparnis von rund 58 %.

1.45 persönliche Möglichkeiten: Teilnahme an Fort- und Weiterbildungsmaßnahmen, ausgeruht zur Arbeit erscheinen (Müdigkeit verleitet zu Fehlern), auf die eigene Gesundheit achten, konzentriertes Arbeiten (sich nicht durch Handy, laute Musik o. Ä. ablenken lassen), Werkzeug und Maschinen fachgerecht und nach Bedienungsanleitung einsetzen (nicht zweckentfremdet oder defektes Werkzeug benutzen).

Möglichkeiten des Unternehmers: siehe Lösungen zu Aufgabe 1.44

1.46 Fixkosten: Kosten, die von der jeweils betrachteten Einflussgröße bzw. Entscheidung unabhängig sind, d. h. Kosten, die sich nicht mit der jeweils betrachteten Einflussgröße ändern. Die Höhe der Fixkosten ist unabhängig vom Beschäftigungsgrad oder der Produktionsmenge.

Zu den Fixkosten gehören Löhne und Gehälter, der Anschaffungspreis, die Abschreibung, Mietkosten (Unterstellkosten) und die Kosten für den Verwaltungsaufwand (Bürokosten) sowie Versicherungen.

Variable Kosten: Variable Kosten sind veränderliche Kosten, die in Abhängigkeit vom Beschäftigungsgrad oder der Produktionsmenge eines Unternehmens steigen oder sinken. Variable Kosten unterscheiden sich in ihrer Beschaffenheit voneinander. Zu den typischen Ausprägungen variabler Kosten zählen: Proportionale Kosten (sie steigen im selben Verhältnis zum Beschäftigungsgrad), degressive Kosten oder unterproportionale Kosten (sie steigen in geringerem Maß als der Beschäftigungsgrad), progressive Kosten oder überproportionale Kosten (sie steigen in höherem Maß als der Beschäftigungsgrad) und regressive Kosten (sie steigen bei sinkender Beschäftigung und sinken bei steigender Beschäftigung).

Zu den variablen Kosten gehören die Kosten für Wartung und Pflege, Reparaturkosten, Treibstoffkosten, Kosten für Rohstoffe, Provisionen, Fracht- und Transportkosten, Akkordlöhne (Leistungslöhne) und Fremdleistungen.

- **Abschreibung:** Unter Abschreibungen werden Wertminderungen von betrieblichen Vermögensgegenständen verstanden. Wirtschaftsgüter unterliegen durch ihre betriebliche Verwendung Abnutzungen. Diese Abnutzungen bzw. Wertminderungen können unterschiedliche Ursachen und Gründe haben (Gebrauch, zeitlich bedingter Verschleiß, Witterung, technischer Fortschritt, Ablauf von Rechten). Die Wertminderung von Wirtschaftsgütern muss auch in der Buchhaltung richtig gespiegelt werden. Der Vermögensgegenstand wird also in jeder Rechnungsperiode abgewertet (abgeschrieben).

Variable Kosten		**Kosten pro Jahr (pro Stunde)**
Wartung und Pflege	800 h : 25 h = 32 18,50 €/h + (18,50 €/h : 100 % x 80 %) = 33,30 €/h 33,30 €/h x 32 h = 1.065,60 €	1.065,60 €
Betriebsstundenlohn	800 h x 33,30 €/h = 26.640,00 €	26.640,00 €
Treibstoff	6 l/h x 1,05 €/l = 6,30 €/h 6,30 €/h x 800 h/Jahr = 5.040,00 €	5.040,00 €
Reparaturen	67.000,00 € : 100 % x 50 % = 33.500,00 € 33.500,00 € : 10 = 335,00 €	335,00 €
Summe variable Kosten		**33.080,60 € (41,35 €/h)**
Summe Festkosten		10.680,00 €
Summe Gesamtkosten		**43.760,60 € (54,70 €/h)**

1.47 Zum Marketingmix gehören die Produktpolitik (das richtige Angebot für die Zielgruppe finden), Preispolitik (das Produkt zu angemessenen Konditionen anbieten), Distributionspolitik (Auswahl der richtigen Vertriebskanäle) und Kommunikationspolitik (das Produkt und seine Qualitäten bei den Kunden bekannt machen).

- 750.000 € = 100 % → 2 % = 750.000 € : 100 % x 2 % = 15.000 €
  15.000 : 12 x 3 = 3.750 €

Das Unternehmen hat ein Marketingbudget von jährlich 15.000 €. Das entspricht 3.750 € in drei Monaten.

1.48 Fachkompetenz: Er weiß über die zu verkaufenden Produkte und Dienstleistungen Bescheid und kann darüber hinreichend Auskunft geben. Er kann über den Tellerrand blicken und weiß, was andere Gärtner an vergleichbaren Produkten/Dienstleistungen anbieten. Er kann den interessierten Kunden über produktionstechnische und ökologische Zusammenhänge aufklären oder Stellung beziehen.

Sozialkompetenz: Der Gärtner ist offen und aufgeschlossen und kann auf Kunden zugehen. Er ist in der Lage, auch mit schwierigen Kunden zurechtzukommen. Er bleibt stets höflich und freundlich. Er verfügt über Verkaufsgeschick und kann den Kunden vom Kauf des Produkts oder der Dienstleistung überzeugen. Er kann sich der Verkaufssituation und dem Betriebsgeschehen angepasst kleiden.

Methodenkompetenz: Der Gärtner kann Arbeitsabläufe ökonomisch organisieren. Er kann seine Kollegen, die mit ihm verkaufen sollen, in deren Aufgabenbereich einweisen und anleiten. Er bleibt auch den Kollegen gegenüber loyal und sachlich, aber bestimmt. Er verfügt über Führungsqualitäten.

1.49 Der Zentralverband Gartenbau führt die Anerkennung der Gärtnereien auf Antrag durch. Ziel ist es, bessere Profilierung von Einzelhandelsgärtnereien zu ermöglichen, sodass den Verbrauchern ein bestimmtes Qualitätsniveau zugesichert wird (Qualitätssiegel). Dadurch erfolgt eine Erhöhung des Qualitätsniveaus der ausgezeichneten Betriebe. Mit dem Anerkennungsverfahren zur

Premium Gärtnerei sollen alle Mitgliedsbetriebe des Zentralverbands Gartenbau e. V. (ZVG) angesprochen werden, die über eine attraktive Verkaufsanlage verfügen und Dienstleistungen erbringen. Es dient der Imageverbesserung für den einzelnen Betrieb und insgesamt für die Branche.

- Prüfkriterien sind: Erscheinungsbild des Betriebes, Verkaufsflächengestaltung (innen und außen), Warenpräsentation, Qualität und Sortiment des Angebotes – Betriebe mit/ohne eigene Produktion, Preisgestaltung, Dienstleistung, Kundenorientierung, Werbung und Verkaufsförderung, Öffentlichkeitsarbeit, Unternehmensführung und Management, Personal/ Mitarbeiter im Verkauf.

1.50 Anforderungen an die Beschaffung von Rohstoffen und Materialien, die für einen reibungslosen Ablauf des gartenbaulichen Betriebsgeschehens sorgen, sind: Dokumentation von vorhandenen Waren/Rohstoffen im Lager und was davon bereits verbraucht wurde (und deshalb ersetzt werden muss), das Einhalten von Bestell- und Lieferfristen, damit im Betriebsablauf kein Leerlauf entsteht (zeitlicher Überblick, was wann gebraucht wird), Preisvergleiche zur Reduzierung der Kosten, Pflege der Zuliefererkontakte, Verknüpfungspunkte und Schnittstellen innerbetrieblicher Abteilungen koordinieren (wenn beispielsweise eine bestimmte Pflanzenart sowohl von der Floristiksparte des Betriebes verarbeitet wird als auch von der Friedhofssparte für Gestecke und Kränze), Verkaufs- und Verhandlungsgeschick des Einkäufers, um die optimale Lösung für den Betrieb zu erzielen, Überblick über Trends und Neuerungen, um mit der Produktpalette auf dem Stand der Dinge zu bleiben, Flexibilität, um auch Krisensituationen (z. B. Warenengpässe) zu meistern.

- **Preisvergleiche:** Der Gärtner muss den Überblick behalten, welcher Zulieferer welches Produkt zu günstigen Konditionen anbieten kann, um seine eigene Kosten zu senken und damit die betriebliche Preisgestaltung so anzupassen, dass sich möglichst viele Kunden von dem Preisangebot angesprochen fühlen. Nur so lassen sich viele Kunden gewinnen, die das eigene Produkt oder die Dienstleistung zu einem Preis annehmen, der betriebswirtschaftlich sinn voll ist (ohne Verluste, sondern mit Gewinn produzieren).

- **Trends und Neuerungen kennen und abschätzen können:** Neuheiten auf dem Markt üben eine besondere Attraktivität auf den Kunden aus. Viele möchten diese Neuerungen einkaufen und suchen sich den Anbieter, der dies anbietet. Macht der Gärtner diese Trends nicht mit, ist die Wahrscheinlichkeit, Kunde an andere Anbieter zu verlieren, sehr groß.

- **Liefer- und Bestellfristen einhalten:** Nicht alle Materialien und Rohstoffe sind innerhalb weniger Tage lieferbar. Einige Dinge sind Saisonwaren und müssen zeitig bestellt werden, andere Dinge werden kurzfristig produziert, sind aber schnell vergriffen. Für einen reibungslosen Betriebsablauf ist es deshalb notwendig, diese Fristen zu berücksichtigen. Eine Nachbestellung von Rohstoffen darf deshalb nicht erst dann erfolgen, wenn das letzte Paket des entsprechenden Rohstoffes verbraucht ist, sondern man muss die Geschwindigkeit, in der der Verbrauch stattfindet, mit einbeziehen und entsprechend vorher nachbestellen.

1.51 Pflanzerden sollen strukturstabil sein, damit genügend Wasser- und Luftporen für ein optimales Pflanzenwachstum über die gesamte Vegetationszeit erhalten bleibt. Sie sollten über so viele Nährstoffe verfügen, dass sie den Bedarf der gängigen Pflanzen für ein Anwachsen decken bzw. über entsprechendes Aufdüngen für alle Pflanzenansprüche aufgerüstet werden können. So ist die Erde universell einsetzbar und man benötigt nicht für jede Pflanzenart eigene Substrate. Dieser Nährstoffgehalt sollte auch auf gleichbleibendem Niveau bleiben, selbst wenn man ein neues Substratgebinde bestellt bzw. lose Ware länger lagern muss. Auch sollten die Erden über ein gewisses Wasserspeicherungsvermögen verfügen, damit das Gießwasser eine geraume Zeit im Substrat verbleibt, wo es von den Wurzeln aufgenommen werden kann. Andererseits darf das Substrat aber nicht zum Vernässen neigen. Im Sinne einer ökologisch-nachhaltigen Wirtschaftsweise sollte die Produktion der Pflanzerde nicht natürliche Ökosysteme zerstören (z. B. durch die

Entnahme von Torf aus Naturstandorten), sondern sich eher in den Rohstoffkreislauf der Natur einfügen (beispielsweise durch die Verwendung von kompostierten organischen Materialien).

Mögliche Zusammensetzungen:

Einheitserde setzt sich aus 70 % Hochmoortorf (Weißtorf) und 30 % Ton (Untergrundton) zusammen. Das Volumengewicht beträgt 300 bis 400 g/l. Der hohe Torfanteil fördert den Luft- und Wasserhaushalt dieser Substrate. Der Tonanteil dient der Nährstoffspeicherung und der Pufferung. Sogenannte Spezialerden, wie z. B. Hortensienerde „blau", können Sorten blau färben und weisen einen stark sauren pH-Wert auf.

Typ	Kennzeichen	Verwendung
Nullerde (0)	aufgekalkt (pH 5,5 bis 6,5)	Sonderkulturen, Aufdüngung nach Bedarf
Vermehrungserde (VM)	wie Typ 0, zusätzlich Zusatz von Styromull, dadurch lockerer als Typ 0 und weniger Nährstoffe	Aussaaten, Stecklinge, Pikieren, Anzucht schwach wachsender und salzempfindlicher Kulturen
Pikiererde (P)	wie Typ 0, zusätzlich schwach aufgedüngt	Pikieren, Topfen salzempfindlicher Pflanzen, Topfen im Winter
Topferde (T)	wie Typ 0, zusätzlich stark aufgedüngt	Topfen nährstoffbedürftiger Pflanzen vom Frühjahr bis zum Herbst
ED 76	wie Typ 0, neben schnell wirkendem Dünger auch Depotdünger Plantosan 4 D (Wirkung 2–3 Monate)	zum Topfen von salzempfindlichen und nährstoffbedürftigen Pflanzen

Torfkultursubstrate (TKS) sind reine Torfsubstrate aus Hochmoortorf (Weißtorf). Der pH-Wert wird durch Zugabe von Kalk auf 5 bis 6 angehoben. Der Düngeranteil variiert je nach Verwendungszweck. Unterschieden werden:

TKS 1: niedriger Nährstoffgehalt, in der Regel wie Vermehrungserde (VM) verwendet

TKS 2: hoher Nährstoffgehalt, Verwendung wie Einheitserde Typ T (Topferde)

Holzfasersubstrate können als Zusätze zu Erden (z. B. Torfersatz), als Substrat oder zur Bodenverbesserung eingesetzt werden. Diese Substrate entstehen aus Holzabfällen der Holz verarbeitenden Industrie (überwiegend Fichtenholz). In einem speziellen Verfahren wird das Holz zerfasert und mit Zuschlagstoffen wie z. B. Ton oder Steinmehl imprägniert. Der pH-Wert liegt zwischen 5,0 und 5,5.

1.52 Das Pflanzenschutzmittel ist amtlich geprüft und zugelassen, aber gesundheitsschädlich, es müssen die R-Sätze R 20 bis 22 (Gesundheitsschädlich beim Einatmen, beim Berühren mit der Haut und beim Verschlucken) und H 304 (kann bei Verschlucken und Eindringen in die Atemwege tödlich sein) beachtet werden. Es handelt sich um ein Insektizid (gegen beißende und saugende Insekten wirkendes Pflanzenschutzmittel), das nach der Bienenschutzverordnung in die Gefahrenklasse B1 eingestuft ist (Das Mittel wird als bienengefährlich eingestuft. Es darf nicht auf blühende oder von Bienen beflogene Pflanzen ausgebracht werden; dies gilt auch für Unkräuter.). Die Spritzbrühe wird aus 0,035 % Wirkstoff und 99,965 % Wasser angemischt.

- **Verkehrsfähigkeit von Pflanzenschutzmitteln, Abverkaufs- und Aufbrauchfristen:** Pflanzenschutzmittel, die zum Verkauf angeboten werden, müssen verkehrsfähig sowie korrekt verpackt und gekennzeichnet sein. Die Kennzeichnung muss in deutscher Sprache und in deutlich sichtbarer, leicht lesbarer Schrift unverwischbar angebracht sein. Lose

Beipackzettel reichen nicht aus. Gebinde mit porösen oder beschädigten Kennzeichnungen sind nicht mehr verkehrsfähig. Pflanzenschutzmittel dürfen nur in ihrer Originalverpackung verkauft werden. Eine Abfüllung in kleine Verpackungseinheiten ist nicht zulässig. Ein zugelassenes Pflanzenschutzmittel ist mit der 9-stelligen Zulassungsnummer eindeutig gekennzeichnet. Nach dem Zulassungsende gilt eine Abverkaufsfrist von sechs Monaten, es sei denn, die Zulassung wurde von Amts wegen widerrufen. Die Abverkaufsfrist gilt für Ware, die sich zum Zeitpunkt des Zulassungsendes bereits im freien Verkehr befunden hat; eine Lieferung vom Hersteller an den Händler ist also nicht mehr zulässig. Wird ein Pflanzenschutzmittel nach Auslaufen der Zulassung erneut zugelassen, erhält es eine neue Zulassungsnummer. Material mit der alten Zulassungsnummer ist dann nur noch entsprechend den beschriebenen Abverkaufsregeln verkehrsfähig.

- **Selbstbedienungsverbot:** Pflanzenschutzmittel dürfen nicht in Selbstbedienung verkauft werden. Sie müssen in verschlossenen Schränken oder in nicht frei zugänglichen Lagerräumen aufbewahrt werden. Unter das Selbstbedienungsverbot fallen auch mit Düngern kombinierte Pflanzenschutzmittel, z. B. Rasendünger mit Moosvernichter. Entscheidend ist, ob das Produkt als Pflanzenschutzmittel zugelassen ist (erkennbar an der Zulassungsnummer). Werden Verkaufsdisplays zur Vermarktung spezieller Mittel aufgestellt, ist darauf zu achten, dass diese stabil gebaut und verschlossen sind. Ein Display muss ausgetauscht werden, sobald eine Selbstbedienung nicht mehr ausgeschlossen werden kann.

- **Abgabe von Profi-Pflanzenschutzmitteln nur an berufliche Anwender:** Pflanzenschutzmittel, die für die berufliche Anwendung zugelassen sind, dürfen gemäß § 23 Abs. 1 Pflanzenschutzgesetz nur abgegeben werden, wenn der Käufer seine Sachkunde über die Vorlage des Sachkundenachweises Pflanzenschutz in Verbindung mit dem Personalausweis nachgewiesen hat. Die für die Beratung und Kontrolle zuständigen Behörden in den Bundesländern haben eine Leitlinie „Abgabe von Profi-Pflanzenschutzmitteln an berufliche Anwender“ herausgegeben, die Hinweise zur Umsetzung dieser Vorschrift enthält.

- **Unterrichtungspflicht bei der Abgabe von Pflanzenschutzmitteln:** Beim Verkauf eines Pflanzenschutzmittels muss der Händler den Käufer über die bestimmungsgemäße und sachgerechte Anwendung des Pflanzenschutzmittels informieren. Hierzu gehören insbesondere Verbote und Beschränkungen. Ein bloßer Hinweis auf die Gebrauchsanleitung ist dabei nicht ausreichend. Eine besonders sorgfältige Beratung ist bei Pflanzenschutzmitteln geboten, die zur Anwendung auf befestigten Flächen und auf sonstigen nicht landwirtschaftlich, forstwirtschaftlich oder gärtnerisch genutzten Flächen zugelassen sind (Anwendungsgebiet z. B. „Wege und Plätze“, „Wege und Plätze mit Holzgewächsen“ oder „Wege und Plätze ohne Holzgewächse“). Der Verkäufer sollte den Kunden darüber informieren, dass die Anwendung von Pflanzenschutzmitteln auf solchen Flächen grundsätzlich verboten ist. Erlaubt ist die Ausbringung nur, wenn zusätzlich eine Ausnahmegenehmigung der zuständigen Länderbehörde vorliegt. Eine Leitlinie der Länder gibt Beispiele für Flächen, die unter das Anwendungsverbot fallen, und nennt Kriterien für eine Genehmigung von Anträgen nach § 12 Absatz 2 PflSchG. Flächen, die dieser Regelung unterliegen, sind beispielsweise Bürgersteige, Auffahrten, Terrassen, Hof- und Abstellflächen, Parkplätze, unabhängig vom Untergrund, Wege und Plätze, auch innerhalb von Parks und Grünanlagen und im Wohnumfeld, Bauwerksbegrünungen (Dachgärten, Tiefgaragen, Fassadenbegrünungen), Säume an Wegen, Weiden, Äckern und Wäldern, Gewässerränder, nicht begrünte Bereiche von Sportanlagen, z. B. Wege, Plätze, Zuschauerbereiche, Betriebsgelände von gewerblichen Unternehmen, Flugbetriebsflächen, Hafenverkehrsflächen, militärische Anlagen und Gleisanlagen.

- **Beachtung der besonderen Abgabebedingungen für Glyphosat:** Wenn ein Käufer glyphosathaltige Pflanzenschutzmittel auf befestigten Flächen anwenden möchte, darf es nur verkauft werden, wenn der Käufer vor der Abgabe eine erteilte Ausnahmegenehmigung gemäß § 12 Abs. 2 PflSchG der zuständigen Behörde vorgelegen kann. Diese besonderen Abgabebedingungen ergeben sich aus der Pflanzenschutz-Anwendungsverordnung, Anlage 4. Deshalb muss der Verkäufer in diesem Fall nach dem geplanten Einsatz des Pflanzenschutzmittels fragen. Gibt der Kunde an, dass er das Mittel z. B. auf Gehwegen, Auffahrten oder Hofflächen anwenden möchte, darf der Verkauf nur erfolgen, wenn der Käufer dem Verkäufer vor der Abgabe eine erteilte Ausnahmegenehmigung gemäß § 12 Abs. 2 PflSchG der zuständigen Behörde vorlegen kann.

Information von nichtberuflichen Anwendern: Nichtberufliche Anwender sind beim Kauf von Pflanzenschutzmitteln zusätzlich über die Gefahren beim Umgang mit Pflanzenschutzmitteln zu informieren. Das beinhaltet auch allgemeine Informationen über die Risiken der Anwendung von Pflanzenschutzmitteln für Mensch, Tier und Naturhaushalt. Die allgemeinen Informationen sollten insbesondere den Anwenderschutz, die sachgerechte Lagerung, Handhabung und Anwendung, die sichere Entsorgung nach den abfallrechtlichen Vorschriften sowie die Möglichkeiten des Pflanzenschutzes mit geringem Risiko berücksichtigen. Das BVL hat hierzu einen Flyer speziell für Hobbygärtner entwickelt, der Tipps zum Kauf, zur Anwendung, zur Lagerung und zur Entsorgung enthält.

1.53 Als Nachweis der Sachkunde reicht zukünftig nicht mehr nur der Nachweis einer abgeschlossenen Ausbildung, eines abgeschlossenen Studiums oder einer bestandenen Sachkunde-Prüfung. Dies betrifft Personen, die gewerblich Pflanzenschutzmittel anwenden, über Pflanzenschutz beraten, Azubis etc. anleiten oder beaufsichtigen und Pflanzenschutzmittel in Verkehr bringen (auch Internethandel). All diese Personen benötigen zukünftig einen von der zuständigen Stelle ausgestellten Sachkunde-Nachweis (SKN). Darüber hinaus sind sachkundige Personen verpflichtet, alle drei Jahre eine von der zuständigen Behörde anerkannte Fortbildungsmaßnahme wahrzunehmen. Die zuständige Behörde stellt dazu eine Bescheinigung aus.

In der Pflanzenschutz-Sachkundeverordnung sind die **Fertigkeiten und Kenntnisse** aufgeführt, die zur Erlangung des Sachkundenachweises notwendig sind. Neben den in der Richtlinie 2009/128/EG aufgeführten Themen der Fort- und Weiterbildung sind dies:

Kenntnisse über

- Schadorganismen und Schadensursachen bei Pflanzen und Pflanzenerzeugnissen,
- Eigenschaften von Pflanzenschutzmitteln und
- Verfahren der Anwendung von Pflanzenschutzmitteln.

sowie Fertigkeiten im

- bestimmungsgemäßen und sachgerechten Umgang mit Pflanzenschutzmitteln und
- Verwenden, Reinigen und Warten von Pflanzenschutzgeräten.

Bezüglich der **Beratung** und des **Handels mit Pflanzenschutzmitteln** sind zusätzlich folgende Fähigkeiten erforderlich:

- Kenntnisse und Fertigkeiten, die für eine sachgerechte Unterrichtung eines Erwerbers von Pflanzenschutzmitteln, der einen Sachkundenachweis besitzt, über die bestimmungsgemäße und sachgerechte Anwendung der Pflanzenschutzmittel und zur Vermeidung von Risiken für die Gesundheit von Mensch und Tier und für den Naturhaushalt erforderlich sind, und

- Kenntnisse und Fertigkeiten, für die sachgerechte Information eines Erwerbers von Pflanzenschutzmitteln für die nicht berufliche Anwendung, der keinen Sachkundenachweis besitzt, einschließlich der Bereitstellung von Informationen über Risiken der Verwendung von Pflanzenschutzmitteln für die Gesundheit von Mensch, Tier und Naturhaushalt einschließlich der bestimmungsgemäßen und sachgerechten Handhabung, Lagerung und Entsorgung sowie über Alternativen mit geringem Risiko.

Wurde die Sachkunde entzogen, ist die Wiederbeantragung bei der zuständigen Behörde notwendig. Die Sachkunde wird nur bei erfolgreicher Prüfung nach § 3 PflSchG wiedererlangt.

1.54 **Ausstattungsmerkmale:** Feste Tische zur Präsentation der Verkaufspflanzen, Anstaubewässerung, breite Hauptgänge entlang der Tischfronten, Schattierungs-/Energieschirm, Spotlight-Beleuchtung mit LED-Leuchtmitteln, mobile Regale für kurzfristigen Auf- und Abbau von Aktionsware, Tresen für Geschenkverpackungen, Kassenbereich.

- **Feste Tische zur Präsentation der Verkaufswaren:** Mobile Konstruktionen veranlassen Kunden dazu, Tische hin- und herzuschieben, sodass es vermehrt zu unfallträchtigen Situationen kommen kann. Außerdem können bei Unachtsamkeit die Pflanzen auf den Tischen umkippen und müssten durch intensiven Arbeitsmehraufwand mehrfach am Tage kontrolliert werden. Die Tische sollten mit einer Anstaubewässerung ausgestattet sein, um Kalkflecken zu verhindern und damit auch gewässert werden kann, wenn Kunden den Verkaufsraum besuchen. Es liegen keine Schläuche herum, über die die Kunden stolpern könnten.

  Mobile Regale: Für „Hardware" wie Übertöpfe, Pflanzschaufeln, Gartenhandschuhe etc. sollten mobile Regale genutzt werden, weil die nach Belieben und Saisonbedarf ab- oder umgebaut werden können. Sie sollten so aufgebaut sein, dass sie nicht durch die Pflanzen (z. B. Gießwasser) oder den Aktionsradius der Kunden beschädigt werden können. Die mobilen Regale stellen durch die wechselnden optischen Veränderungsmöglichkeiten einen ständig erneuerten Kaufanreiz für die Kundschaft dar.

  Breite Hauptgänge: Die Gänge müssen so ausgelegt sein, dass sich die Kunden evtl. mit einem Einkaufswagen, einer Schubkarre oder ähnlichen Transportmitteln begegnen können, ohne sich zu bedrängen oder die Verkaufsware umzureißen. Die Mindestbreite wird dabei durch die Breite zweier Transportmittel vorgegeben, zu dem man einen zusätzlichen Sicherheitsabstand nach allen Seiten addiert (Beispiel: Zweifache Schubkarrenbreite + drei Sicherheitsabstände von ca. 20 cm entspricht einer Wegebreite von 2,60 m).

1.55

Januar	Februar	März
„Neues Jahr, neues Glück" – Im neuen Jahr wird alles besser und schöner, symbolisiert durch den Verkauf von Pflanzen und Accessoires, die Glück symbolisieren, wie z. B. Glücksklee, *Dracaena sanderiana*, Bubikopf etc. und Schweinchen, Schornsteinfeger, Marienkäfer etc.	„Frühlingserwachen" – Farbakzente setzen mit Blütenpflanzen in einer noch tristen und kalten Witterungszeit: Verkauf von vorgetriebenen Zwiebelpflanzen in Töpfen und als Schnittware, arrangiert in Gestecken. Frühblüher wie Primeln, Hornveilchen oder Stiefmütterchen und Vergissmeinnicht werden in Töpfen angeboten.	„Osterfreuden" – Mit Osteraccessoires (Häschen, Eier, Nester etc.) auf das fest vorbereiten: Ergänzung des Pflanzenrepertoires um spezifische Osterelemente

April	Mai	Juni
„Die Balkonsaison beginnt" – Erste Sommerblumen und Balkonpflanzen in kräftigen Sommerfarben als Topfware oder in Pflanzkübeln und Ampeln zum Verkauf anbieten.	„Pfingsten" – Typische Pfingstpflanzen wie Pfingstrosen im Topf oder als Schnittware anbieten, evtl. auch *Syringa vulgaris*. Dazu viele Grünpflanzen wie Buchsbaum, Immergrün etc. Denkbar wäre auch eine kombinierte „Muttertags"-Aktion (zweiter Sonntag im Mai).	„Rosenblütenzeit" – Der Juni als Hauptblütemonat der Rosen sollte zur Präsentation von verschiedenen Rosenpflanzen (Kletterrosen, Beetrosen, Englische Rosen etc.) in ihrer breiten Farb- und Duftpalette genutzt werden. Die Rose gilt als Königin der Blumen und darf in keinem Garten fehlen.
Juli	**August**	**September**
„Hochsommer" – Pflanzen, die im Hochsommer ihren Blütehöhepunkt haben, sollten jetzt angeboten werden. Ergänzt werden kann das Angebot über automatische Bewässerungseinrichtungen als Hilfe zur Überbrückung der Urlaubszeit.	„Gartenzeit im Sommer" – Da jetzt die meiste Zeit im Garten verbracht wird, sollte hierauf das Augenmerk gelegt werden. Neben typischen Sommerpflanzen (siehe Juli) zählen dazu Gartenmöbel, Sonnenschirme, Gartenfackeln und Lichterketten.	„Der Herbst naht" – Sonnenblumen sind die letzten Boten des Sommers und bilden den Übergang zum Herbst. Erste typische Herbstpflanzen wie Astern, Chrysanthemen, Heidekraut werden angeboten.
Oktober	**November**	**Dezember**
„Erntezeit" – Haupterntemonat für Äpfel , anderes Obst, Gemüse etc. Beste Pflanzzeit für Obstgehölze, Stauden und Sträucher. Jetzt also die Pflanzen anbieten, die im kommenden Frühjahr erstrahlen sollen.	„Monat des Gedenkens" – Im November wird der Toten gedacht, Gräber winterfest gemacht und mit letzten Bepflanzungen und Gestecken versehen. Viele immergrüne Pflanzen werden jetzt verkauft, um über den Winter etwas Farbe im Garten zu halten.	„Weihnachten" – Dieses Fest wirft lange Schatten voraus. Typisch weihnachtliche Pflanzen wie *Euphorbia pulcherrima*, Amaryllis, Christrose etc. stehen zum Verkauf, dazu viele immergrüne Pflanzen, insbesondere Nadelgehölze oder rot-grün-Kombinationen wie bei Ilex. Zusätzlich können Adventsgestecke und Dekorationsmaterial verkauft werden.

1.56 Einheitserde: Der Tonanteil sorgt für Nährstofflieferung und Wasserspeicherfähigkeit, der Torfanteil liefert Struktur (Porenvolumen für Luft- und Wasserhaushalt), sodass es nicht zur Staunässebildung kommt. Diese Wirkung wird durch Perlite und Rindenhäcksel ergänzt. Außerdem wirken Rindenhäcksel und Torf pH-Wert senkend. Es sind keine zusätzlichen Düngergaben hinzugefügt, sodass die Nährstoffversorgung ausschließlich aus dem Tonanteil kommt.

LD 80: Hier ist der Tonanteil höher und damit das Nährstoffpotential. Der Anteil der Strukturgeber Torf und Rinde sind niedriger als bei der Einheitserde, liegen aber prozentual immer noch über dem Tonanateil, sodass in diesem Substrat ausreichend Wasser- und Luftporen zur Verfügung stehen, ohne den pH-Wert zu stark abzusenken. Zusätzlich ist ein Langzeitdünger beigemischt. Alle diese Eigenschaften sind für eine Balkonkastenbepflanzung besser geeignet, auch wenn die Pflanzerde durch den hohen Tonanteil schwerer ist (= starke Belastung der Kastenaufhängung): Die Pflanzen erhalten ausreichend Nährstoffnachschub aus dem Langzeitdüngerdepot, die Wasserspeicherkapazität hält Gießwasser im Substrat, ohne zu Staunässe zu führen und die Erde bleibt strukturstabil und fällt nicht in sich zusammen, sodass die Wurzeln mit genügend Sauerstoff versorgt werden können.

1.57 Frische und Qualität sind Eigenschaften, die Verbraucher beim Einkaufen von Obst und Gemüse unbedingt erwarten. Hohe Raumtemperaturen, zu geringe Luftfeuchte und fehlende Luftbewegung führen jedoch dazu, dass die frische Ware viel zu schnell austrocknet und sich dem Kunden welk und unansehnlich präsentiert. Gemüse und auch Obst lassen sich bei 20 °C nur zwei Tage aufbewahren. Bei einer Temperatur von 2 °C und 80 % relativer Feuchte bleibt es jedoch bis zu zwei Wochen frisch und vitaminreich wie am ersten Tag. Somit kann das Kühlhaus als Zwischenlager dienen und die Verkaufszeitspanne verlängern. Gerade Gemüse hat häufig nur eine geringe Erntespanne, weil es schnell verdirbt. Mit der Lagerung im Kühlhaus können dadurch Arbeitsspitzen minimiert werden, denn es bleibt mehr Zeit für die Weiterverarbeitung übrig. Je nach Bedarf (Kundenwünsche) können Obst und Gemüse aus dem Kühllager geholt, ausgeliefert oder für die Weiterverarbeitung präpariert werden. Insbesondere im Kohlanbau hat sich die Kühlhauslagerung bewährt, da die Masse der Kohlernte nicht zeitnah verkauft werden kann. Das Kühlhaus bietet Lagerkapazitäten, sodass der Kohl während des ganzen Jahres als Frischware verkauft werden kann.

- **Direktkühlung:** Bei der Direktkühlung wird über eine Absenkung der Temperatur das Lagergut direkt gekühlt. Dabei muss beachtet werden, dass jedes eingelagerte Obst oder Gemüse gleichmäßig von der kühleren Temperatur umströmt wird, um den Kühleffekt für alles im Lager befindliche Obst oder Gemüse konstant zu halten. Sonst kann es trotz der Kühlvorrichtung zum Welken von Teilen des Lagergutes kommen. Andererseits darf die Temperatur nicht zu niedrig sein, um vor Frostschäden zu schützen (Gefrierbrand). Es sind also besondere Anforderungen an die Art und Weise der Einlagerung (Lagergutverteilung) und die Kontrolle des Lagergutes gestellt.

  Mantelkühlung: Bei der Mantelkühlung wird die Kühlvorrichtung von außen auf den Kühlbehälter angebracht. Die frei werdende Abwärme des Lagergutes wird dabei über Kühlflächen, die von außen am Zylindermantel angebracht sind, abgeführt. Hier wird im Lagerbereich nicht die Temperatur gesenkt, sondern die bei der Lagerung entstehenden höheren Temperaturen nach außen geleitet und somit die Temperatur im Inneren des Lagers herabgesenkt. Dadurch kann es weniger zu Frostschäden am Lagergut kommen. Diese Methode ist besonders für Lagergüter geeignet, bei denen durch die Lagerung hohe Temperaturen entstehen (z. B. durch chemische Lagerprozesse). Auch hier muss auf die Verteilung des Lagergutes geachtet werden, um eine gleichmäßige Temperaturabsenkung zu gewährleisten.

1.58 0,9 mm = 0,9 mm pro m^2 → 0,0009 m x 1 m^2 = 0,0009 m^3
1 ha = 10.000 m^2 → 10.000 m^2 x 0,0009 m^3/m^2 = 9 m^3
9 m^3/ha x 4,7 ha = 42,3 m^3
Es muss mit einer Erosion von 42,3 m^3 insgesamt gerechnet werden.

- **Winderosion:** Unter Winderosion versteht man den Abtrag, Transport und die Ablagerung von Bodenmaterial durch die Kräfte des Windes. Der Prozess wird durch den menschlichen Eingriff in die Vegetation über das natürliche Ausmaß verstärkt, da der Boden nicht mehr durch eine geschlossene Pflanzendecke geschützt ist. Mittel- bis langfristig führt Winderosion auf Ackerflächen zur Verminderung der Bodenqualität. Die Mächtigkeit, also die Tiefe des Bodens, nimmt ab. Dadurch verringert sich die Wasser- und Nährstoffspeicherfähigkeit. Dies führt zu einem Rückgang der Ernteerträge. Kurzfristig kommt es zur Schädigung der Kulturpflanzen, auch auf benachbarten Flächen. Die transportierte Erde wird abgelagert und überdeckt Pflanzen, Straßen und Gebäude gleichermaßen. Beim Winderosionsereignis selbst kann die Sichtweite kurzfristig stark abnehmen. Das führt unter Umständen zu massiven Behinderungen im Straßenverkehr.

- **Wassererosion:** Bodenerosion durch Wasser gliedert sich in zwei Prozessteile. Zuerst werden durch die Energie des auf den Boden auftreffenden Regens Bodenaggregate zerstört (Splash-Effekt). Die dadurch verkleinerten Aggregate verstopfen die Poren, sodass die Infiltrationskapazität herabgesetzt wird (Verschlämmung). Im zweiten Prozessteil fließt das Wasser, das nicht infiltrieren kann, bei entsprechender Hangneigung oberflächig ab und führt zur Abtragung und Verlagerung von Bodenpartikeln. Durch Wassererosion entstehen Schäden sowohl auf als auch neben der betroffenen Fläche. Auf der Fläche nimmt die Bodenmächtigkeit ab. Das Bodenprofil wird gekappt. Durch Sedimentation werden Pflanzen überdeckt. Die abgetragene Feinerde gelangt auf benachbarte Flächen, auf Straßen und in die Gewässer.

- Flächen, die oft von starkem Wind und Regen beschädigt werden, können am besten geschützt werden, wenn sie von Pflanzen bewachsen sind. Die intakten Wurzeln halten den Boden fest, wenn diese Stellen starkem Wind und Regen ausgesetzt sind. Dies gilt insbesondere für Hanglagen, wo als zusätzliche, Boden abtragende Kraft die Erdanziehung hinzukommt. Die Art der Pflanzen sollte starke, tiefreichende Wurzeln ausprägen, um den Boden intakt zu halten. Ein zur Verschlämmung neigender Boden befördert die Wassererosion. Über geeignete Bodenlockerung, adäquate Drainage- und Wasserauffangsysteme lässt sich Starkregen gut auffangen und ohne Erosion kanalisieren. Bei heftigen Regenfällen wäscht Schwemmwasser den Mutterboden leicht weg, und hinterlässt Erde auf Straßen und Wegen. Diese werden normalerweise abgewaschen, wodurch wertvoller Mutterboden verschwendet wird. Um Winderosion zu verringern, lassen sich Windschutzhecken oder Knicks einrichten. Sie brechen die Windrichtung und Windgeschwindigkeit und damit die Kraft, mit der Boden abgetragen werden kann.

1.59 Gemüsebaubetrieb „Lecker“

Listeneinkaufspreis:	2,50 € x 150 = 375,00 €	(für Gesamtmenge)
Bezugspreis:	375,00 € + 30,00 € = 405,00 €	(plus Fracht und Verpackung)
	405,00 € + (375,00 € : 100 x 0,2) = 405,75 €	(plus Transportversicherung)
Zieleinkaufspreis:	405,75 € – (405,75 € : 100 x 20) = 324,60 €	(abzüglich Rabatt)
Bareinkaufspreis:	324,60 € – (324,60 € : 100 x 2) = **318,11 €**	(abzüglich Skonto)

Gemüsebaubetrieb „Kraut Rüben“

Listeneinkaufspreis:	2,75 € x 150 = 412,50 €	(für Gesamtmenge)
Bezugspreis:	412,50 € + 40,00 € = 452,50 €	(plus Fracht und Verpackung)
	452,50 € + (412,50 € : 100 x 0,15) = 453,19 €	(plus Transportversicherung)
Zieleinkaufspreis:	453,19 € – (453,19 € : 100 x 22) = 353,50 €	(abzüglich Rabatt)
Bareinkaufspreis:	353,50 € – (353,50 € : 100 x 3) = **342,89 €**	(abzüglich Skonto)

Die Kräuter kosten beim Betrieb „Lecker“ insgesamt 318,11 € und beim Betrieb „Kraut & Rüben“ 342,89 €. Der erste Anbieter ist der preiswertere.

1.60 Durch das Auffangen von Regenwasser und Nutzung als Gießwasser kann eine nicht unerhebliche Menge an Trinkwasser eingespart werden. Diese Maßnahme wird unterstützt, wenn nicht genutztes Gießwasser z. B. aus der Anstaubewässerung ebenfalls aufgefangen und erneut zum Gießen verwendet wird. Durch Düngemittel belastetes Wasser kann über eine Pflanzenkläranlage aufbereitet werden, was unser Grundwasserreservoir entlastet. Über geeignete Bewässerungsverfahren ergibt sich zusätzliches Einsparpotenzial: Bei einer Tröpfchenbewässerung oder Unterflurbewässerung verdunstet weniger Wasser als über eine Überkopfberegnung. Zusätzlich wird Wasser eingespart, wenn man für die Bewässerung die geeignete Tageszeit auswählt. Bei hohem Sonnenstand verdunstet natürlich mehr Wasser als bei bedecktem Himmel oder wenn die Sonne untergegangen ist. Deshalb sollte nach Möglichkeit in den frühen Abendstunden, höchstens aber in den frühen Morgenstunden gewässert werden.

1.61 Ziel der Düngung: optimale Nährstoffversorgung der Pflanze, damit die sich gesund und wüchsig entwickeln.

Ausbringmenge: Die Ausbringmenge ist abhängig vom Bodenvorrat zum Zeitpunkt der Düngung (Nährstoffanalyse des Bodens), vom Bedarf der Kultur (Arten abhängig) und von der Bodenart (Fähigkeit zur Nährstoffspeicherung, Durchlüftung, Wasserspeicherung und Bodenaktivität).

Ausbringtechnik: Verlustarm (mit Einarbeitung in den Boden), je nach Düngezeitpunkt als Grunddüngung (in Form von organischem Dünger, als Feststoff) oder als Kopfdünger (bei bereits vorhandenen Mangelsymptomen meist als flüssiger Blattdünger).

Am Beispiel Spargelanbau:

Nährstoffgehalte	**mindestens**	**erwünscht**	
		leichte Böden	**schwere Böden**
P_2O_5	**15 mg/100 g**	**15 mg/100 g**	**25 mg/100 g**
K_2O	**12 mg/100 g**	**15 mg/100 g**	**20 mg/100 g**
MgO	**3 mg/100 g**	**5 mg/100 g**	**8 mg/100 g**
B	**0,6 mg/1.000 g**	**0,8 mg/1.000**	**1 mg/1.000 g**
Cu	**3 mg/1.000 g**	**4 mg/1.000 g**	**5 mg/1.000 g**

Düngeempfehlung je ha: 10–20 dt Thomaskali (12/18), 20 dt Hüttenkalk, 5–10 dt Kieserit

Spargel hat folgenden jährlichen Bedarf an reinen Nährstoffen: N 100 kg/ha, P_2O_5 70–80 kg/ha, K_2O 200–250 kg/ha und MgO 60–90 kg/ha. Im zweiten Standjahr ist der Bedarf an Stickstoff etwas höher (130 kg N/ha). In Junganlagen wird die N-Düngung auf drei Gaben aufgeteilt (z. B. 3 x 3 dt Blaukorn/ha). Ertragsanlagen erhalten die erste N-Gabe ab Anfang Juni, die zweite Gabe dann, wenn die Spargelreihen noch überfahrbar sind. Der relativ hohe Kalibedarf wird zur Hälfte durch die Grunddüngung zum Winterausgang gedeckt (4–8 dt Thomaskali/ha). Die zweite Gabe erfolgt zum Ernteende (4–6 dt Kalimagnesia/ha). Alle zwei bis drei Jahre wird nach Bedarf gekalkt (10 dt Hüttenkalk/ha). Durch regelmäßige Bodenuntersuchungen lässt sich der Fehlbedarf an Nährstoffen genau ermitteln.

Am Beispiel Rosen: Zur Düngung empfiehlt sich ein organisch-mineralischer Dünger, z. B. MANNA Rosendünger oder der rein organische Oscorna Rosendünger. Beide sind von ihrer Düngewirkung her ähnlich und gut abgestimmt auf Rosen. Der rein organische Dünger bringt zusätzlich noch Humus in den Boden. Die Düngermenge ist beim rein organischen Dünger etwa 80–100 g/m² und beim organisch-mineralischen Dünger 80–100 g/m² (Beide Dünger halten je nach Feuchte und Wärme des Bodens etwa zwei bis drei Monate). Gedüngt wird das erste Mal Anfang April, wenn die Blattmasseproduktion der Rosen stark ansteigt. Die zweite Düngung erfolgt nach der ersten Blüte Ende Juni bis Anfang Juli. Bei Frühjahrspflanzungen sollte das erste Mal nach der ersten Blüte gedüngt werden. Bei schlechtem, ausgezehrtem Boden kann ein Boden-Aktivator aus verschiedenen Urgesteinsmehlen und Mikronährstoffen den Boden verbessern. Vitanal Rosen Professional fördert die Wurzelbildung und stärkt den Neuaustrieb. Besonders wertvoll sind die enthaltenen Milchsäurebakterien, die den Boden renaturieren. Vitanal enthält nicht viel Stickstoff und kann deshalb gut mit jeder Art von Dünger kombiniert werden.

Um Rosen vital und blühfreudig zu erhalten, ist es empfehlenswert sie mindestens ein bis zweimal im Jahr mit ausreichend Nährstoffen zu versorgen. Auf sehr nährstoffreichen Lehmböden kann auch nur alle zwei Jahre gedüngt werden. Steht den Pflanzen zu viel Nährstoff zur Verfügung oder werden sie gar überdüngt, ist das für ihre Gesundheit eher abträglich. Eine mäßige Düngung mit überwiegend organischem oder organisch-mineralischem Rosendünger ist deshalb angezeigt. Rein organischer Dünger hat den Vorteil, dass er nur langsam vom Bodenleben zersetzt wird und die Pflanzen über zwei bis drei Monate kontinuierlich mit Nährstoffen versorgt. Das Düngemittel wird gleichmäßig ausgestreunt und in den Boden eingearbeitet. Die Länge der Düngewirkung ist abhängig von Feuchte und Bodentemperatur. In Jahren mit sehr warmem

Frühjahr kann der Dünger schneller verbraucht sein. Neben der ersten Düngung Anfang April muss eine zweite Nachdüngung nach der ersten Blüte Ende Juni bis Anfang Juli durchgeführt werden. Der rein organische Dünger ist für das Bodenleben am besten und bringt zusätzlichen Humus in den Boden. Ein mineralisch-organischer Dünger hat neben der organischen Langzeitkomponente einen schneller wirkenden mineralischen Teil. Die Düngewirkung ist deshalb etwas kürzer und zu Anfang der Saison etwas stärker. Er sollte wie der rein organische Dünger zweimal pro Saison verwendet werden. Düngen mit rein mineralischen Düngern wie Blaukorn ist nicht empfehlenswert, da die Rosen durch die zu hohe Stickstoffgabe zu mastig wachsen und anfälliger für Rosenkrankheiten und Schädlinge werden.

Für Rosen in Kübeln, in denen meist weniger Bodenleben herrscht als im gewachsenen Boden, sollte ein Depotdünger (Osmocote, MANNAcote, etc) mit sechs bis acht Monaten Düngewirkung verwendet werden. Dieser Langzeitdünger steckt flüssig in einer Harzhülle und wird durch Feuchte und Bodentemperatur langsam freigesetzt. Es ist nur eine Düngung pro Saison notwendig. Zusätzlich kann über den Sommer flüssig über das Gießwasser gedüngt werden. Flüssigdünger ist immer als Ergänzung zur Grunddüngung zu verwenden und kann über die gesamte Saison in niedriger Konzentration gegeben werden. Er dient besonders zur Ergänzung bei Kübelkulturen, da die Kübelerde im Gegensatz zum gewachsenen Boden fast keine Nährstoffe enthält. Neigt sich die Grunddüngung durch hohe Temperaturen oder zu viel Gießwasser zu früh dem Ende zu, kann mit Flüssigdünger, der sofort wirkt, die Versorgung der Rose aufrechtgehalten werden.

Ab Mitte August lässt sich schon aktiv etwas zur Steigerung der Frosthärte der Rosenpflanzen tun. Dafür sollten jetzt keine stickstoffhaltigen Rosendünger mehr gegeben werden, besonders keine Langzeitdünger. Die Rosen haben noch ausreichend Nahrung, um starke Augusttriebe zu bilden, die weit über den normalen Strauch hinauswachsen können. Diese jungen Triebe müssen vor dem ersten Frost nicht nur aufhören zu wachsen, sondern auch noch ausreifen, damit sie nicht dem ersten Frost zum Opfer fallen. Rosen, die ungebremst in den Winter gehen, können vielleicht kurz vor Weihnachten noch Blüten tragen, die Chance, sie bei starken Frösten im Januar zu verlieren, ist dann jedoch sehr hoch. Ab Mitte bis spätestens Ende August erhalten die Rosen eine Abschlussdüngung mit kaliumbetontem und stickstofffreiem Patentkali mit 40 g/m² (Kalimagnesia – 30 % K/10 % Mg/17 % S). Zu späte Gaben, etwa Mitte September, bringen keine verlässliche Wirkung mehr. Der hohe Kaliumanteil hilft den Rosen besser auszureifen und sorgt für einen ausgeglichenen Wasserhaushalt in der Pflanze. Dadurch wird die Frostresistenz der Pflanze gesteigert. Kalium ist generell gut für Rosen, sie wachsen etwas gedrungener, weniger mastig und die Widerstandsfähigkeit gegen Rosenkrankheiten und Schädlinge wird erhöht. Magnesium und Schwefel wirken sich positiv auf das Blattgrün aus und sorgen für eine gesunde Blattfarbe. Die Farben der Rosenblüten werden intensiver. Nach der Düngergabe muss durchdringend gewässert werden, denn das Kalium kann nur wirken, wenn es rechtzeitig an den Rosenwurzeln ankommt.

2.1

Wachstumsfaktoren	
Licht	• Für sonnenhungrige Pflanzen die mögliche Beschattung von Ästen hoher Gehölze entfernen. • Pflanzen, die starke Sonneneinstrahlung nicht gut vertragen, unter Gehölze setzen.
Luft	• Um den Lufthaushalt im Boden zu verbessern, kann man grobkörniges Material wie beispielsweise Blähton einarbeiten. • Pflanzen, die langsam wachsen, sollten regelmäßig freigeschnitten werden, damit an die Triebe ausreichend Luft gelangen kann.

Temperatur	• Pflanzen, die empfindlich auf Kahlfröste reagieren, lassen sich durch eine dicke Mulchschicht schützen. • Temperaturempfindliche Pflanzen sind auch geschützt, wenn sie von anderen Pflanzen umrahmt sind. Dadurch geben diese etwas von ihrer Wärme ab und schützen die Nachbarn vor einem Auskühlen durch Wind.
Wasser	• Pflanzen, die regelmäßig und viel Wasser benötigen, können mit einer Tröpfchenbewässerung vor dem Austrocknen geschützt werden. • Um Staunässe zu verhindern, sollte man drainierendes Material wie Splitt, Blähton oder Sand einarbeiten.
Nährstoffe	• Pflanzen, die Nährstoffarmut bevorzugen, sollten in einen mit Sand abgemagerten Boden gepflanzt werden. • Pflanzen, die eine hohe Nährstoffversorgung benötigen, können über einen Depotdünger langfristig versorgt werden.

2.2 **Untergrund/Unterbau:** gewachsener Boden, auf den der Oberbau mit den einzelnen Schichten errichtet wird

Schichtenaufbau bestehend aus:

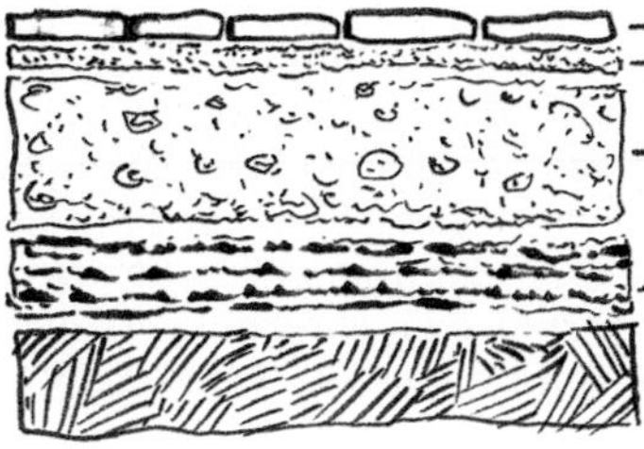

- **Frostschutzschicht:** Schicht aus wasserdurchlässigem Material, die den gesamten Weg vor Frostschäden schützen soll. Für einen befahrbaren Weg (Pkw) ca. 20 cm.
- **Tragschicht:** Sie nimmt die Lasten auf, ohne dass der Weg sich verformt und damit Spurrinnen oder Absenkungen entstehen. Stärke ca. 20 cm.
- **Ausgleichsschicht:** Sie soll Unebenheiten ausgleichen und ein gleichmäßiges Bett für die Pflasterung darstellen. Ca. 2 bis 4 cm.
- **Deckschicht:** Sie bildet den Abschluss und damit die Ansichtsfläche. Sie soll nicht nur optisch ansprechend sein, sondern auch den Belastungen (in diesem Fall das Befahren mit einem Pkw) standhalten.

  - 2,80 m x 21 m = 58,80 m²
    58,80 m² : 7 m² = 8,4
    8,4 t x 385,00 €/t = 3.234,00 € → 3.234,00 € + (3.234,00 € : 100 % x 19 %) = 3.848,46 €
    Die Kosten für das Pflaster betragen inkl. Mehrwertsteuer 3.834,46 €.

2.3 Unter Arbeitsleistung versteht man im Arbeitsleben das durch die Angestellten und Arbeiter eines Betriebes innerhalb der Arbeitszeit erbrachte Arbeitsvolumen als Arbeitsergebnis mit einer bestimmten Arbeitsqualität.

- **Arbeitsrhythmus:** Jeder einzelne Arbeiter hat unterschiedliche Tageszeiten, an denen er zu Höchstleistungen fähig ist (Biorhythmus). Diese zu berücksichtigen hilft, die Arbeitsproduktivität zu erhöhen. Wenn man dafür sorgt, ausgeschlafen, erholt, gesund und konzentriert seine Arbeit zu erledigen, wird ebenfalls eine Steigerung erreicht.

- **Motivation:** Wer motiviert ist, also Lust an der Tätigkeit und Spaß bei der Arbeit hat, kann seine Arbeitsproduktivität erhöhen.

- **Fachkompetenz:** Wer sein Arbeitsfeld beherrscht, macht weniger Fehler, wodurch die Arbeitsproduktivität verbessert wird, daraus folgt, dass man nur Tätigkeiten ausüben sollte, die man einmal erlernt hat. Dabei kann man Kenntnisse und Fertigkeiten erweitern, indem man sich ständig weiterbildet.

2.4 **Integrierter Pflanzenschutz:** Der § 2 PflSchG definiert integrierten Pflanzenschutz als eine Kombination von Verfahren, bei denen unter vorrangiger Berücksichtigung biologischer, biotechnischer, pflanzenzüchterischer sowie anbau- und kulturtechnischer Maßnahmen die Anwendung chemischer Pflanzenschutzmittel auf das notwendige Maß beschränkt wird. Er beginnt bereits bei der Auswahl des für die Kulturpflanze geeigneten Standortes, der sachgerechten Bodenbearbeitung, der Wahl des geeigneten Saat- bzw. Pflanztermins, Verwendung von gesundem Saat- bzw. Pflanzgut einer möglichst gegenüber den vorherrschenden Schadorganismen widerstandsfähigen Sorte sowie einer ausgewogenen organischen oder mineralischen Düngung. Als Schutzmaßnahmen bei Befall kommen Nützlinge ebenso infrage wie chemische Pflanzenschutzmittel. Letztere sollten aber erst eingesetzt werden, wenn die wirtschaftliche Schadensschwelle überschritten ist.

Wirtschaftliche Schadensschwelle: Die wirtschaftliche Schadensschwelle gibt die Befallsstärke eines Schaderregers an, die unter wirtschaftlichen Gesichtspunkten gerade noch toleriert werden kann. Sie wird überschritten, wenn der zu erwartende Schaden höher ist als die Kosten einer Intervention. Sie trägt direkt zur Umweltschonung bei, indem die Zahl der Spritzungen auf das Notwendigste reduziert werden kann. Indirekt werden Nützlinge gefördert, da geringfügige Schädlingspopulationen, die den Nützlingen als Nahrungsgrundlage dienen, toleriert werden. Ziel ist nicht die radikale Bekämpfung von Schädlingen, sondern ihre Regulierung. In der Anlage soll ein Gleichgewicht zwischen Schädlingen, ihren natürlichen Gegenspielern und indifferenten Arten geschaffen werden. Vor einer Spritzung müssen Schaderregerdichte, mögliche Ertragsverluste und Bekämpfungskosten einander gegenübergestellt werden.

- **Vorbeugung:** Pflanzen an den Standort anpassen, damit sie dort gesund wachsen können.

- **Kulturmaßnahmen:** Durch Unkrautbeseitigung, angepasste Düngung und richtiges Wässern wird das Pflanzenwachstum optimiert und damit sind sie weniger anfällig für Schaderreger.

- **Nützlinge fördern:** Die natürlichen Fressfeinde der Schädlinge wie z. B. die Singvögel können in Pflanzbeständen durch geeignete Knick- oder Gehölzpflanzungen oder das Aufhängen von Nistkästen gefördert werden. Darüber hinaus gibt es im Rahmen des biologischen Pflanzenschutzes Insekten, die sich bei der Bekämpfung von Schädlingen ausbringen lassen und somit den Befall minimieren.

2.5

Versenkregner	Tröpfchenbewässerung
Vorteile	**Vorteile**
Bei nicht Gebrauch im Boden ebenerdig versenkbar – nicht störend bei anderen Kulturarbeiten.	Minimale Wasserverluste durch Verdunstung.
Systeme lassen sich für kurze Distanzen und lange Strecken anpassen.	Zielgenaues Bewässern direkt an die Pflanzenwurzeln wirkt Pilzinfektionen entgegen.
Es liegen keine störenden Rohrleitungen oder Schläuche sichtbar im Garten.	Sparsamer Wasserverbrauch minimiert Wasserkosten.
	Schlauchsystem ober- und unterirdisch verlegbar.

Nachteile	Nachteile
Relativ teuer in der Anschaffung.	Relativ großer Arbeitsaufwand für die Verlegungen der Leitungen.
Einmal installiert nur schwer an Veränderungen im Garten anzupassen.	Schlauchdurchlass in Tröpfchengröße neigt zum Verstopfen durch Schmutz- oder Kalkreste.
Hoher Installationsaufwand.	
Relativ hohe Verdunstung.	

2.6 Optimale Kulturgefäße sind preiswert, stabil, genormt (für den Einsatz in Topfmaschinen oder zur besten Platzausnutzung auf Tischen und Stellflächen), lassen sich gut desinfizieren und eignen sich damit zur mehrfachen Verwendung, sind nachhaltig und möglichst umweltfreundlich.

Anforderungen	Kunststofftöpfe	Töpfe aus Pappmaché
Preiswert	++	+
Stabil	+	--
Normung	++	-
Desinfizierbarkeit	++	--
Nachhaltig/recycelfähig	+/+	++/++
Umweltfreundlichkeit	–	++

++ sehr gut + gut - weniger gut -- gering bis gar nicht

- 3.750,00 € - (3.750,00 € : 100 % x 15 %) = 3.187,50 €
  3.187,50 € - (3.187,50 € : 100 % x 3 %) = 3.091,875 €
  Innerhalb von zehn Tagen wird ein Betrag von 3.091,88 € fällig.

2.7 • Deckschicht: $50\ m \times 2\ m = 100\ m^2$ Platten $0{,}4\ m \times 0{,}4\ m = 0{,}16\ m^2$
$100\ m^2 : 0{,}16\ m^2 = 625$ Platten

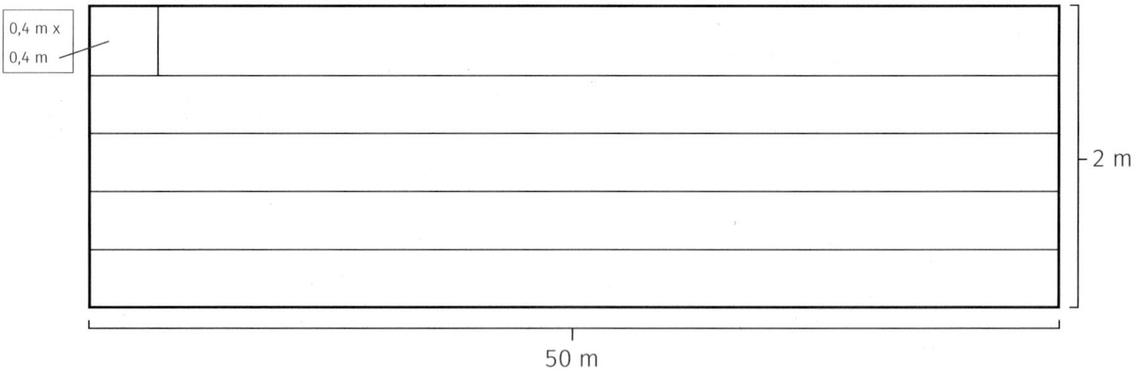

Ausgleichsschicht: Kies 0/2 $100\ m^2 \times 0{,}04\ m = 4\ m^3$

Kombinierte Frost-Tragschicht: Kiesgeröll 16/32 $100\ m^2 \times 0{,}2\ m = 20\ m^3$

Für den Weg werden als kombinierte Frost-Tragschicht aus Kiesgeröll (16/32) 20 m^3 benötigt, für die Ausgleichsschicht aus Kies (0/2) 4 m^3 und für die Deckschicht insgesamt 625 Betonplatten in der Größe 40 x 40 cm und ca. 5 cm stark (ohne Verschnitt). Dadurch misst der Oberbau des Weges 29 cm.

2.8 Bei der Ausbringung von Stickstoff besteht die Gefahr, dass Treibhausgase (N_2O) in die Atmosphäre entweichen und damit das Ozonloch vergrößern. Ein Übermaß an Stickstoff bzw. nicht von der Pflanze aufgenommener Stickstoff kann über Auswaschung in das Grundwasser gelangen und dieses damit belasten. Dies geschieht vor allem mit schnell löslichem, mineralischem N. Organisches N muss erst über Mikroorganismen in pflanzenverfügbare Form umgewandelt werden, was einige Zeit in Anspruch nimmt. Dies gelingt auch nur, wenn die Mikroorganismen im Boden aktiv sind (Bodentemperatur, ausreichend Wasser und Sauerstoff), also während der Vegetationsperiode von Frühjahr bis Herbst.

- Stickstoff immer bedarfsgerecht nach vorangegangener Bodenanalyse düngen, damit sich N nicht im Boden anreichert.
  Dünger in den Boden einarbeiten, um Lachgasemissionen (N_2O) zu vermeiden.
  Stickstoff nur dann düngen, wenn Pflanzen den Dünger auch aufnehmen können, also in der Vegetationsperiode bei aktivem Bodenleben.
  Eine Gründüngung mit Leguminosen vorschalten, sodass der Stickstoff in organischer Form vorliegt und nur langsam freigesetzt wird.

- 675 m^2 x 19 g N/m^2 = 12.825 g Rein-N =12,825 kg
  12,825 kg N x 100 % : 27,5 % = 46,6363 kg Kalkammonsalpeter
  Die Fläche muss mit 46,64 kg Kalkammonsalpeter gedüngt werden, um die Fläche mit der geforderten Stickstoffmenge zu versorgen.

2.9 Pro Torf: Nährstoffarm und deshalb universell durch angepasste Düngungsmaßnahmen zu verwenden. Gutes Porenvolumen mit ausreichend wasser- und sauerstoffgefüllten Poren für die Pflanzen beugen Staunässe vor. Das garantiert eine gleichbleibende Qualität, was die Inhaltsstoffe anbelangt. Als lose Ware oder in Säcken relativ preisgünstig jederzeit zu erwerben.

Kontra Torf: Wenig strukturstabil, weil es sich auf Dauer wie alles organische Material zersetzt. Zerstörung von Ökosystemen durch den Torfraubbau in Mooren. Ein niedriger pH-Wert ist nicht für alle Pflanzen optimal und muss deshalb mit entsprechenden Kalkgaben angepasst werden.

- Torf lässt sich durch Rindenhumus, Kokosfasern oder Moorbeeterde ersetzen. Rindenhumus besteht aus abgeschälten, zerkleinerten und kompostierten Rindenstückchen, vornehmlich von Nadelgehölzen. Rindenhumus ist ähnlich wie Torf nährstoffarm, mit gutem Porenvolumen ausgestattet und weist einen niedrigen pH-Wert auf. Ein ähnliches Substrat kann aus Kokosfasern hergestellt werden, welches dann ähnliche Eigenschaften hat. Sowohl die Rindenstücke als auch die Kokosfasern sind Abfallprodukte und deshalb umweltfreundlich herzustellen. Moorbeeterde ist speziell für den Bedarf der Moorbeetpflanzen zusammengestellt und ohne Torfanteile produziert. Wer Moorbeetpflanzen pflanzen möchte, kann auf dieses Produkt zurückgreifen, ohne dass Ökosysteme zerstört werden.

- Für Topfkulturen müssen keine Substrate auf Torfbasis verwendet werden, da es Ersatzprodukte (siehe oben) mit ähnlichen Eigenschaften im Handel gibt. Auch Komposterde, mit Perlite versetzt und im Nährstoffgehalt kontrolliert, lässt sich sehr gut als Topfsubstrat verwenden. Torf als Bodenverbesserungsstoff für mehr Porenvolumen sollte nicht mehr eingesetzt werden, da einerseits die Strukturstabilität des Torfes nicht lange dauerhaft ist und es auch hierfür andere Ersatzstoffe im Handel zu kaufen gibt: Wenn man Sand in den Boden einmischt, können tonhaltige Böden in der Zusammensetzung des Porenvolumens nachhaltig verbessert werden. Auch die gärtnerische Tradition, Rosen mit Torf anzuhäufeln, um die Veredelungsstelle vor Frost zu schützen, kann abgeschafft werden. Ein Anhäufeln mit Gartenerde, das Einpacken der Rosen mit Bambusmatten oder Jutegeweben oder das Abdecken mit Tannengrün erfüllt den gleichen Zweck.

2.10

Thrips	Spinnmilben	Mehltau	Rost
Blattschäden an Pelargonien, *Chrysanthemum* und *Gerbera*. Blütenschäden an *Primula*, *Gerbera* und Rosen	Hortensien, *Chrysanthemum*, Rosen, *Impatiens* und *Diascia*	Falscher Mehltau an *Viola x wittrockiana*, *Geranium*, *Coreopsis*, *Antirrhinium* und *Lobularia*. Echter Mehltau an Rosen, *Phlox*, Lupine, *Rhododendron* und Hortensie	*Rosa*, *Pelargonium*, *Bellis*, *Chrysanthemum* und *Fuchsia*

- **Insekten:** Chemische Spritzmittel (Insektizide), die erst eingesetzt werden, wenn die wirtschaftliche Schadensschwelle erreicht ist, können bei diesen Pathogengruppen verwendet werden. Dabei werden für die Insekten schädliche Gifte fein auf die Pflanzen versprüht oder gestäubt. Nach einer gewissen Einwirkungszeit, in der das Mittel nicht über Gießwasser oder Regen abgewaschen werden darf, sind die Insekten abgetötet, da der Wirkstoff in den Stoffwechsel der Insekten eingreift. Insektizide sind aber auch giftig für andere Tiere oder den Menschen. Entsprechend müssen die Schutzvorrichtungen angewendet und eingehalten werden. Gegen Insekten helfen auch Nützlinge. Das sind andere Tiere, die sich von den Schädlingen ernähren. Dazu zählen sowohl Singvögel, Marienkäfer oder Ohrwürmer. Diese Nützlinge lassen sich im Freiland durch die Schaffung von geeigneten Lebensräumen fördern. Im Gewächshaus können Raubmilben oder Schlupfwespen ausgesetzt werden. Diese sind als biologische Insekten im Fachhandel zu kaufen.

- **Pilzbefall:** Hier helfen Fungizide, das sind chemische Wirkstoffe, die in den Stoffwechsel der Pilze eingreifen und diese so zerstören. Auch Fungizide wirken häufig nicht vorbeugend, sondern können erst bei einer bestimmten Wetterlage bzw. vorhandenem Befall ausgebracht werden. Dafür sind Warndienste eingerichtet, die entsprechenden Maßnahmen empfehlen. Pilzbefall lässt sich leicht durch richtige angepasste Kulturmaßnahmen vorbeugen: Die meisten Pilze bevorzugen warme Temperaturen und eine hohe Luftfeuchtigkeit. Entsprechend lässt sich ein Befall vermindern, wenn man Pflanzen nicht zu feucht und zu warm kultiviert und für ein Abtrocknen des Gießwassers sorgt. Weite Pflanzenabstände und eine moderate Düngung helfen ebenfalls vorbeugend.

2.11 Ordnung im Betrieb hilft, Werkzeug und Maschinen immer funktionsfähig und griffbereit für jeden Kollegen ohne lange Suchzeiten für die Benutzung bereit zu halten. Dazu zählt auch eine ordnungsgemäße Übergabe von gemeinsam genutztem Werkzeug (sauber, nicht defekt, gepflegt, z. B. eingeölt). Einige Arbeitsabläufe sind Ketten von einzelnen Tätigkeiten, die sinnvollerweise nacheinander stattfinden. Beispiel Topfmaschine: Die Maschine muss so platziert sein, dass sie von allen Seiten gut zugänglich ist, sodass Kollegen dort an der Maschine arbeiten können. Dazu zählen neben dem Befüllen der Maschine mit Substrat und Töpfen (beides in Griffweite) auch das Wegräumen der fertig gefüllten Töpfe zum nächsten Arbeitsschritt, dem Topfen. Gleiches gilt für das Mähen einer Rasenfläche: Große Flächen können von einer Person mit dem Aufsitzmäher gemäht werden. Vorher sollte aber der Randbereich und die Ecken, in die der Aufsitzmäher nicht kommt, von jeweils einem Kollegen mit einem Handrasenmäher und einem Fadenmäher abgelaufen werden. Den Abschluss der Arbeiten macht ein weiterer Kollege, der die angrenzenden Flächen vom Schnittgut säubert. An beiden Beispielen wird deutlich, dass richtige Teamarbeit die Arbeitsleistung erhöhen hilft. Auch die Planung der anstehenden Arbeiten wirkt steigernd auf die

Arbeitsleistung. Wenn man die Arbeiten des kommenden Tages durchdenkt und plant, welche Werkzeuge und welche Personen dafür am besten eingesetzt werden sollen, lässt sich am folgenden Arbeitstag verzögerungslos starten.

- 2,5 h = 150 min
  Erfahrener Kollege: 500 Stck : 150 min x 60 min = 200 Stck./h
  Auszubildender: 500 Stck. : 100 % x 70 % = 350 Stck. in 150 min
  350 Stck. : 150 min x 60 min = 140 Stck./h
  Arbeitsleistung nach 8 h : 200 Stck./h x 8 + 140 Stck./h x 8 = 2.720 Stck.
  Nach einem Acht-Stunden-Arbeitstag pflanzen beide zusammen 2.720 Stck. *Floribunda*-Rosen.

2.12 Als erstes wird die gesamte Pflanzfläche umgegraben und mit der Harke eingeebnet. Wildkrautbewuchs wird dabei entfernt, Steine und Unrat abgesammelt. Falls notwendig, lassen sich auch Bodenhilfsstoffe wie Kalk oder Perlite, aber auch Dünger auf der Fläche verteilen und einarbeiten. Dann wird zuerst die Buchsbaumumrandung gepflanzt. Dazu müssen die Pflanzen im Abstand von 25 cm ausgelegt und an Ort und Stelle eingepflanzt werden. Dabei wird das Pflanzloch ca. 1,5 mal so groß wie der Ballen ausgehoben, der Wurzelballen bis zum Wurzelhals eingesenkt und mit Boden angefüllt und fest gedrückt. Die Pflanzen sollen gerade und mittig im Pflanzloch stehen. Eventuell vorhandene Töpfe, Ballentücher o. Ä. werden vor dem Pflanzen entfernt. Bei einer Heckenpflanzung wie hier in diesem Aufgabenbeispiel kann man auch einen Pflanzgraben ausheben und alle Pflanzen im entsprechenden Pflanzabstand hineinstellen. Mit dieser Methode kann der korrekte Pflanzabstand und die Pflanzung in einer Flucht am besten gewährleistet werden. Wenn der Buchsbaum gepflanzt ist, werden die Stiefmütterchen von ihrem Topf befreit und im Pflanzabstand auf der gesamten verbleibenden Fläche gleichmäßig verteilt. Vor dem Pflanzen mit der Pflanzschaufel sollte der Ballen leicht aufgerissen werden, um das Wurzelwachstum anzuregen. Sind die Pflanzballen sehr trocken, sollten sie vor dem Pflanzen in Wasser getaucht werden, bis keine Blasen mehr aufsteigen. Wenn alle Pflanzen im Boden sind, werden mit einem Grubber die Fußspuren beseitigt. Eventuell kann die Beetfläche noch mit Mulch abgedeckt werden.

- d = 4,20 m r = 2,10 m
  Platzbedarf *Buxus*: 0,25 m
  Platzbedarf *Viola*: 0,2 m x 0,2 m = 0,04 m²
  Pflanzenbedarf *Viola*: (2,10 m – 0,25 m)² x π = 10,752 m²
  10,752 m² : 0,04 m² = 268,802 Pflanzen
  Pflanzenbedarf *Buxus*:
  Kreisumfang außen: 2 x π x 2,10 m =13,195 m
  Kreisumfang innen: 2 x π x (2,10 m – 0,25 m) = 11,624 m
  Kreisumfang gemittelt: (13,195 m + 11,624 m) : 2 = 12,4095 m
  12,4095 m : 0,25 m = 49,638 Pflanzen
  Für die Buchsbaum-Umrandung werden 50 Pflanzen benötigt, für die restliche Fläche braucht man 269 *Viola*.

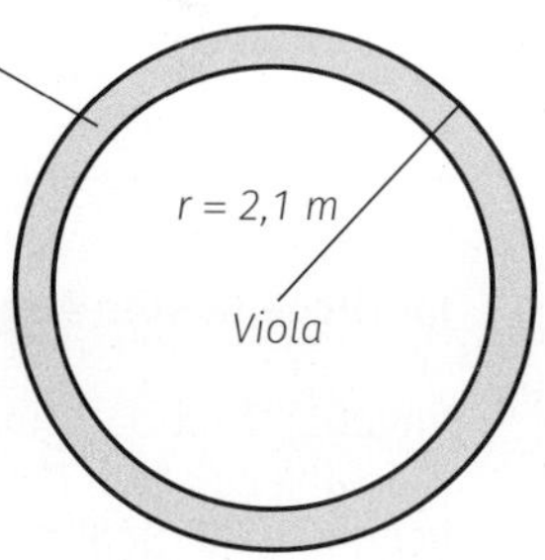

2.13 In diesem Fall muss der Kunde dem Verkäufer eine Mängelrüge anzeigen. Als Mängelrüge bezeichnet man die Anzeige des Käufers an den Verkäufer, dass die gelieferte Ware einen Mangel hat (z. B. falsch gelieferte oder beschädigte Ware). Sofort erkennbare, also offene Mängel, müssen unverzüglich gerügt werden (im Beispiel die Corylus und die Rhododendren). Handelt es sich um versteckte Mängel, wie beispielsweise weiß blühende *Vinca*, wo der Fehler erst festgestellt werden kann, wenn die Pflanzen zur Blüte kommen, muss die Mängelrüge unverzüglich nach Entdeckung des Mangels erfolgen (vgl. § 377 Handelsgesetzbuch [HGB]). Diese Einschränkung der Geltendmachung von Mängeln beim sogenannten beiderseitigen Handelskauf gilt aber nicht, wenn der Verkäufer den Mangel arglistig verschwiegen hat. In diesem Fall findet die normale Verjährungsfrist (vgl. § 438 Bürgerliches Gesetzbuch [BGB]: im Regelfall zwei Jahre) Anwendung. Für den

Käufer ergeben sich laut Gesetz verschiedene Rechte, die bei einer mangelhaften Lieferung gewählt werden können. Als Wandlung wird der Rücktritt vom Vertrag und als Minderung wird ein Preisnachlass bezeichnet. Bei einer Gattungsware, also einer Ware, die gegen eine gleiche Ware ausgetauscht werden kann (z. B. eine bodendeckende Pflanze gegen eine andere), ist ein Umtausch möglich. Schadensersatz wegen Nichterfüllung kann verlangt werden, wenn einer Ware eine zugesicherte Eigenschaft fehlt oder ein Fehler arglistig verschwiegen wurde.

- Die *Corylus colurna* weisen einen erheblichen Mangel auf, sie müssen auf jeden Fall umgetauscht werden. In diesem Fall kann die Baumschule den Transporteur haftbar machen, muss aber dem Friedhof eine Neulieferung gewähren.
  Die Rhododendren lassen sich bei nicht so starkem Befall durch den Einsatz von Pflanzenschutzmitteln „wieder aufpäppeln". Da dafür aber zusätzlich Kosten anfallen, kann ein Preisnachlass gewährt werden. Sollte allerdings die Baumschule auf Wandlung bestehen, kann der Friedhof keinen Preisnachlass geltend machen. Bei den *Vinca* weicht nur die Blütenfarbe von der Bestellung ab. Da aber die Alba-Sorte in der Regel teurer ist als die Standardpflanze, kann der Friedhof verlangen, nur den Preis für die bestellte Ware zu bezahlen. Willigt die Baumschule nicht ein, müssen die *Vinca* umgetauscht werden.

- Neben Wandlung und Minderung kann der Kunde auch ganz vom Kauf zurücktreten, da die bestellte Ware zu einem nicht unerheblichen Teil beschädigt ist bzw. abweicht. In diesem Fall kann der Friedhof die Annahme verweigern und an die Baumschule zurückschicken. Gleichzeitig muss er seinen Rücktritt vom Vertrag schriftlich erklären.

2.14 Angebot 1: Anschaffungswert 7.500,00 € x 5 Jahre = 37.500,00 €
Kalkulatorische Abschreibung 40.000,00 € : 8 Jahre = 5.000,00 €
Kalkulatorische Zinsen 37.500,00 € : 2 : 100 % x 1,25 % = 234,375 €
Summe Fixkosten/Jahr 5.000,00 € + 7.500,00 € + 234,38 € =12.734,38 €
Reparaturkosten 37.500,00 € : 8 Jahre x 0,4 = 1.875,00 €

Jährliche Kosten Angebot 1 14.609,38 € pro Betriebsstunde 24,35 €

Angebot 2: Kalkulatorische Abschreibung 40.000,00 € : 8 Jahre = 5.000,00 €
Anschaffungspreis pro Jahr 36.000,00 € : 8 = 4.500,00 €
Kalkulatorische Zinsen 36.000,00 € : 2 : 100 % x 1,25 % =225,00 €
Summe Fixkosten/Jahr 5.000,00 € + 4.500,00 € + 225,00 € = 9.725,00 €
Reparaturkosten 36.000,00 € : 8 Jahre x 0,4 = 1.800,00 €

Jährliche Kosten Angebot 2 11.525,00 € pro Betriebsstunde 19,27 €

Angebot 2 ist das günstigere, da die jährlichen Kosten noch ohne Zwischenfinanzierung durch die Bank aus dem Betrieb aufgebracht werden kann. Zu den Kosten aus Angebot 1 kämen zusätzlich noch die Bankzinsen dazu.

2.15 Stellstufen, Legstufen, Winkelstufen, Knüppelstufen und Blockstufen.

Bei den Blockstufen besteht eine ganze Stufe aus einem Stück, i. d. R. aus Beton (Normmaße 100/35/15). Sie wird auf einem starren Betonfundament versetzt. Dabei liegt die vordere Kante der Blockstufe auf der hinteren Kante der darunter liegenden Stufe auf, sodass die Auftrittsfläche zwischen 32 und 34 cm beträgt. In der Stufe selbst muss ein Gefälle von 1 cm eingebaut werden, sodass der Höhenunterschied immer Stufenhöhe + 1 cm (hier: 16 cm) ergibt. Das Stufengefälle soll Regenwasser besser ablaufen lassen, sodass die Stufen nicht rutschig werden können.

- 150 cm : 15 cm = 10 Stufen Stufenaufteilung: 3 Stufen – Podest mit zwei Schritten – 2 Stufen – Podest mit einem Schritt – 3 Stufen – Podest mit zwei Schritten – 2 Stufen Pro Schritt 65 cm → 65 cm x 5 = 325 cm

  Auftritt pro Stufe → 2 x 15 cm + 35 cm = 65 cm → 35 cm x 10 Stufen = 350 cm

  Baulänge der Treppe 350 cm + 325 cm = 675 cm = 6,75 m

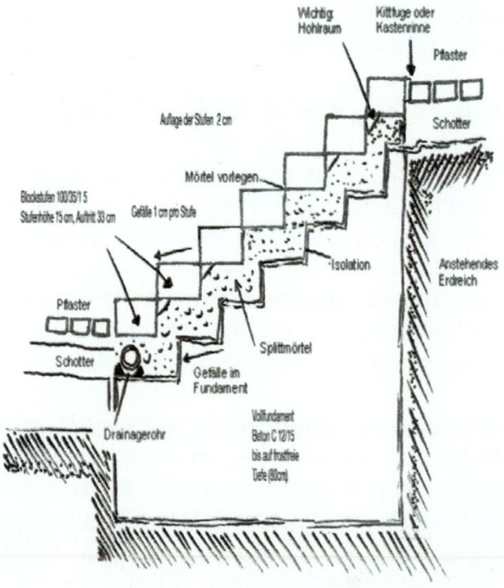

2.16 Die gepflanzte Baum- und Strauchreihe eines Knicks bricht den Wind und hilft damit, Erosion zu vermindern. In den Bäumen und Sträuchern leben zahlreiche Tiere, die als Nützlinge den Schädlingsbefall unserer Kulturen im Rahmen halten. Außerdem dient der Knick als Ökosystem für viele Lebewesen, die sonst wegen der Armut der natürlichen Lebensumwelten bedroht wären oder abwandern würden.

Novellierung des Landesnaturschutzgesetzes vom 27. Mai 2016 (§ 21 Landesnaturschutzgesetz) in Schleswig-Holstein. Knickpflege ist Ländersache und muss dementsprechend in den Landesnaturschutzgesetzen verankert sein.

2.17 Beim Gebrauch der Motorheckenschere müssen zwingenderweise folgende Schutzvorrichtungen (Körperschutz) getragen werden: Arbeitshandschuhe, Gehörschutz und Sicherheitsstiefel S 3.

2.18 **Ermittlung des Bedarfs:** Sobald ein Bedarf festgestellt wurde, wird ein Beschaffungsziel definiert und geprüft, ob die Leistung oder die Produkte in Einzel- oder Teillosen erworben werden kann. Dann werden Nutzungsdauer, Investitions-, Wartungs- und Folgekosten ermittelt und die daraus folgende Finanzierung geprüft. In diese Phase fällt auch die Sichtung sämtlicher rechtlicher Rahmenbedingungen und notwendiger Genehmigungen.

Erarbeitung der Vergabeunterlagen: Entsprechend den vorhergehenden Schritten erstellt die Vergabestelle alle nötigen Vergabeunterlagen wie genaue Leistungsbeschreibungen, Vertragsbedingungen oder weitergehende Informationen.

Festlegung der Vergabeart: Die passende Vergabeform ergibt sich verbindlich aus Leistungsart und Kostenumfang und kann von der ausschreibenden Stelle nicht frei gewählt werden. Dabei haben stets hierarchisch höher angesiedelte Arten Vorrang vor den darunter definierten Vergabeformen.

Bekanntmachung der Ausschreibung: Mit der Bekanntmachung der Ausschreibung wird in Print- oder Onlinemedien die Öffentlichkeit informiert, interessierte Unternehmen haben ab diesem Zeitpunkt die Möglichkeit, die Ausschreibungsunterlagen anzufordern oder herunterzuladen.

Anfordern/Versand der Vergabeunterlagen: In diesem Schritt sollten potenzielle Teilnehmer genau prüfen, ob sie tatsächlich alle Anforderungen erfüllen und die Unterlagen entsprechend sorgfältig studieren. Ansonsten werden Zeit, Geld und personelle Ressourcen investiert, die für andere Zwecke oder Ausschreibungen nicht mehr zur Verfügung stehen.

Angebotsabgabe: Sind alle geforderten Unterlagen, Nachweise, Referenzen und Erklärungen vollständig, das Angebot handschriftlich oder digital signiert, kann das Angebot auf dem vorgegebenen Wege abgeschickt werden. Unser Tipp: Darauf achten, dass die eigenen AGB nirgendwo erscheinen und vor dem Versand Kopien von allen Unterlagen machen!

Verwahrung und Öffnung der Angebote: Sämtliche Angebote werden manipulationssicher aufbewahrt und zu einem genau festgelegten Zeitpunkt geöffnet. Um die Rechtssicherheit dieses Vorgangs zu wahren, wird das Vier-Augen-Prinzip angewendet. Je nach Leistungsart können die Bieter persönlich zugegen sein (zum sogenannten „Submissionstermin" bei VOB-Leistungen) oder werden grundsätzlich davon ausgeschlossen (VOL).

Prüfung der Angebote: In der formellen Angebotsprüfung werden alle Angebote ausgeschlossen, die nicht ordnungsgemäß verschlossen, gekennzeichnet, unterschrieben/signiert, korrigiert oder verändert wurden.

Wertung der Angebote: Die Eignungsprüfung filtert Bieter heraus, die nicht die notwendigen infrastrukturellen, personellen Ressourcen nachweisen können oder denen wichtige Qualifikationen, Genehmigungen oder Referenzen fehlen. In dieser Phase können aber in besonderen Fällen von der Vergabestelle die fehlenden Belege nachgefordert werden. Im Rahmen der Prüfung der „Auskömmlichkeit des Angebots" werden die veranschlagten Preise dahin gehend unter die Lupe genommen, ob der Bieter die Leistung überhaupt erbringen kann, ohne selbst in wirtschaftliche Schwierigkeiten zu gelangen. Zwar können Rabatte, Einkaufsvorteile und niedrige Eigenkosten weitergegeben werden und auch Kampfpreise werden akzeptiert, nur führen äußerst niedrige Angebote zu dem Verdacht, dass entweder ein Irrtum vorliegt (bei mehr als 20 % Differenz) oder der Anbieter bereits kurz vor der Insolvenz steht.

„Prüfung der Wirtschaftlichkeit" bedeutet, dass vor dem Hintergrund des zugrundeliegenden Leistungsverzeichnisses die Angebote dahin gehend untersucht werden, ob sie sich im Rahmen des Üblichen bewegen. Dann werden Nebenangebote geprüft, um versteckte und verbotene „Light"-Versionen des Hauptangebots auszusortieren. Selbst in dieser Phase kann eine rege Kommunikation zwischen Vergabestelle und Bieter offene Punkte klären, solange es sich nicht um Verhandlungen dreht.

Zuschlag oder Aufhebung: Schlussendlich erhält der Bieter mit dem besten und wirtschaftlichsten Angebot den Zuschlag oder die gesamte Ausschreibung wird aufgehoben. Dies geschieht zwar äußerst selten, kann aber in Fällen von komplett ungeeigneten Angeboten oder bei sich ändernden Rahmenbedingungen tatsächlich vorkommen.

Information nicht berücksichtigter Bieter, Vergabedokumentation: Bei Ausschreibungen auf europäischer Ebene werden aus rechtschutzrelevanten Gründen die Teilnehmer zuerst informiert, die nicht den Zuschlag erhalten haben. Diese erfahren den Namen des erfolgreichen Bieters und die Ausschlagsgründe. In nationalen Verfahren sind die leer ausgehenden Bieter über den Grund zu informieren. Sollten diese von formeller, eignungsbegründeter oder auskömmlicher Natur sein, sind genauere Angaben zu liefern.

2.19 Vermischen des Bodens mit Wasser bindenden Materialien wie Kalk, Zement oder Bitumen. Auflockern tiefgründig liegender, wassersperrender Schichten über pflügen oder grubbern, sodass Wasser besser versickern kann. Einbau einer Drainage, um das überschüssige Wasser abzuleiten.

2.20 Fixkosten sind Kosten, die in konstanter Höhe anfallen, unabhängig davon, welche Menge von einem Produkt erbracht wird. Die Kosten des Betriebsgrundstückes zählen beispielsweise zu den Fixkosten, da sie in gleichbleibender Höhe anfallen, unabhängig davon, wie viele Mitarbeiter tätig sind. Variable Kosten verändern sich mit der Produktmenge oder dem Zuwachs an Dienstleistungen, z. B.: 1 Gehölz mehr getopft als bisher verbraucht auch mehr Pflanzsubstrat und Kulturgefäße. Werden 100 m² Rasen mehr gemäht, verbraucht der Mäher mehr Kraftstoff und die Messer nutzen sich stärker (schneller) ab, was mehr Kosten verursacht.

Fixkosten	**Variable Kosten**
Kosten zum Unterhalten des Betriebshofes (Miete, Heizung, Strom- und Wasserverbrauch)	Kraftstoffverbrauch für Transporter und Maschinen
Kosten für Versicherungen	Kosten für Verbrauchsmaterial (Pflanzerde, Substrat, Pflastersteine etc.)
Kosten für die Bürofachkraft	Kosten für Handwerkszeug (Schaufel, Spaten, Harke, Gartenscheren etc.)

- Variable Kosten pro Maschinenstunde:
  Wartung und Pflege → 950 h/Jahr : 25 h = 38 Lohnstunden pro Jahr
  Betriebsstundenlohn → 17,75 € + (17,75 € : 100 % x 70 %) = 30,175 €
  30,175 € x (950 h + 38 h) = 29.812,9 €/Jahr
  Treibstoff → 6 l/h x 950 h/Jahr = 5.700 l/Jahr x 1,05 €/l = 5.985,00 €/Jahr
  Reparaturen → 125.000,00 € : 2 : 10 = 6.250,00 €/Jahr
  Gesamt → (29.812,90 € + 5.985,00 € + 6.250,00 €) : 950 h/Jahr = 48,1556 €/h
  Gesamtkosten pro Maschinenstunden = Fixkosten + variable Kosten
  → 9.570,00 € : 950 h + 48,1556 €/h = 58,229 €/h

Die variablen Maschinenkosten pro Stunde betragen 48,16 € und die Gesamtkosten machen 58,23 € aus.

2.21 Pflanzenschutzmittel möglichst dicht über dem Pflanzenbestand ausbringen, damit der Wirkstoff die Pflanzen gut benetzt und nicht über Wind oder Oberflächenabfluss davongetragen wird. Außerdem muss die Dosierungsanleitung genau beachtet werden, um Kollateralschäden an den Kulturpflanzen, aber auch an benachbarten Pflanzen oder Tieren zu vermeiden. Bienengefährliche Mittel dürfen nicht zur Zeit des Bienenflugs ausgebracht werden, um diese Insekten zu schützen. Beim Ausbringen von Pflanzenschutzmitteln in geschlossenen Räumen (z. B. Gewächshäusern, Wintergärten) diese absperren und mit Warntafeln versehen, sodass unbeteiligte Dritte nicht in den behandelten Raum hineinkommen und sich damit den gefährlichen Wirkstoffen aussetzen. Reste der Spritzbrühe dürfen nicht über die Kanalisation entsorgt werden. Deshalb immer nur so viel Spritzmittel anmischen, wie tatsächlich gebraucht wird. Dennoch verbleibende Reste sind Sondermüll. Auch beim Reinigen der Pflanzenschutzspritze darf das Reinigungswasser nicht in die Kanalisation abgelassen werden.

- 40 l = 100 % 0,2 % = 40 l : 100 % x 0,2 % = 0,08 l
  1 l = 1.000 g = 1.000.000 mg → 0,08 l x 1.000.000 mg = 80.000 mg = 80 g

  Für 40 l Spritzbrühe werden 80.000 mg des Fungizids benötigt.

2.22 Man kann Verpackungsmaterial so sparsam wie möglich verwenden. Eine Pflanzenlieferung muss nicht einzeln in Folienbeutel und Gebinde zusätzlich in Holzkisten oder Trays verpackt werden. Bei den meisten Pflanzen lässt sich auf eine Verpackung verzichten; selbst Wurzelballen können vorzugsweise in Ballentücher eingeschlagen werden, da die in der Erde verbleiben und auf Dauer verrotten. Kunststoffe sind nur bedingt recycelfähig und deshalb im Sinne des Umweltschutzes als Verpackungsmaterial nicht geeignet. Auch für Baumaterialien wie Sand, Pflanzerde, Splitt oder Mulch kann auf die Verpackung in Kleinstabfüllungen verzichtet werden. Da diese Materialien immer wieder benötigt werden, lohnt es sich, gleich eine größere Menge zu bestellen und diese dann als loses Schüttgut anliefern zu lassen und einzulagern.

Alle organischen Abfälle lassen sich hervorragend kompostieren und anschließend als Beimischung zu Pflanzungen verwenden. Sie müssen nicht auf den Müll geworfen und teuer entsorgt werden. Ähnliches gilt für andere Rohstoffe, die sich wiederverwerten lassen. Das setzt eine Mülltrennung voraus: Papier, Glas, Kunststoff und mineralische Reste (Beton und Gesteinsabfall) werden getrennt gesammelt. Glas und Kunststoffe können eingeschmolzen und zu neuen Produkten verarbeitet werden. Aus Papierreste wird neues Papier hergestellt. Beton- und Steinreste können gebrochen oder gemahlen und dann für Tragschichten verwendet werden. Auch größere Holzreste werden gehäckselt und finden als Mulchmaterial Wiederverwendung.

2.23 **Ausgestaltung von Fachmessen und regionalen Gärtnermärkten:** Hier lässt sich über Musterbaustellen, Videomaterial von erfolgreich abgeschlossenen Baustellen oder über schriftliches Infomaterial mit potenziellen Kunden ins Gespräch kommen.

Inserat in Fachzeitschriften und regionaler Presse: Kleine Anzeigen zu dem Repertoire der angebotenen Dienstleistungen wecken das Interesse für Kunden, die eine Gartenbaufirma suchen.

Kunden werben Neukunden: Vorhandene Stammkunden können per Mundpropaganda neue Kunden aus dem Bekanntenkreis anwerben. Diese Methode ist nur erfolgversprechend, wenn die Stammkunden mit der Arbeit zufrieden sind, sonst kann sich diese Methode zum Bumerang entwickeln. Unterstützen lassen sich solche Werbeaktionen, wenn man für jeden geworbenen Neukunden dem Stammkunden eine kleine Prämie (z. B. eine Pflanze, eine Dienstleistung kostenlos) ausschüttet.

Ausgestaltung von Musterbaustellen auf dem Betriebsgelände: Hier können interessierte potenzielle Kunden sich Ideen und Inspiration für den eigenen Garten holen und die Fähigkeiten der Betriebsangehörigen beurteilen.

2.24 **Fachkompetenz:** Der Gärtner muss in seinem Metier fit sein und auf alle Fragen von Kunden antworten können bzw. die Arbeitsabläufe ökonomisch organisieren können, damit die Mitarbeiter den Arbeitsanweisungen auch Folge leisten können. Außerdem muss er als Schnittstelle zwischen Betriebsleitung und Kunde dienen und zu diesem Zweck Gesprächsprotokolle anfertigen, Leistungsbeschreibungen lesen und verstehen oder Aufmaße erstellen können.

Sozialkompetenz: Der Gärtner muss in Gesprächsführung geschult sein, sodass er sowohl höflich, aber bestimmt Kundengespräche führen kann, aber auch den richtigen Ton im Umgang mit den Mitarbeitern trifft. Er muss souverän Streitgespräche, Kundenbeschwerden oder Probleme zwischen den Kollegen führen und Lösungen finden können.

Methodenkompetenz: Der Gärtner muss in der Lage sein, die erforderliche Arbeitsabläufe an die jeweiligen Gegebenheiten auf der Baustelle anzupassen. Das setzt eine gewisse Flexibilität voraus, ohne in den Pfusch abzugleiten.

2.25 Alle Bundesländer haben eigene **Friedhofs- oder Bestattungsgesetze** erlassen. In den meisten Bundesländern sind die **Bestattungspflicht** und das **Friedhofsrecht** in einem Gesetz kombiniert; einige Bundesländer haben aber auch getrennte Regelungen. Ergänzende Regelungen treffen die Kommunen sowie die Kirchengemeinden mit eigenen **Friedhofsordnungen**. Hier sind oft Fragen der Grabgestaltung und Grabpflege sowie der Ruhefrist geregelt. In kommunalen Friedhofssatzungen sind die Bestimmungen zur Verwendung der Trauerhalle meist detailliert geregelt. Der Friedhofszwang für die Beisetzung von Asche nach Kremation ist in Bremen mit Wirkung vom 1. Januar 2015 nach der letzten Änderung des dortigen Bestattungsgesetzes abgeschafft. Auch in Nordrhein-Westfalen ist es bereits erlaubt, Asche außerhalb von Friedhöfen zu verstreuen. Der Beisetzungsort muss laut Gesetz aber „dauerhaft öffentlich zugänglich“ sein.

2.26 **Ordnung im Betrieb:** Werkzeug und Arbeitsmaterialien müssen immer ordentlich und griffbereit sortiert sein, damit jeder jederzeit darauf zugreifen kann, ohne lange zu suchen. Außerdem sollte defektes oder beschädigtes Werkzeug aus dem Verkehr gezogen, repariert oder entsorgt und durch neues Werkzeug ersetzt werden, damit kein Mitarbeiter seine Gesundheit durch defekte Maschinen und kaputtes Werkzeug gefährden oder Arbeiten nicht ausführen kann, weil das entsprechende Werkzeug nicht mehr existiert. Ein Neukauf direkt bei Bedarf führt zu Verzögerungen im Arbeitsablauf.

Arbeitsabläufe: Für die jeweiligen Arbeitsabläufe sollte immer alles notwendige Material und Werkzeug mit zur Baustelle geführt werden und griffbereit, aber ohne Unfälle zu provozieren, zur Verfügung stehen. Das spart unnötiges und unorganisiertes Hin- und Herlaufen auf den Baustelle oder gar unnötige Fahrten zum Betriebsgelände, um vergessenes Werkzeug zu holen. Gerade wenn Arbeitsabläufe von mehreren Mitarbeitern erledigt werden sollen, sollten alle Kollegen gut miteinander arbeiten können und teamfähig sein. Eine Schulung der Mitarbeiter in den Arbeitstechniken ist ebenfalls hilfreich und steigert so die Arbeitsleistung.

- Erfahrener Kollege: 750 Pflanzen → 2,75 h = 165 min → 750 : 165 = 4,5 Pflanzen pro min
  Auszubildender: 750 Pflanzen : 100 % x 72 % = 540 Pflanzen in 165 min → 540 : 165 = 3,3 Pflanzen pro min
  8 h = 8 x 60 = 480 min → 4,5 x 480 + 3,3 x 480 = 2.160 + 1.584 = 3.744 Pflanzen
  Beide Kollegen pflanzen zusammen an einem Acht-Stunden-Arbeitstag 3.744 *Pachysandra terminalis.*

2.27 Pflanzen sollten nur gedüngt werden, wenn tatsächlich Bedarf besteht. Das erfordert eine Bodenanalyse vor der Düngungsmaßnahme um festzustellen, welche und wie viel von den Nährstoffen im Boden pflanzenverfügbar vorliegt. Ist an den Pflanzen ein Mangel festzustellen (z. B. durch typische Blattverfärbungen), sollte in diesem Fall als erste Maßnahme vor dem Ausbringen des Düngers geprüft werden, ob ein zu geringer pH-Wert die Nährstoffaufnahme behindert. Außerdem können Pflanzen nur Nährstoffe aufnehmen, wenn der Wasser- und Sauerstoffhaushalt im Boden stimmt und der Boden ausreichend erwärmt ist. D. h., Pflanzen können nur auf Nährstoffe im Boden zugreifen, wenn sie sich im Vegetationszyklus befinden. Eine Düngung zum ausgehenden Herbst oder gar im Winter hilft den Pflanzen also nicht, sondern landet auf direktem Wege über Auswaschung im Grundwasser. Jede Pflanze hat einen spezifischen Nährstoffbedarf. Durch eine erhöhte Dosis werden die Pflanzen nicht zu vermehrtem Wachstum angeregt. Wahrscheinlicher ist eine Schädigung durch Überdüngung. Für eine Grunddüngung sollte auf einen Depotdünger oder einen organischen Dünger zurückgegriffen werden, da diese Nährstoffe nur langsam umgesetzt und deshalb zeitverzögert den Pflanzen zur Verfügung gestellt werden. Außerdem wird auf diese Weise der Humusgehalt des Bodens und das aktive Bodenleben gefördert, was sich wiederum positiv auf die Nährstoffverfügbarkeit auswirkt.

N	P_2O_5	K_2O
9 %	3 %	5 %

$$50\ g/m^2 = 100\ \% \rightarrow 50\ g/m^2 : 100\ \% \times 9\ \% = 4{,}5\ g\ N/m^2$$

$$50\ g/m^2 : 100\ \% \times 3\ \% = 1{,}5\ g\ P_2O_5/m^2$$

$$50\ g/m^2 : 100\ \% \times 5\ \% = 2{,}5\ g\ K_2O/m^2$$

Es werden mit dem Dünger 4,5 g N/m², 1,5 g P_2O_5/m^2 und 2,5 g K_2O/m^2 ausgestreut.

2.28 Die Arbeitsleistung ist das Ergebnis menschlicher Arbeit unter Einsatz von Betriebsmitteln pro Zeiteinheit. Sie kann dann als Arbeitsproduktivität gemessen werden, wenn Output (Produkt) und Input (etwa Werkstoff-Mengen, Maschinenstunden und menschliche Arbeitsstunden) messbar sind. Die menschliche Arbeitsleistung wird von Faktoren wie Leistungsdisposition (durch Anwesenheit in der Lage sein zu arbeiten), **-fähigkeit** (körperlich, geistig und gesundheitlich in der Lage sein, zu arbeiten) und **-bereitschaft** (Motivation, die Lust an der Arbeit) beeinflusst, dabei vor allem auch von äußeren Faktoren wie der **Ergonomie** des Arbeitsplatzes. An ergonomischen Arbeitsplätzen entsprechen Raumklima, Lichtverhältnisse, Schall und die räumliche Arbeitsplatzgestaltung den Anforderungen an einen menschengerechten Arbeitsplatz. Arbeitsmittel und -szenarien müssen dazu an die Bedürfnisse des Menschen angepasst werden. Nicht nur die Leistung, sondern auch die Qualität der Arbeit steigt an ergonomisch optimierten Arbeitsplätzen. Demgegenüber kann schon Unwohlsein eines Arbeitnehmers seine Arbeitsleistung um bis zu 25 % mindern. Ein ergonomisch mangelhafter Arbeitsplatz kann Einbußen bei der Arbeitsleistung von 30–40 % verursachen.

2.29

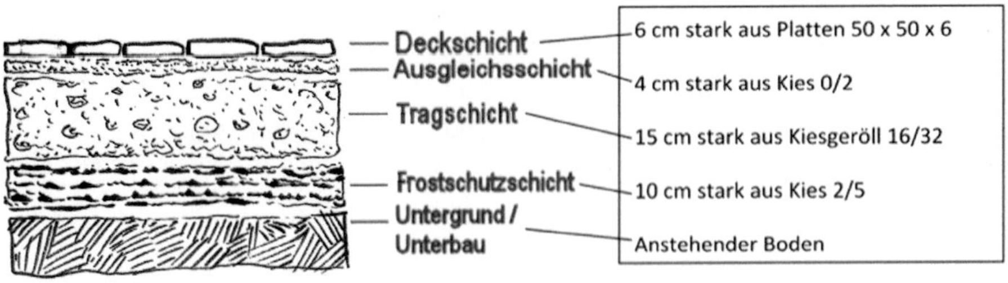

- 125 m x 1,20 m = 187,50 m²
  Frostschutzschicht → 187,50 m² x 0,1 m = 18,75 m³ Kies 2/5
  Tragschicht → 187,5 m² x 0,15 m = 28,125 m³ Kiesgeröll 16/32
  Ausgleichsschicht → 187,50 m² x 0,04 m = 7,5 m³ Kies 0/2
  Deckschicht → 187,50 m² x 4 Platten/m² = 750 Betonplatten 50 x 50 x 6
  Rechnung ohne Verschnitt und ohne Verdichtungsfaktor)

2.30 In diesem Fall muss der Kunde dem Verkäufer eine Mängelrüge anzeigen. Als Mängelrüge bezeichnet man die Anzeige des Käufers an den Verkäufer, dass die gelieferte Ware einen Mangel hat (z. B. falsch gelieferte oder beschädigte Ware). Sofort erkennbare, also offene Mängel, müssen unverzüglich gerügt werden (im Beispiel die *Aesculus*). Handelt es sich um versteckte Mängel, wie beispielsweise die weiß blühenden Rose, wo der Fehler erst festgestellt werden kann, wenn die Pflanzen zur Blüte kommen, muss die Mängelrüge unverzüglich nach Entdeckung des Mangels erfolgen (vgl. § 377 Handelsgesetzbuch [HGB]). Diese Einschränkung der Geltendmachung von Mängeln beim sogenannten beiderseitigen Handelskauf gilt aber nicht, wenn der Verkäufer den Mangel arglistig verschwiegen hat. In diesem Fall findet die normale Verjährungsfrist (vgl. § 438 Bürgerliches Gesetzbuch [BGB]: im Regelfall zwei Jahre) Anwendung. Für den Käufer ergeben sich laut Gesetz verschiedene Rechte, die bei einer mangelhaften Lieferung gewählt werden können. Als Wandlung wird der Rücktritt vom Vertrag und als Minderung wird ein Preisnachlass bezeichnet. Bei einer Gattungsware, also einer Ware, die gegen eine gleiche Ware ausgetauscht werden kann (z. B. eine bodendeckende Pflanze gegen eine andere), ist ein Umtausch möglich. Schadensersatz wegen Nichterfüllung kann verlangt werden, wenn einer Ware eine zugesicherte Eigenschaft fehlt oder ein Fehler arglistig verschwiegen wurde.

- Die *Aesculus carnea* weisen einen erheblichen Mangel auf, sie müssen auf jeden Fall umgetauscht werden. In diesem Fall kann die Baumschule den Transporteur haftbar machen, muss aber dem Betrieb eine Neulieferung gewähren.

  Bei den Rosen weicht nur die Blütenfarbe von der Bestellung ab. Da aber die Sorten nicht unbedingt über einen identischen Verkaufspreis verfügen, kann der Betrieb verlangen, nur den Preis für die bestellte Ware zu bezahlen. Willigt die Baumschule nicht ein, müssen die Rosen umgetauscht werden.

- Neben Wandlung und Minderung kann der Kunde auch ganz vom Kauf zurücktreten, da die bestellte Ware zu einem nicht unerheblichen Teil beschädigt ist bzw. abweicht. In diesem Fall kann der Friedhof die Annahme verweigern und an die Baumschule zurückschicken. Gleichzeitig muss er seinen Rücktritt vom Vertrag schriftlich erklären.

2.31 Um wirklich alle Kosten zu decken, die durch den Verbrauch von Materialien, Arbeits- und Maschinenlohn entstehen, muss man wissen, was die einzelnen Positionen kosten, die sich zu einer gesamten Dienstleistung zusammensetzen. Diese Kosten müssen mindestens erwirtschaftet werden, um kurzfristig den Betrieb am Markt zu halten (Deckungsbeitrag). Langfristig muss zusätzlich Gewinn erwirtschaftet werden, um Rücklagen für den Ersatz von Maschinen zu bilden oder eventuelle Kosten für Gewährleistungsansprüche begleichen zu können. Auch lässt sich durch die Preiskalkulation Einsparpotenzial bestimmen (teures Verbrauchsmaterial durch preisgünstigeres ersetzen, Arbeitskräfte zeitsparender und damit billiger einkalkulieren etc.).

- Bezugspreisberechnung:

	Gärtnerei „Flora“	Gärtnerei „Eden“
Listeneinkaufspreis [€]	575,00	875,00
– Rabatt [€]	86,25	175,00
+ Verpackung [€]	27,50	30,00
+ Fracht [€]	12,50	0,00
+ Transportversicherung [€]	0,58	1,31
– Skonto [€]	10,59	10,97
Bezugspreis [€]	**518,74**	**720,34**

Das günstigere Angebot liefert Gärtnerei „Flora“.

2.32

	Impulsregner	**Tröpfchenbewässerung**
Vorteile	Einfach aufzubauen Relativ preisgünstig Flexibel Für alle Pflanzen geeignet	Geringer Wasserverbrauch Geringe Verdunstung Geringe Gefahr von Pilzerkrankungen wegen schneller Abtrocknung Oberirdisch und unterirdisch zu installieren
Nachteile	Hohe Verdunstung Genaue Einstellung notwendig Hoher Wasserverbrauch Langsames Abtrocknen der Blattmasse	Hoher Installationsaufwand Relativ teuer Oberirdisch: Schläuche können störend wirken

2.33 Zu den Wachstumsfaktoren gehören Temperatur, Licht, Wasser Nährstoffe und Sauerstoff.

- **Temperatur:** Im Gewächshaus die Temperatur auf die optimale Wachstumstemperatur der jeweiligen Pflanzen anpassen, um das Wachstum zu optimieren. Im Freiland die Pflanzen vor zu tiefen Temperaturen schützen, indem man sie mit Laub oder Reisig abdeckt oder an windgeschützte Stellen pflanzt.

- **Licht:** Im Gewächshaus Pflanzen zusätzlich belichten oder durch Schattierung vor zu hoher Einstrahlung schützen. Im Freiland die Pflanzen gemäß der heimatlichen Einstrahlungsansprüche an sonnige Standorte oder in den Schatten pflanzen.

- **Wasser:** Pflanzen nach ihren jeweiligen Ansprüchen zusätzlich bei Trockenheit bewässern bzw. vor Staunässe schützen und auf durchlässigen Boden pflanzen.

- **Nährstoffe:** Je nach Bedarf mit Nährstoffen optimal versorgen bzw. durch Einarbeiten von organischem Material (Kompost, Stroh, Mist) die Nährstoffverfügbarkeit und den Humusgehalt erhöhen.

- **Sauerstoff.** Für gute Bodendurchlüftung sorgen, indem man den Boden tiefgründig lockert, für guten Wasserabzug sorgt oder Verdichtungen vermeidet bzw. aufbricht.

2.34 Umgraben der Fläche oder tiefgründiges Lockern. Dabei Unkrautbewuchs entfernen, Steine oder anderen Unrat absammeln. Boden gegebenenfalls durch Zugabe von Kalk oder Dünger verbessern. In stark lehmige Böden Sand für besseren Wasserabzug einarbeiten. Zuerst die Einfassung mit Buchsbaum pflanzen, dabei fluchtgenau arbeiten. Anschließend die Pflanzen für die Dauerbepflanzung auslegen und einpflanzen. Zum Schluss die Wechselbepflanzung herstellen: Pflanzen auslegen und mit der Pflanzschaufel einsetzen. Vor dem Setzen die Pflanzen austopfen, die Wurzelballen durch Tauchen gut wässern, den Ballen leicht aufreißen, um das Feinwurzelwachstum anzuregen und dann so tief in das Pflanzloch setzen, dass der gesamte Ballen mit Substrat bedeckt ist. Die Pflanzen mit beiden Händen gut andrücken und gerade ausrichten. Nach dem Pflanzen mit dem Grubber den Boden noch einmal lockern und die Arbeitsspuren entfernen, ggf. die Freiflächen abmulchen.

- Größe eines Doppelgrabes: 2,20 m lang und 2,00 m breit

Für die Buchsbaumhecke $2 \times 2{,}20\ m + 2 \times 2{,}00\ m = 8{,}40\ m$
$8{,}40\ m \times 4\ Pfl./m = 33{,}6$ Pflanzen ≈ 34 Pflanzen

Für die Wechselbepflanzung $0{,}75\ m \times 0{,}75\ m \times \pi = 1{,}77\ m^2$
$0{,}20\ m \times 0{,}20\ m = 0{,}04\ m^2$
$1{,}77\ m^2 : 0{,}04\ m^2 = 44{,}25$ Pflanzen ≈ 44 Pflanzen

Für die Buchsbaumhecke werden 34 Pflanzen und für die Wechselbepflanzung 44 Pflanzen gebraucht.

2.35 Die Ursache für das Ozonloch sind chemische Abbauprozesse in der Atmosphäre. Gasförmige Halogenverbindungen reagieren hier mit den Ozon-Molekülen und zerstören diese. Sie sind teilweise natürlichen Ursprungs, den weitaus größten Anteil haben jedoch Emissionen, die durch den Menschen verursacht sind. Hauptursache für die Schädigung der Ozonschicht sind jedoch durch den Menschen hergestellte und in die Atmosphäre eingebrachte, langlebige chlor- und bromhaltige Verbindungen wie Fluorchlorkohlenwasserstoffe (FCKW) und Halon, aber auch teilbromierte und teilchlorierte Kohlenwasserstoffe (H-FBKW, H-FCKW), Bromchlormethan, Tetrachlorkohlenstoff, Methylbromid und Trichlorethan. Ebenfalls als Zerstörer der Ozonschicht wirken CO_2, N_2O oder CH_4, welche durch den menschlichen Energieverbrauch oder Düngungsmaßnahmen entstehen. Der Ausstoß von Treibhausgasen durch den Menschen ist seit der Industrialisierung stark gestiegen. Der Ausstoß erfolgt durch die Verbrennung fossiler Brennstoffe und durch die Rodung der Wälder, durch die Kohlenstoff umgewandelt werden kann und Sauerstoff gebildet wird. Ein weiteres Treibhausgas ist Methan, welche hauptsächlich durch die Vieh- und Landwirtschaft produziert wird. Treibhausgase sind hauptsächlich für die globale Erwärmung verantwortlich, jedoch gibt es noch weitere Faktoren, die hierfür eine Rolle spielen.

In höheren Konzentrationen ist Ozon schlecht für den Körper, wenn es eingeatmet wird. Durch seine oxidierende Wirkung sorgt es bei Menschen und auch bei Tieren für eine Reizung der Atemwege und kann zu Atembeschwerden führen. Zusätzlich treten bei Personen, die übermäßig viel Ozon eingeatmet haben, Kopfschmerzen im Bereich der Schläfen auf. In nicht gefährlicher Konzentration geht von dem Gas kein Geruch aus, bei höherer Belastung von Ozon in der Atemluft kann ein stechender und scharfer Geruch, der dem Chlorgeruch sehr ähnlich ist, wahrgenommen werden. Eine direkte Gefahr für die Gesundheit besteht jedoch nicht durch das Ozon, der Geruch und die Reizung sind primär unangenehm. Negativ auf die Gesundheit wirkt sich Ozon allerdings aus, wenn es mit der Vorläufersubstanz Stickstoffmonoxid reagiert. Diese Substanz wird durch Emission von Fabriken oder Fahrzeugen erzeugt und ist in besonders starker Konzentration als Smog bekannt. Reagiert Ozon mit Stickstoffmonoxid wird es in Stickstoffmonoxid, das in größerer Konzentration hochgiftig ist, umgewandelt. Bei einer Ozonwarnung sollte man das Arbeiten im Freien vermeiden. Dies gilt insbesondere für gefährdete Personen mit Atemwegserkrankungen oder Herzproblemen. Lässt sich die Arbeit nicht in Innenräume verlegen, sollte eine entsprechende Arbeitspause eingelegt werden. Der Aufenthalt im Schatten kann sich positiv auswirken.

2.36 Der Markt ist der virtuelle oder tatsächlich existierende Ort, an dem Angebote der Produzenten auf die Nachfrage der Kunden treffen. Allerdings kommt es nur zur Übergabe des Produktes an den Kunden, wenn der mit dem dafür verlangten Preis einverstanden ist. Dabei muss der Preis nicht dem tatsächlichen materiellen Gegenwert entsprechen, sondern ist eher mit der Bereitschaft des Kunden identisch, diesen und keine anderen Preis zu zahlen. So kommt es vor, dass für ein und dasselbe Produkt unterschiedliche Preise existieren, weil die Produkte entweder an einem anderen Ort angeboten werden, aus besonderem Material gefertigt sind oder einer bestimmten Marke (Brand) zuzuordnen ist. Andersherum wird kein Anbieter eine Dienstleistung oder ein Produkt anbieten, wenn der Kunde nur einen zu niedrigen Preis bezahlen will, da er dann Verlust macht. Dadurch verringert sich die Angebotsbreite, sodass die Bereitschaft der Kunden, höhere Preise zu bezahlen, wieder ansteigt. Deshalb schwanken die Preise, je nachdem ob das Angebot die Nachfrage übersteigt oder umgekehrt.

- Wer Endverbrauchern gewerbsmäßig Dienstleistungen oder Waren anbietet oder unter Angabe von Preisen wirbt, ist verpflichtet, den Preis einschließlich Umsatzsteuer und aller ggf. zusätzlich anfallenden Preisbestandteile kenntlich zu machen. Der sogenannte Endpreis muss sofort ersichtlich sein. Nicht zum Endpreis zählt dabei das Pfand (z.B. bei Mehrwegflaschen oder Einweggebinden). Dieses ist zusätzlich zum Endpreis anzugeben. Alle angegebenen Preise müssen den entsprechenden Waren oder Dienstleistungen eindeutig zuzuordnen sein. Dabei müssen sie leicht erkennbar und deutlich lesbar sein. Werden Einzelpreise aufgegliedert, muss jeder Einzelpreis die verschiedenen Preisbestandteile enthalten. Der Gesamtpreis aller Einzelteile ist deutlich hervorzuheben. Für viele Waren besteht laut Grundpreisverordnung die Pflicht, neben dem Endpreis einen Grundpreis anzugeben. Dies betrifft Waren, die nach Länge, Fläche, Volumen oder Gewicht angeboten werden. Neben vielen Lebensmitteln sind dies zum Beispiel auch Stoffe, Garne, Blumenerde. Solche Waren sind mit einem Preis pro Grundeinheit (1 Meter, 1 Kilogramm, 1 Liter etc.) auszuzeichnen.

Bezugspreis [€]	2,75
+ Gemeinkostenzuschlag [€]	0,47
+ Gewinn [% vom Selbstkostenpreis]	1,13
+ Gewährtes Skonto [€]	0,13
+ Gewährter Rabatt [€]	0,67
+ Mehrwertsteuer [€]	0,98
Brutto-Listenverkaufspreis [€]	**6,13**

2.37 Rasen mähen: Mit Beginn der Vegetationsperiode wird das 1. Mal gemäht. Hierbei sollte die Schnitthöhe zwischen 3,5 und 5 cm liegen. In schattigen Lagen wählt man eine etwas längere Grashalmlänge, da so das Rasengras ihre Nährstoffe besser einteilen kann. Ein regelmäßiger Mähzyklus muss eingehalten werden, d. h., es wird immer wieder gemäht, wenn der Zuwachs der Halme ca. 50–75 % erreicht hat.

- **Rasen vertikutieren:** Der beste Zeitpunkt für eine Vertikutier-Kur ist das späte Frühjahr. Die leicht in Mitleidenschaft gezogenen Gräser erholen sich bei einem wärmeren und trockenen Klima schneller. Es kann auch im Herbst vertikutiert werden, allerdings bis spätestens Oktober, damit noch genügend Zeit für die Regeneration bleibt. Der Vertikutierer sollte so eingestellt sein, dass die Messer den Boden nur leicht ankratzen (1 cm Vertikutiertiefe ist viel zu tief). Durch diese Methode werden Rasenfilz und Moos sowie abgestorbene Gräser aus der Fläche entfernt. Die an der Bodenoberfläche wachsenden Wurzeln der Rasengräser bleiben bei dieser schonenden Art des Vertikutierens intakt. So kann man den Rasen mehrmals überfahren, um das unerwünschte Material fast restlos herauszuholen. Große Lücken entstehen auf diese Weise nicht. Ein positiver Effekt der intensiven Bearbeitung ist, dass der mechanische Reiz die Gräser zum Wachstum anregt.

- **Rasen nachsäen:** Durch das Vertikutieren entstandene Lücken im Gras werden schnell wieder grün, wenn mit einem qualitativ guten Rasensamen nachgesät wird. Zur bestmöglichen Pflege und Erhaltung des Rasens sollte beim Kauf eines hochwertigen Rasensaatgutes nicht gespart werden.

- **Rasen düngen:** Der ökologisch vernünftige Einsatz von Rasendünger bei der Rasenpflege verfolgt das Ziel, dem Boden die Nährstoffe zuzuführen, die der Rasen je nach Belastung braucht. Der Dünger ersetzt dem Boden die von den Rasenpflanzen entzogenen Nährstoffe: besonders Stickstoff (N), Phosphor (P), Kalium (K), aber auch Magnesium und verschiedene Spurenelemente. Empfehlenswert ist ein Langzeitdünger, der seine Wirkstoffe nach und nach an die Pflanze abgibt. Bis zu zwölf Wochen ist so eine optimale Versorgung gewährleistet. Leidet der Rasen an Mangelernährung, wird er gelb. Unkräuter und Rasenkrankheiten können sich leichter ausbreiten. Die letzte Düngung im Herbst sollte mit einem kaliumbetonten Dünger erfolgen, um den Rasen winterfest zu machen.

- **Rasen wässern:** Die Rasengräser benötigen das Wasser zur Aufnahme von Nährstoffen aus dem Boden, für die Stoffwechselvorgänge innerhalb der Pflanze und bei hohen Temperaturen zur Kühlung. Der tägliche optimale Wasserbedarf während der Vegetationsperiode schwankt je nach Temperatur und Verdunstungsrate zwischen 1 l/m^2 und 7 l/m^2. Grundsätzlich gilt: lieber seltener und mit hohen Wassergaben als oft und mit geringen Wassermengen beregnen. Die Gräser können nur Wasser aus tieferen Bodenschichten aufnehmen, wenn sie über ein tiefreichendes und kräftiges Wurzelsystem verfügen.

- **Unkraut im Rasen entfernen:** Nährstoffmangel und ein zu tiefer Rückschnitt sind die häufigsten Ursachen für das Ausbreiten von Unkräutern in Rasenflächen. Unkräuter sind meist um ein Vielfaches widerstandsfähiger als Rasengräser und auch auf nährstoffarmen Böden überlebensfähig. Unkräuter überstehen selbst anhaltende Trockenperioden unbeschadet, breiten sich rasch flächendeckend aus und entziehen den Rasenpflanzen die Nährstoffe. Die Rasenpflanzen werden verdrängt und die Rasennarbe zerstört. Bei allen Maßnahmen zur Rasenpflege durch Unkrautbekämpfung ist das vorrangige Ziel, dem Unkraut die Lebensgrundlage zu entziehen.

- **Rasenpflege zum Schutz vor Krankheiten:** Zur optimalen Pflege einer Rasenflächen gehört das Entfernen von Blättern und sonstigem Unrat. Besonders im Herbst muss das Laub entfernt werden, damit das Gras optimal mit Luft, Licht und Nährstoffen versorgt ist. Andernfalls bildet sich unter den Blättern ein Kleinklima, welches ein Nährboden für Schimmel und Pilzen ist. Dennoch können trotz intensiver Pflege Rasenkrankheiten aufgrund besonderer Witterungs- und Nutzungsbedingungen auftreten. Die meisten Krankheiten lassen sich durch richtige Pflegemaßnahmen beheben oder vermeiden.

  - 25 kg = 100 % → 12 % = 25 kg : 100 % x 12 % = 3 kg = 3.000 g N
    7 g N/m² x 675 m² = 4.725 g N
    4.725 g N x 25 kg : 3.000 g N = 39,375 kg mineralischer Dünger

2.38 Rotbuche *(Fagus sylvatica)*, Hainbuche (*Carpinus betulus*), Gewöhnliche Eibe (*Taxus baccata*), Scheinzypresse (*Chamaecyparis lawsoniana)*, Lebensbaum (*Thuja occidentalis*).

- *Taxus baccata*: Nadelgehölz mit feinen, weichen Nadeln, äußerst blickdicht, immergrün. Sehr wüchsig und schnittverträglich. Giftig. Gedeiht in voller Sonne wie auch im Vollschatten, anspruchslos, trockene und sehr saure Böden meiden. Wuchsbreite 70–800 cm, Wuchsgeschwindigkeit 20–30 cm/Jahr, Wuchshöhe 200–1.000 cm.
  Pflanzqualität: Ballen- oder Containerware, 100–125 cm hoch. Ballenware verfügt über ein gutes Wurzelsystem, welches schnell im Boden einwurzelt. Die Pflanzhöhe verspricht, schnell zur gewünschten Wuchsendhöhe aufzuschließen. Mit drei Pflanzen pro m² wird die optimale Blickdichte erreicht.

- Pflanzenbedarf: 2 x 15,50 m + 2 x 12,00 m – 4 m = 51,00 m
  51,00 m x 4 Pfl./m = 204 Pflanzen

- Bodenlockerung, Graben in 1,5-facher Ballengröße ausheben, dabei Oberboden von tieferen Bodenschichten trennen. Boden ggf. verbessern oder düngen. Heckenpflanzen im gleichmäßigen Pflanzabstand einsetzen, Ballentuch öffnen und nach unten schlagen. Dünger mit Oberboden vermischen und den Pflanzgraben schließen. Jede Pflanze fest antreten. Für eine bessere Bewässerungsmöglichkeit Gießrand einarbeiten. Pflanzen einfluchten und einheitlich zurückschneiden, um das Wachstum anzuregen. Arbeitsspuren durch grubbern beseitigen und Pflanzen gründlich wässern.

2.39 Oberboden von Unterboden trennen, in einer Miete nicht höher als 2 m lagern, bei längerer Lagerung Zwischenbegrünung durchführen (Gründüngung ansäen), für guten Wasserabzug sorgen, Verunreinigungen/Verschmutzungen/Verunkrautungen vermeiden. Miete vor Erosion schützen.

- 42,00 m x 65,00 m x 0,40 m = 1.092,00 m³

2.40 **Gehölz:** Der Lebensbereich Gehölz (G) ist durch lichten Schatten (sch) oder Halbschatten (hs) geprägt. Unter Bäumen, größeren Sträuchern oder im Schatten eines Hauses gedeihen viele Waldstauden sehr gut. Sie stehen in enger Beziehung zu den Gehölzen und beleben diesen Bereich durch ihre Wuchsformen und Blüten. Im Frühjahr bilden Geophyten einen besonderen Blühaspekt. Pflanzungen im Lebensbereich Gehölz können darüber hinaus eine tiefe Ruhe ausstrahlen. Die verrottenden Blätter der Bäume sorgen für humosen Boden und sollten daher nicht entfernt werden. Je nach Standort der Gehölzgruppen wird zwischen trockenem Boden (G1), frischem Boden (G2) und feuchtem Boden (G3) unterschieden.

Gehölzrand: Wo sich dichte Gehölzbestände zu offenen Hainen oder Saumbereichen auflösen und wechselnde Lichtverhältnisse vorliegen, befindet sich der Lebensbereich Gehölzrand (GR). Auch die stärker belichteten Ränder von Baum- und Strauchgruppen und Hecken zählen hierzu. In oft nährstoffreichem, humosem Boden finden zahlreiche Stauden optimale Standortverhältnisse.

Freiflächen: Situationen auf freien, vollsonnigen (so) Flächen werden als Freiflächen (Fr) bezeichnet. Je nach Bodenfeuchtigkeit und Wasserhaltefähigkeit werden trockene, durchlässige Böden, oft auch in Hanglagen (Fr 1), normale, frische Böden (Fr 2) oder feuchte Böden (Fr 3) unterschieden.

Steinanlagen: Viele Pflanzen fühlen sich in Verbindung mit Steinen wohl. Geeignete Plätze im Garten können locker geschichtetes Mauerwerk, Schotter- und Kiesbeete, Tröge oder auch überdachte Plätze in Hausnähe sein. In diesen Steinanlagen (St) herrschen ansonsten ganz unterschiedliche Standortbedingungen: trockene (St 1), frische (St 2) und feuchte (St 3) Böden in sonniger, absonniger, halbschattiger oder schattiger Lage.

Beet: Im Garten ist der Boden meist humos, nährstoffreich und tiefgründig und durch lange Kultivierung und häufiges Umgraben entstanden. Dies ist der Lebensbereich Beet (B). Es gibt eine Vielzahl herrlicher Stauden mit stattlichem Habitus und prachtvollen Blüten, die auf diese optimalen Standortbedingungen angewiesen sind.

Wasserrand: Die Ränder von Teichen und Bächen sind durch große Bodenfeuchtigkeit gekennzeichnet. Für Wasserränder (WR), also Ufer, die sich nicht streng abgrenzen lassen, eignen sich manche Stauden hervorragend. Die Belichtung kann sonnig, halbschattig oder sogar schattig sein.

Wasser: Für alle im Gartenteich üblichen Wassertiefen gibt es geeignete krautige Pflanzen. Die Artenvielfalt ist in Schwimmblattpflanzen (wurzeln im Boden und ihre Blätter liegen überwiegend auf der Wasseroberfläche (W6)) und Schwimmpflanzen (die gänzlich ohne Verwurzeln im Wasser treiben (W8)) unterteilt.

Lebensbereich	Gehölze	Stauden
Gehölz	*Fagus sylvatica* *Quercus robur*	*Aruncus sylvestris* *Epimedium grandiflorum*
Gehölzrand	*Sorbus aucuparia* *Sambucus nigra*	*Geranium sanguineum* *Buglossoides purpurocaerulea*
Freiflächen	*Cytisus scoparius* *Rhododendron hirsutum*	*Aconitum napellus* *Linum perenne*
Steinanlagen	*Pinus cembra* *Dryas octopetala*	*Saxifraga longifolia* *Campanula cochleariifolia*
Beet	*Rosa-Arten* *Lavandula angustifolia*	*Phlox paniculata* *Paeonia lactiflora*
Wasserrand	*Taxodium distichum* *Salix fragilis*	*Caltha palustris* *Typha minima*
Wasser	–	*Elodea canadensis* *Nymphaea-Arten*

2.41 Mulchen bezeichnet das Abdecken der freien Bodenfläche zwischen Pflanzungen mit vorwiegend organischen Materialien wie Stroh, Rindenhäcksel, Grasschnitt oder Laub. Es können aber mineralische Materialien wie Glas- oder Ziegelsplitt verwendet werden. Die Mulchschicht soll den Boden locker und feucht halten und den Unkrautbewuchs eindämmen. Dafür muss die Mulchschicht aber mindestens 10 cm dick sein. Bei der Verwendung von organischem Material werden auch die Humusschicht und das Bodenleben aktiviert.

Stroh und Rindenhäcksel sind stark C-haltig, sodass sich durch diese Auflage das C/N-Verhältnis erweitert und es damit den Mikroorganismen schwerer fällt, das Material zu mineralisieren. Eine zusätzlich zur Mulchschicht aufgetragene Stickstoffdüngung hilft, das C/N-Verhältnis auszugleichen und hält das Bodenleben aktiv.

2.42 Pflasterbelag: Granitkleinpflaster 9/11

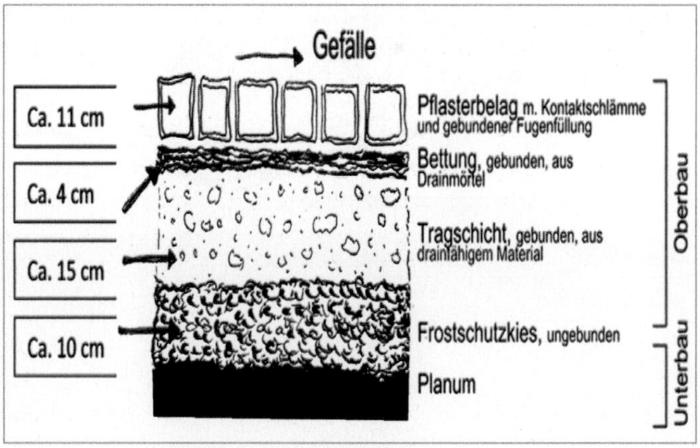

Bettung: Brechsand mit Zement gemischt

Tragschicht: Recycling 0/45

Frostschutzschicht: Frostschutzkies 0/32

- Auskoffern der zu pflasternden Fläche (45 cm tief) von Hand oder mit Minibagger und Grabenräumschaufel, ggf. ausschnüren, auffüllen mit Frostschutzkies mit anschließendem Verdichten mit einem Flächenrüttler, auffüllen der Tragschicht mit anschließendem Verdichten (Flächenrüttler), lockeres Auffüllen der Bettung einschließlich Einarbeitung von Zement (wahlweise Zementmörtel anliefern lassen und locker auf Höhe verteilen), anschließend versetzen des Granitkleinpflaster von Hand mit einem Pflasterhammer, dabei auf den bestehenden Verband achten und passgenau einarbeiten. Danach die Steine mit Sand einfegen, mit einer Rüttelplatte verdichten (oder mit einer Handramme und einem Klopfholz), bis die Höhe der angrenzenden Fläche erreicht ist. Zum Schluss mit ausreichend Kies 0/2, einem Besen und viel Wasser die gesamte Flächen einschlämmen bis zum Fugenschluss.

- Frostschutzschicht: 62,00 m² x 0,1 m x 1,3 = 8,06 m³

  Tragschicht: 62,00 m² x 0,15 m x 1,3 = 12,09 m³

  Bettung: 62,00 m² x 0,04 m x 1,3 = 3,224 m³

  Pflaster: 62,00 m² : 5,7 m²/t = 10,88 t

2.43 Auffangen von Regenwasser und verzögerter Abfluss (hilft Oberflächenentwässerung zu entlasten), wirkt isolierend (im Sommer weniger warm und im Winter weniger kalt) und nimmt die Temperaturspitzen, filtert Staub- und Schmutzteilchen aus der Luft und produziert Sauerstoff.

- Dachgartensubstrat sollte leicht sein, um möglichst wenige Last auf das Dach zu bringen; es sollte speicherfähig sein, damit Wasser für die Pflanzen zurückgehalten werden kann; es muss strukturstabil sein, um den Pflanzen auf dem Dach genügend Porenvolumen zur Verfügung zu stellen und es sollte über ausreichend Nährstoffe verfügen, um die ausgewählte Bepflanzung nach Bedarf ernähren zu können.

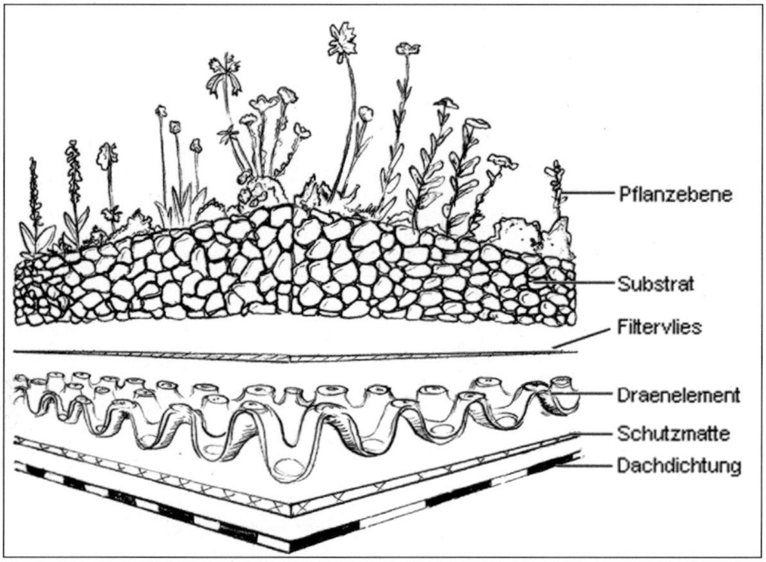

Material	Funktion
Pflanzebene	Bewuchsschicht für Sauerstoffproduktion und Staub-/Schmutzfilter
Substrat	Speichert Nährstoffe und Wasser, ist strukturstabil, liefert den Pflanzen zusätzlich Halt
Filtervlies	Verhindert den Schmutzeintrag und das Verschlämmen des Drainelementes
Drainelement	Speichert Wasser und schützt die Bepflanzung vor Staunässe
Schutzmatte	Verhindert das Einwurzeln der Pflanzen in die Dachhaut
Dachdichtung	Sichert das Dach vor einsickerndem Wasser ab

2.44

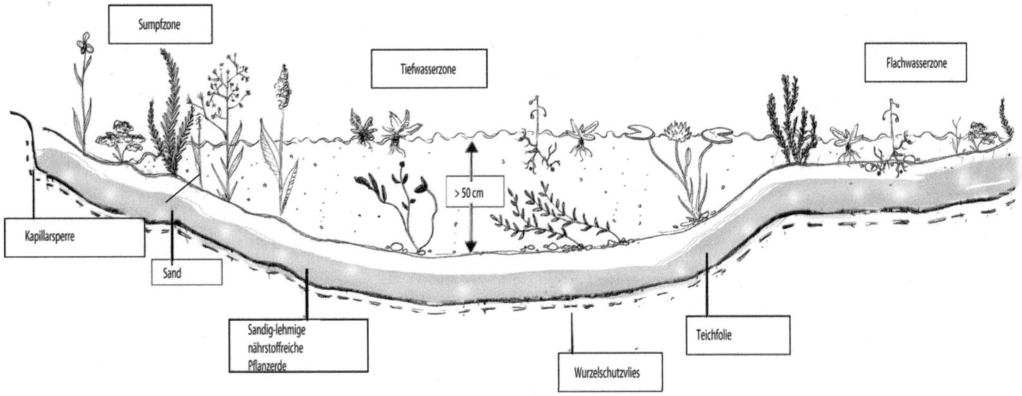

- Sumpfzone (0–20 cm) mit *Lythrum salicaria* (Blutweiderich) und *Caltha palustris* (Sumpfdotterblume), Flachwasser/Seichtwasserzone (20–60 cm) mit *Ranunculus lingua* (Zungen-Hahnenfuß) und *Sagittaria sagittifolia* (Pfeilkraut), Tiefwasserzone (über 60–80 cm) mit *Nuphar lutea* (Gelbe Teichrose) und *Stratiotes aloides* (Krebsschere).

- Durch die stufenförmige Ausgestaltung der einzelnen Teichzonen lassen sich gut Ebenen zum Bepflanzen schaffen, sodass weder das Pflanzsubstrat noch die Pflanzen selbst ins Rutschen kommen und sich auf dem Teichgrund ansammeln.

- Die Kapillarsperre soll verhindern, dass an den Teich grenzende Pflanzen mit ihren Wurzeln in den Wasserbereich des Teiches eindringen und dadurch das Wasser aus dem Teich heraussaugen. Die Folge wäre ein ständig absinkender Wasserspiegel mit einer entsprechenden Bedrohung der Lebensgrundlage für im Teich angesiedelte Pflanzen und Tiere.

2.45

	Folienteich	**Tonabdichtung**	**Glasfaser**
Vorteile	An jede Form anzupassen Leicht zu verlegen Relativ preisgünstig	Natürliches Material Haltbarer Untergrund für Substrat und Bepflanzung An jede Form anzupassen	An jede Form anzupassen Keine Durchwurzelung möglich
Nachteile	Empfindlich für Sonneneinstrahlung Eventuelle Schweißnähte gefährden die Dichtigkeit Glatt und rutschig → Pflanzen und Substrat können abrutschen	Exaktes Verlegen und Verdichten der Tonplatten notwendig Relativ teuer in der Anschaffung Pflanzenwurzeln können durchwachsen und für Lecks sorgen	Aufwändig im Einbau Künstliches Material macht Entsorgung schwer Gefahr des Abrutschens der Pflanzen und des Substrates

- [7,20 m + 1,00 m + (0,30 m x 2)] x [4,80 m + 1,00 m + (1,20 m x 2)] = 8,80 m x 8,20 m = 72,16 m² Folienbedarf
  7,38 €/m² x 72,16 m² = 532,54 €
  (532,54 € : 100 % x 15 %) + 532,54 € = 612,42 €
  (612,54 € : 100 % x 19 %) + 612,42 € = 728,78 €
  728,78 € – (728,78 € : 100 % x 2 %) = 714,20 €
  Es werden 72,16 m² Folie benötigt. Die Kosten dafür betragen 714,20 €.

2.46 Auffangen von Regenwasser und verzögerter Abfluss (hilft Oberflächenentwässerung zu entlasten), wirkt isolierend (im Sommer weniger warm und im Winter weniger kalt) und nimmt die Temperaturspitzen, filtert Staub- und Schmutzteilchen aus der Luft und produziert Sauerstoff.

Extensive Dachbegrünung	**Intensive Dachbegrünung**
Dünne Substratschicht von min. 4 cm Einfacher Aufbau durch kombinierte Drain- und Pflanzschichten Geringer Pflegeaufwand Besiedelung mit Pflanzen für Extremstandorte (heiß und trocken)	Pflanzsubstrat ist mehr als 20 cm stark Mehrere Funktionsschichten gewährleisten optimales Wachstum Zusätzliche Bauteile wie Entwässerungen, Bewässerungen, Gehölzverankerungen sind notwendig. Pflegeaufwand entspricht dem eines ebenerdigen Gartens

- 4.514,14 € = 97 % → 100 % = 4.514,14 € x 100 % : 97 % = 4.653,75 €
  4.653,75 € = 85 % → 100 % = 4.653,75 € x 100 % : 85 % = 5.475,00 €
  5.475,00 € : 250 m^2 = 21,90 €/m^2 inkl. Mehrwertsteuer

2.47 Eine Trockenmauer hält durch ihr Eigengewicht und die Verjüngung zur Mauerkrone. Die Naturmaterialien können einfach aufgeschichtet werden, die Aushärtung von Zementmörtel entfällt. Die Fugen der Trockenmauer lassen sich bepflanzen, was die optische Attraktivität erhöht. Der Aufbau einer Trockenmauer ist im Vergleich zu einer Betonmauer oder einer aufgemauerten Mauer relativ einfach. Ein Betonfundament ist bei einer Trockenmauer nicht nötig.

- Die größeren und schwereren Steine müssen in den Mauerfuß gesetzt werden. Die Neigung der Ansichtsseite der Mauer von ca. 20° ist notwendig für die Stabilität. Kreuzfugen sollten aus Stabilitätsgründen vermieden werden. Die Mauer wird mit wasserdurchlässigem Material aufgefüllt, nur in dem zu bepflanzenden Bereich wird Substrat verwendet. Das Fundament der Trockenmauer besteht aus einer überlappenden, wasserdurchlässigen und tragfähigen ca. 30 cm starken Schicht (z. B. Kiesgeröll). Der Einbau eines Drainagerohres hilft Staunässe zu vermeiden.

- Steinkraut (*Alyssum montanum*), Hungerblümchen (*Draba atlantica*), Steinbrech-Arten (*Saxifraga ssp.*), Mittagsblume (*Delosperma congestum*), Mauermiere (*Paronychia kapela*)

2.48 Erhöhte Sauerstoffproduktion, Filter für Staub und Schmutz, verbesserte Luftfeuchtigkeit, Ausgleich von Temperaturschwankungen, Lärmschutz, wirkt im Winter isolierend und schützt vor Wärmeverlust, bremst Wind ab und hält Schlagregen fern, Lebensraum und Nahrungsquelle für viele Tiere, dient der Biotopvernetzung.

Wenig Wurzelraum im Verhältnis zur begrünten Wand muss Nährstoff- und Wasserbedarf befriedigen. Vor sonnigen Wänden kann es extrem heiß werden, sodass die Kletterpflanzen diese hohen Temperaturen aushalten können müssen. Die Kletterpflanzen haben ein enormes Gewicht, was eine haltbare Wandkonstruktion je nach Klettertechnik erfordert.

Schlinger	**Selbstklimmer**	**Spreizklimmer**
Fallopia aubertii (Schlingknöterich) *Wisteria sinensis* (Blauregen)	*Hedera helix* (Efeu) *Parthenocissus tricuspidata* (Dreispitzige Jungfernrebe)	*Rosa ssp.* (Kletterrose) *Jasminum nudiflorum* (Winterjasmin)

2.49

	Rollrasen	Ansaatrasen
Vorteile	Schnell verlegt und begehbar Garantiert unkraut- und schädlingsfrei Optisch sofort ansprechend Gut für Hanglagen geeignet	Relativ preisgünstig Für alle Standorte einzurichten Durch Kräutermischungen zu ergänzen Einfache Herstellung

- **Fläche vorbereiten:** Da Rollrasen nicht länger als einen Tag gelagert werden kann, muss die Fläche rechtzeitig vorbereitet werden. Der Untergrund wird geharkt, bis eine feinkrümelige, glatte Oberfläche entsteht. Wurzeln, Unkraut und Steine werden entfernt. Bei schwerem, lehmigem Boden ist es sinnvoll, pro 100 m^2 1–3 m^3 Sand und 1–2 m^3 Kompost einzuarbeiten. Anschließend lässt man die Fläche mehrere Tage ruhen. Neu aufgekommenes Unkraut muss dann entfernt werden. Ggf. den vorbereiteten Boden mit speziellem Rasendünger düngen.
- **Rasen ausrollen:** Rollrasen muss spätestens 24 Stunden nach der Lieferung ausgelegt werden. Die Rollen dürfen nicht in der Sonne liegen gelassen werden. Rollrasen darf nur ausgerollt gewässert werden, da die Grasnarbe sonst im Innern fault.

- **Bahnen verlegen:** Die Rollrasenbahnen werden im Verbund verlegt, damit keine Kreuzfugen entstehen. Dabei lässt sich Rollrasen mit einem Gartenmesser wie Teppich schneiden. So können auch Kurven entlang von Beeten oder Wegen bündig ausgelegt werden.

- **Stoßkanten schließen:** Die Kanten etwa ein bis zwei Zentimeter übereinander legen, dann gibt es keine Lücken, wenn sich die Bahn bei Sonne etwas zusammenzieht. Die Bahnen gut antreten. Bei größeren Flächen lässt sich eine Walze dafür verwenden.

- **Rollrasen andrücken und angießen:** Zum Schluss werden die Fugen aneinander gedrückt. In die Lücken Sand einfüllen. Anschließend wird der Rasen durchdringend gewässert, damit sich die Wurzeln mit dem Unterboden verbinden und sofort weiterwachsen können. In den kommenden zwei bis drei Wochen darf der Rasen nicht austrocknen.

2.50 *Tilia platyphyllos (Sommerlinde), Fagus sylvatica (Rotbuche), Carpinus betulus (Hainbuche), Acer platanoides (Spitzahorn), Platanus x hispanica (Platane).*

- Mindeststammhöhe 220 cm, gut geformte Krone, ohne Neigung zur Totholzbildung (*Quercus*) oder herabfallenden Fruchtschmuck (*Aesculus*). Keine mehrstämmigen Gehölze oder Neigung zu Wurzelschösslingen. Möglichst tiefgehendes Wurzelsystem, damit die Wurzeln nicht den Asphalt beschädigen.

- Alleebäume haben häufig einen begrenzten Traufbereich und müssen deshalb mit wenig Niederschlagswasser auskommen. Für eine optimale Wasserzufuhr empfiehlt sich deshalb ein Bewässerungssystem. Am Straßenrand sind sie durch hohe Salzbelastung (Tausalze bei Frost), Autoabgase, Gummiabrieb und andere Giftstoffe aus dem Straßenverkehr bedroht. Auch mechanische Beschädigungen durch Autounfälle etc. setzen den Straßenbäumen zu. In den Städten und an Straßen herrschen häufig extreme Klimaschwankungen: Im Sommer ist es oft ein paar Grad wärmer, im Winter dafür kälter.

2.51 Stämme mit Umspannungen aus Kunststoffrohren und Holzlatten vor Bauschäden schützen; Bäume während der Baumaßnahmen auf Kronenbreite vorübergehend durch Holzkonstruktion oder Bauzaun schützen; mit Wurzelvorhängen freiliegende Wurzeln vor dem Austrocknen schützen; schützenswerte Pflanzen vorübergehend ausgraben und an anderen Stellen einschlagen; Geäst von Großsträuchern oder Baumkronen zusammenbinden.

2.52 Oberflächenwasser wird auf befestigten Flächen gesammelt, in kontrollierte Richtungen gelenkt (über Gefälle und Rohrleitungen, Drainagesysteme oder Flächenentwässerung) und entweder in die vorhandenen Vegetationsflächen umgeleitet oder über Speichersysteme (Gartenteich, Zisterne) gesammelt. Dadurch wird das Oberflächenwasser für die Vegetation nutzbar gemacht, ohne das Abwassersystem zu belasten und ohne Trinkwasser für die Bewässerung einzusetzen. Gleichzeitig wird der Oberflächenabfluss verzögert, sodass Leitungssysteme nicht zu viel Wasser auf einmal abführen müssen und es zu Überschwemmungen bei Starkregenereignissen kommen kann. Auch die Verdunstungsrate wird herabgesetzt.

- 26,50 m x 12,75 m = 337,875 m²
  300 l/ha · sec = 30 ml/m² · sec = 27.000 ml/m² in 15 min = 27 l/m² in 15 min.
  27 l/m² x 337,875 m² = 9.122,625 l auf der Parkplatzfläche
  9.122,625 l – (9.122,625 l : 100 % x 40 %) = 5.473,575 l müssen abgeführt werden.

2.53

Bagger	Radlader
Auskoffern von Leitungsgräben, Fundamentflächen etc.	Verfüllen von Leitungsgräben und Fundamentflächen
Verfüllen von Leitungsgräben	Transport von Schüttgütern
Bodenplanierarbeiten	Umsetzen von Erden und Substraten
→ Arbeiten von oben nach unten	→ Arbeiten von unten nach oben

- 3,00 m x 50,00 m = 150,00 m²   1,50 m x 50,00 m = 75,00 m²
  (150,00 m² + 75,00 m²) : 2 x 1,50 m = 168,75 m³ pro 50-Meter-Miete
  892,50 m³ : 168,75 m³ = 5,29 Mieten ≈ 5 Mieten und 48,75 m³ Rest
  ≈ 5 Mieten zu 50 m Länge und eine 14,50 m lange Miete

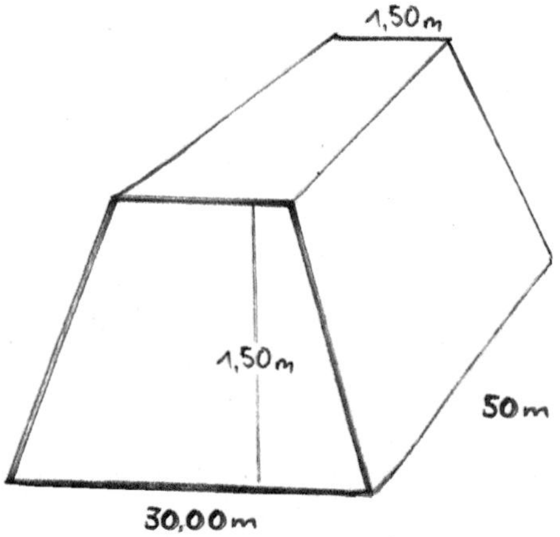

2.54 Befestigte Pflasterflächen aus Klinker oder Betonpflaster(-platten), wassergebundene Decken aus Lehmkies oder Kiesel.

- Befestigte Flächen sind eben, gut begehbar oder befahrbar, gut zu reinigen, ohne Pfützen bzw. stehendes Wasser, wenn auf die geeignete Entwässerung geachtet wird. Klinkerpflaster wird allerdings bei Nässe oder Frost leicht rutschig, Betonpflaster nicht so schnell. Beide Deckschichten neigen auf Dauer zum Veralgen. Klinkerpflaster ist etwas teurer als Betonpflaster. Befestigte Flächen eignen sich für alle Flächen: Terrassen, Wege, Hofeinfahrten etc. Wassergebundene Flächen sind preisgünstiger, versickerungsfähig, veralgen nicht, aber der Unkrautbewuchs muss regelmäßig entfernt werden. Da sie etwas unebener sind, sind sie nicht für Terrassen geeignet, wohl aber für alle Wege und Hofzufahrten. Die Flächen müssen regelmäßig ausgebessert werden, um abgetragenes Material oder entstehende Pfützen zu beheben.

- 5,50 m x 2,50 m x 8 = 110,00 m² 110,00 m² : 0,04 m²/Stein = 2.750 Steine
  Inkl. Verschnitt: 2.750 Steine x 1,25 = 3.437,5 Steine ≈ 3.438 Steine
  3.838 : 250 = 13,752 Paletten ≈ 13 Paletten und 188 Steine

2.55 Am Rasenmäher Ölstand prüfen, Luftfilter säubern, Kraftstoff auffüllen, elektrische Kontakte/Zündkerzenstecker überprüfen. Funktionsfähigkeit bzw. Schnittschärfe der Messer kontrollieren und den Rasenmäher auf die gewünschte Schnitthöhe einstellen. Die zu mähende Fläche sollte im Vorwege von Steinen und Unrat befreit werden, damit keine Beschädigungen an den Messern während des Mähens entstehen können. Maulwurfshügel müssen vorher eingeebnet werden. Alle die Sicherheit betreffenden Einrichtungen am Mäher oder bezüglich des Körperschutzes müssen eingehalten werden.

2.56 Bei akutem Kalkmangel sollte ein relativ schnell wirkender Dünger verwendet werden. Beispiel: NORDWEISS-PERLE® Garten- und Rasenkalk, Kohlensaurer Kalk, leicht umsetzbar, 80 % $CaCO_3$ und 5 % $MgCO_3$. Dabei ist darauf zu achten, dass er nur bei bedecktem Wetter mit anschließender Bewässerung eingesetzt wird, um den Rasen vor Verbrennungsschäden zu schützen.

- Kalzium ist in der Pflanze an der Zellwandbildung, der Zellteilung und dem Zellwachstum beteiligt. Es bewirkt eine erhöhte Stressresistenz und verringert die Schädlingsanfälligkeit. Außerdem bewirkt es im Boden eine Anhebung des pH-Wertes und damit eine bessere Nährstoffverfügbarkeit und Beseitigung von Staunässe (hydraulische Wirkung).

- Z. B. NORDWEISS-PERLE® Garten- und Rasenkalk, kohlensaurer Kalk, leicht umsetzbar, 80 % $CaCO_3$ und 5 % $MgCO_3$ im 10-kg-Sack.
  450,00 m² x 40 g/m² = 18.000 g $CaCO_3$-Bedarf für die gesamte Fläche = 18 kg
  10 kg = 100 % → 80 % = 10 kg : 100 % x 80 % = 8 kg
  18 kg : 8 kg/Sack = 2,25 Säcke des Kalkdüngers ≈ 22,5 kg des Kalkdüngers

2.57 **Oberboden:** Obere Bodenschicht mit organischen Bestandteilen wie Pflanzenresten oder Humus, belebt mit Mikroorganismen.

Unterboden: Bodenschicht unterhalb des Oberbodens, mit mehr mineralischem Anteil und wenig bis gar keinem Humus oder keinen Mikroorganismen.

Untergrund: Das anstehende Gestein als unterste Schicht, gänzlich unbelebt und ohne organische Anteile, nur wenig bis gar nicht verwittert.

Je nachdem, wofür der Boden genutzt werden soll bzw. welche bautechnischen Vorhaben entstehen sollen, muss der Boden dafür geeignet sein. Oberboden eignet sich nur für vegetationstechnische Flächen (zum Bepflanzen, für Rasen etc.). Für bautechnische Anlagen muss der zu verwendende Boden mineralischer Natur sein, ohne organische Bestandteile oder Bodenlebewesen. Unterboden kann u. U. dafür genutzt werden, wenn er diese Anforderungen erfüllt. In der Regel muss nicht geeigneter Boden abgefahren oder an anderer Stelle deponiert werden. Für das Lösen, Laden und Abfahren ist es notwendig zu wissen, mit welcher Kategorie man es zu tun hat, um die geeigneten Baumaschinen einzusetzen bzw. den Zukauf von Schüttstoffen zu planen und zu kalkulieren.

2.58

	Transportbeton	Baustellenbeton
Unterschiede	Wird an einem anderen Ort angemischt und anschließend zur Baustelle transportiert, z. B. mit einem Mischer aus dem Betonwerk.	Wird direkt auf der Baustelle aus Zement, Wasser und Zuschlagstoffen mithilfe einer Mischmaschine oder von Hand angemischt.
Vorteile	Nach garantiertem Rezept hergestellt; die Garantie für das Material liegt beim Werk. Zusatzstoffe wie Verzögerer oder Porenbildner können je nach Bedarf mit untergemischt werden.	Gewünschte Mengen sind je nach Bedarf zeitnah anzumischen. Gerade für kleine Mengen wie für einzelne Zaunpfosten oder zum Ausbessern von Fundamentteilen hervorragend geeignet. Relativ preiswert.
Nachteile	Nur größere Menge ab 0,25 m^3 werden angemischt; Mengen erst ab 2,00 m^3 antransportiert. Geringere Mengen müssen mit geeigneten Transportmitteln selbst abgeholt werden. Erhöhte Preise sowohl fürs Anmischen als auch für das Liefern.	Das Mischverhältnis kann nicht so genau eingehalten werden wie beim Transportbeton: Genaues Arbeiten ist zwingend notwendig. Auf die Anforderungen an die einzelnen Betonbestandteile ist unbedingt zu achten.

Auf 25 kg Zement (ca. ein Sack) benötigt man 10 l Wasser und 135 kg Zuschlagstoffe (≈ eine Schubkarre Kies). Kies und Zement sollten wechselweise in den laufenden Mischer gefüllt werden, um eine gleichmäßige Durchmischung zu gewährleisten. Erst wenn beide Bestandteile eine gleichmäßig graue Farbe aufweisen, sollte langsam Wasser zugegeben werden. Der Mischer muss so lange laufen, bis eine gleichmäßige Betonkonsistenz erreicht ist. Dann kann der Beton durch Kippen des Mischkörpers in eine Schubkarre umgefüllt und zum Einbauort transportiert werden.

2.59

Symbol	Begriff	Erklärung	Beispielpflanzen
♃	Staude	Krautige Pflanze, die nur während der Vegetationsperiode grünt und blüht, zum Winter oberirdisch abstirbt und im kommenden Jahr wieder austreibt.	*Ajuga reptans* (Günsel) *Aster novi-belgii* (Glattblattaster)
♄ H	Hochstamm	Verholzende Pflanze mit Stamm und Baumkrone, mindestens 200 cm hoch (Kronenansatz), ausdauernd.	*Fagus sylvatica* (Rotbuche) *Prunus avium* (Süßkirsche)
♄	Strauchgehölz	Verholzende Pflanze mit mehreren Ästen, häufig von der Wurzelbasis her austreibend.	*Berberis thunbergii* (Thunbergs Berberitze) *Corylus avellana ‚Contorta'* (Korkenzieherhaselnuss)

⊙	Einjährige Pflanze	Pflanzen, die während einer Vegetationsperiode wachsen, blühen und Samen bilden. Mit dem Frost sterben sie ab und regenerieren sich nicht vegetativ neu.	*Tagetes patula* (Kleine Studentenblume) *Lobelia erinus* (Männertreu)
♄ Hei	Heister	Gehölz mit einem durchgehenden Leittrieb und schon vom Boden an beginnender Seitenverzweigung. Gut geeignet für Heckenpflanzen.	*Carpinus betulus* (Weißbuche) *Quercus robur* (Stieleiche)

2.60

Kategorien	**Maßnahmen**
Düngung	• Düngung nur nach vorhergehender Bodenuntersuchung • Nur während der Vegetationsperiode zur Verringerung der Auswaschungsgefahr • Geschlossene Nährstoffkreisläufe nutzen über Kompostierung
Entsorgung	• Recycling von Abfällen (Kompostwirtschaft, Kunststoffe wiederverwenden) • Abfälle vermeiden durch Kauf von losen Schüttgütern und Großgebinden • Einführung eines betriebsinternen Pfandsystems
Maschineneinsatz	• Maschinen warten und pflegen, um Kraftstoffverbrauch zu verringern • Einsatz von angepassten Maschinen je nach Anforderung • Maschinenpark regelmäßig erneuern, um das Energiesparniveau anzupassen
Materialeinkauf	• Nur so viel Material einkaufen, wie tatsächlich gebraucht wird • Beim Einkauf auf energiesparend erzeugtes Material achten • Kein Material einkaufen, dass bei der Entsorgung zum Sondermüll gehört (z. B. kesseldruckimprägniertes Holz)
Pflanzenschutz	• Schadensschwellen beachten • Nützlinge einsetzen oder fördern • Resistente Sorten pflanzen
Pflege	• Durch Bestandsdichte und Mulcheinsatz Pflegeaufwand minimieren • Standortangepasste Pflanzen haben einen geringeren Pflegeaufwand • Auf chemische oder energieintensive Pflegedurchgänge zugunsten von mechanischer Pflege verzichten.

2.61 Der Boden wird in erster Linie von Wurzeln durchlockert. Durch bestimmte Pflanzen wie Lupinen, Klee und Wicken kann der Boden mit Stickstoff angereichert werden, da diese mithilfe von Wurzelbakterien Luftstickstoff binden. Nach dem Absterben der Gründüngungspflanzen bzw. der Mahd und dem Einarbeiten wird dem Boden organische Masse zugeführt. Frostharte Gründüngungspflanzen begrünen den sonst offenen Gartenboden im Winter und schützen ihn damit vor Erosion. Gründüngung ist also im eigentlichen Sinne keine Düngeform, sondern eine gute Möglichkeit der Bodenverbesserung. So bewirken Pflanzen wie Sonnenblumen, Ölrettich oder Bitterlupinen mit ihren tiefgehenden Wurzeln eine gute Lockerung der unteren Bodenschichten. Einen zusätzlichen Nutzen durch Gründüngungspflanzen als Bienenweide erlangt man, wenn man Blumensamen verwendet. Es eignen sich unter anderem Ringelblumen, Studentenblumen, Borretsch und das Büschelschön (Phacelia). Auf Kreuzblütler wie Kresse, Senf oder Raps sollte man verzichten, da sie Kohl-Krankheiten anziehen.

- *Lupinus* (Lupinen), *Trifolium* (Klee), *Phacelia* (Büschelschön), *Helianthus* (Sonnenblume), *Tagetes* (Studentenblume)
- (174 m + 227 m) : 2 x 96 m = 19.248 m²
  19.248 m² x 20 g/m² = 384.960 g = 384,96 kg

2.62 Rostpilze: Rosen, Berberitze, Liguster

Dickmaulrüssler: Rhododendron, Kirschlorbeer, Eibe

Rotpustel: Rotbuche, Robinie, Buchsbaum

Einsatz von Nützlingen, Kulturmaßnahmen (Bodenbearbeitung, Pflanzendichte, Düngung, Bewässerung), resistente bzw. gering anfällige Sorten.

2.63 Guter Oberboden muss angeliefert oder, falls vorhanden, durch fräsen gelockert werden. Anschließend müssen alle Steine, Unrat und Wildkräuter (insbesondere die Wurzelunkräuter) entfernt werden. Dann planiert man diesen Oberboden grob mit dem Bagger oder einer Schaufel ein, je nach Größe der Fläche. Nun sollte man den Boden sacken lassen, am besten, wenn es regnet oder wenn man in Trockenperioden den Sprenger laufen lässt, um dem Oberboden Wasser zuzuführen. Ist der Oberboden gelockert und hat sich gesetzt, macht man sich mit einer Harke daran, ein Planum zu erstellen, wobei man beim Planieren des Bodens darauf achten sollte, dass man möglichst auf jede Stelle tritt, um eine allzu großes Absacken des Bodens zu verhindern. Das Planum sollte außerdem noch im Idealfall ein leichtes Gefälle vom Haus weg haben, damit das Regenwasser später nicht auf der Fläche steht. Ist das Planum erst einmal erstellt, hat man bereits den schwierigsten Part der Arbeit hinter sich. Als nächstes walzt man mit einen Glattwalze den Oberboden an, damit ein Kapillarschluss im Oberboden entsteht, d. h., die Kapillaren sollen sich schließen, damit sie besser das Wasser speichern und die Wurzeln damit versorgen können. Auf dem angewalzten Planum werden nun mit einer Sähmaschine oder per Hand die Grassamen ausgebracht, die Menge der Grassamen beläuft sich in der Regel auf ca. 25g/m². Die für die gesamte Fläche benötigte Menge an Grassamen wird kurz vor dem Ausbringen noch einmal nachgemischt, da sich sonst schwerere Grassamen am Boden absetzen und es auf der Fläche einige farbliche Unterschiede geben könnte. Die gesamte Menge wird nun halbiert und die erste Hälfte wird auf der ersten „Tour" ausgebracht. Die zweite Hälfte der Grassamen wird nun quer zur ersten Tour hin verstreut, wodurch eine gleichmäßige Verteilung der Grassamen gewährleistet wird. Die Samen werden nun in die Fläche eingearbeitet, was am besten mit einer Igelwalze oder einer Harke funktioniert. Arbeitet man bei diesem Schritt mit einer Harke, sollte man beachten, dass Gräser zu den Lichtkeimern gehören und daher nur ca. 0,5 cm tief eingearbeitet werden sollten. Nach dem Einarbeiten der Samen sollte die Fläche noch einmal abgewalzt werden, damit der Kontakt zwischen Samen und Boden erstellt wird und ein Kapillarschluss entsteht. Sinnvoll ist es auch, am Rand der Fläche ein paar Schnurnägel mit Flatterband aufzustellen, damit Vögel von der Fläche ferngehalten und die Grassamen nicht wieder herausgepickt werden. Nun sollte die Fläche immer ausreichend gewässert werden. Bereits nach ein paar Tagen sind die ersten sprießenden Halme zu sehen.

Für die Rasenansaat auf größeren Flächen eignet sich hervorragend der Einsatz einer Rasenbaumaschine, die die vier oben genannten Arbeitsschritte der Rasenansaat in einem Durchgang erledigt. So lassen sich je nach Arbeitsbreite der Maschine laut Herstellerangaben zwischen 1.000 und 3.000 m² pro Stunde bearbeiten und fertigstellen.

- 23,75 kg = 23.750 g
- 23.750 g : 950 m² = 25 g/m²
- 23,75 kg = 100 % → 80 % *Festuca rubra ssp.* = 23,75 kg : 100 % x 80 % = 19 kg
  20 % Lolium prenne = 23,75 kg : 100 % x 20 % = 4,75 kg

1. Alle Fachrichtungen

1.1 Der Listenverkaufspreis ist eine wichtige wirtschaftliche Kenngröße des Betriebes.

- Welche Funktion hat der Preis im Wirtschaftsprozess unserer Marktwirtschaft zu erfüllen? Machen Sie bitte zwei Angaben.
- **Berechnen** Sie den Listenverkaufspreis einer Kultur. Gehen Sie dabei von folgenden Werten aus: Bezugs/-Einstandspreis (3,50 €), Gemeinkostenzuschlag (15 % vom Bezugs-/Einstandspreis), Gewinn (40 % vom Selbstkostenpreis), gewährtes Skonto (2 %), gewährter Rabatt (12 %).

1.2 Für eine Topflieferung werden 4.520,00 € in Rechnung gestellt. Dem Gartenbaubetrieb wird ein Mengenrabatt von 15 % und bei Zahlung innerhalb von zehn Tagen ein Skonto von 3 % angeboten. Berechnen Sie den zu überweisenden Betrag nach Abzug der Preisnachlässe.

1.3 Begründen Sie mit vier Argumenten die Notwendigkeit von Preiskalkulationen.

1.4 Sie benötigen für Ihren Baumschulbetrieb zusätzlich 200 *Rhododendron ferrugineum*. Ermitteln Sie den günstigsten Anbieter (siehe Tabelle) durch Berechnung der Bezugspreise.

	Anzuchtbetrieb A	Anzuchtbetrieb B
Listeneinkaufspreis in €	2,50	2,75
Rabatt in %	20	25
Skonto in %	2	3
Verpackung in €	45,00	–
Fracht in €	–	55,00
Transportversicherung in % vom Listenpreis	1,5	–

1.5 Tarifverträge werden von Tarifpartnern abgeschlossen.

- Beschreiben Sie die Entstehung von Tarifverträgen und nennen Sie die Tarifpartner, welche in Ihrer Fachrichtung zuständig sind.
- Unterscheiden Sie den Lohntarifvertrag vom Manteltarifvertrag und ordnen Sie insgesamt fünf wesentliche Inhalte diesen Tarifvertragsarten zu.
- Nach gescheiterten Verhandlungen sind Schlichtung, Streik, Urabstimmung, Friedenspflicht und Aussperrung möglich. Erläutern Sie diese Begriffe.

1.6 Bei der von Ihnen beim Maschinenhändler gekauften Motorsäge tropft beim ersten Gebrauch Kraftstoff aus dem Gehäuse.

- Nennen Sie vier Rechte, die Sie in diesem Fall als Käufer grundsätzlich gegenüber dem Händler geltend machen können.
- Erläutern Sie zwei Voraussetzungen, unter denen Sie das Recht auf Rücktritt vom Kaufvertrag hätten.
- Nennen Sie fünf Bestandteile einer formgerechten Mängelrüge.

1.7 Der zwanzigjährige Matthias wird als Mitarbeiter in einem Gartenbaubetrieb eingestellt. Sein Stundenlohn beträgt 11,56 €.

- Was bedeuten die Begriffe Bruttolohn, Nettolohn und Lohnnebenkosten?
- Berechnen Sie die einzelnen gesetzlichen Abzüge und den monatlichen Nettolohn bei folgenden Voraussetzungen:

Stundenlohn	11,56 €
Arbeitszeit pro Woche	39 Std.
Arbeitstage pro Woche	5
Arbeitstage pro Monat	21
Gesetzliche Abzüge:	
Rentenversicherung	18,7 %
Krankenversicherung (davon 7,3 % Arbeitgeberanteil)	15,7 %
Arbeitslosenversicherung	3 %
Pflegeversicherung	2,35 %
Lohnsteuer (Steuerklasse I)	192,00 €
Kirchensteuer	9 %
Solidaritätszuschlag	5,5 %

1.8 In Deutschland gibt es unterschiedliche Mehrwertsteuersätze.

- Nennen Sie die unterschiedlichen Mehrwertsteuersätze und erklären Sie, auf welche Bereiche sie angewendet werden.
- Der Verkaufspreis eines Heckengehölzes beträgt ohne Mehrwertsteuer 7,50 €. Bei Abnahme von größeren Mengen ab 100 Stück verringert sich der Verkaufspreis auf 7,00 €. Für Barzahlung bzw. Überweisung innerhalb von zehn Tagen werden vom Betrieb 2 % Skonto gewährt. Wie hoch ist der zu zahlende Betrag für 35 Pflanzen, wie hoch für 125 Pflanzen?

1.9 In Ihrem Gartenbaubetrieb verdient ein Gärtner-Kollege 2.200,00 € brutto im Monat.

- Welche gesetzlichen Abzüge müssen von dem Verdienst noch heruntergerechnet werden, um den auszuzahlenden Nettolohn zu erhalten?
- An wen werden die Abzugsbeträge jeweils überwiesen?

1.10 Tarifverträge werden von Tarifpartnern abgeschlossen.

- Benennen Sie die für Ihre Fachrichtung zuständigen vollständigen Bezeichnungen der Tarifpartner.
- Was regelt der Rahmentarifvertrag? Machen Sie fünf Angaben.
- Beschreiben Sie anhand von jeweils zwei Beispielen die Bedeutung eines Tarifvertrages für Arbeitnehmer und Arbeitgeber.

1.11 Unter den Sozialversicherungen ist die Pflegeversicherung die jüngste.

- Wie hoch sind die monatlichen Abgaben für die Pflegeversicherung und von wem wird sie gezahlt?
- Beschreiben Sie anhand von fünf Angaben, welche Leistungen mit der Pflegeversicherung abgedeckt werden.

1.12 Die verschiedenen Arbeitgeber- und Arbeitnehmervertretungen werden in der Presse oft nur mit ihren Abkürzungen benannt.

- Übersetzen Sie folgende Abkürzungen in ihre ausgeschriebenen Begriffe und notieren Sie, für wen diese Organisation die Interessenvertretung darstellt:

Abkürzung	Ausgeschriebener Begriff	Interessenvertretung für
GVN		
IG BAU		
BGL		
ZVG		
BdB		

- Beschreiben Sie den Verlauf von Tarifverhandlungen bis zum Abschluss eines Tarifvertrages.

1.13 Ab einer Betriebsgröße von acht Mitarbeitern kann laut Betriebsverfassungsgesetz ein Betriebsrat gewählt werden.

- Beschreiben Sie, wie das Betriebsverfassungsgesetz Mitbestimmung, Mitwirkung und Beratung beeinflusst und regelt.
- Nennen Sie zu den oben genannten Rechten jeweils zwei Beispiele.

1.14 Viele Fortbildungsmaßnahmen fußen auf den Grundlagen Ihres Ausbildungsberufes.

- Welche Fortbildungsmöglichkeiten haben Sie nach Anschluss Ihrer Ausbildung? Nennen Sie zwei Beispiele.
- Beschreiben Sie, welche Zugangsvoraussetzungen für diese Fortbildungen bestehen.
- Mit welchen Abschlüssen werden diese Fortbildungsmaßnahmen beendet und welche beruflichen Möglichkeiten ergeben sich dadurch für Sie?

1.15 Nennen Sie fünf berufsständische Organisationen im Gartenbau und beschreiben Sie dazu jeweils zwei wichtige Aufgaben, die die Organisationen erfüllen.

1.16 In Deutschland beruhen die meisten Ausbildungsberufe auf dem sogenannten „Dualen System“.

- Beschreiben Sie, was sich hinter diesem Begriff verbirgt.
- Nennen Sie die Einrichtungen des „Dualen Systems der Berufsausbildung“, die für die Gärtnerausbildung maßgebend sind.
- Auf welche rechtliche Grundlage basiert dieses System?

1.17 Alle Rechte und Pflichten eines Auszubildenden sind im Berufsbildungsgesetz (BBiG) geregelt.

- Beschreiben Sie jeweils drei Rechte und Pflichten eines Auszubildenden.
- Kann der Auszubildende oder der Ausbildungsbetrieb seinen Pflichten nicht nachkommen, kann ein Ausbildungsverhältnis aufgelöst bzw. gekündigt werden. Welche rechtlichen Bedingungen müssen dafür erfüllt sein?
- Wenn der Auszubildenden erkennt, dass der gewählte Ausbildungsberuf für ihn nicht der richtige ist, kann er das Ausbildungsverhältnis lösen. Wie muss er dieses Problem angehen?

1.18 In Ihrem Betrieb ist es bei Sägearbeiten zu einem Unfall gekommen.

- Kommt für die Folgen eine Versicherung auf? Wenn ja, welche?
- Um Versicherungsansprüche geltend zu machen, müssen Fragen zum Unfallhergang beantwortet werden. Warum ist das so? Beleuchten Sie sowohl Vor- als auch Nachteile dieses Verfahrens.

1.19 Bei der Betriebsgründung gibt es verschiedene rechtliche Formen.

- Benennen und unterscheiden Sie jeweils eine Personen- und eine Kapitalgesellschaft.
- Welche rechtlichen Voraussetzungen müssen für die von Ihnen genannten Gesellschaftsformen für die Gründung erfüllt sein?
- Wie gestalten sich die Rechtsbeziehungen der Gesellschafter untereinander und gegenüber Außenstehenden?
- Wie sieht die Gewinnverteilung jeweils aus?

1.20 Nach Ihrer abgeschlossenen Berufsausbildung wollen Sie sich selbstständig machen.

- Beschreiben Sie jeweils drei Vor- und Nachteile einer Einzelunternehmensgründung.
- Nennen Sie die Institutionen, bei denen Sie die Gründung Ihres Betriebes anmelden müssen.

1.21 Die Arbeitslosenversicherung ist eine Säule der Sozialversicherungen.

- Wer ist der Träger der Arbeitslosenversicherung?
- Beschreiben Sie die Unterschiede zwischen Arbeitslosengeld und Arbeitslosengeld II. Welche Voraussetzungen müssen erfüllt sein, um die jeweilige Unterstützungsleistung zu erhalten?
- Wie gestalten sich die jeweilige Leistungshöhe und die Leistungsdauer?
- Nennen Sie fünf weitere Unterstützungsleistungen der Agentur für Arbeit.

1.22 Das Sozialversicherungssystem ist ein Gesamtpaket von fünf Einzelversicherungen.

- Nennen Sie die fünf verschiedenen Versicherungen und deren Träger.
- Wie hoch ist die Beitragszahlung jeweils (prozentual) und wer kommt dafür auf?

1.23 Kreuzen Sie an, welche Versicherung in den folgenden Beispielen zuständig ist.

Fallbeispiel	Arbeitslosenversicherung	Krankenversicherung	Pflegeversicherung	Rentenversicherung	Unfallversicherung
Durch einen Arbeitsunfall muss ein Kollege ins Krankenhaus.					
Wegen einer betriebsbedingten Kündigung haben Sie ab dem nächsten Ersten keinen Job mehr.					
Bei Renovierungsarbeiten zu Hause fallen Sie von der Leiter und brechen sich den Arm.					
Wegen einer anerkannten Berufskrankheit muss eine Kollegin umschulen.					
Nach einem Motorradunfall ist ein Freund querschnittsgelähmt und ist auf die dauerhafte Hilfe von anderen angewiesen.					

1.24 Die Pflegeversicherung ist eine Säule der Sozialversicherungen.

- Beschreiben Sie die Gründe, warum diese Versicherung 1995 mit in den Kanon der Sozialversicherungen aufgenommen wurde.
- Wer zahlt für die Pflegeversicherung die Beiträge?

- Um Ansprüche aus der Pflegeversicherung zu erhalten, muss die Pflegebedürftigkeit festgestellt werden. Welche Pflegegrade gibt es, wie unterscheiden sie sich und wer ist für die Feststellung der Pflegebedürftigkeit zuständig?

- Fallbeispiel: Ihre 72 jährige Nachbarin ist nach einem schweren Schlaganfall nicht mehr in der Lage, allein in ihrer Wohnung zu leben und ist auf die Hilfe von Pflegepersonal angewiesen (Pflegegrad 3). Welche Möglichkeiten der Pflegeversorgung gibt es für die Frau und wie könnte die Finanzierung aussehen?

1.25 Die Rentenversicherung ist eine Säule der Sozialversicherungen.

- Erklären Sie, wie die gesetzliche Rentenversicherung ihre Leistungen finanziert und definieren Sie in diesem Zusammenhang den Begriff „Generationenvertrag".

- Zählen Sie fünf Leistungen der Rentenversicherungsträger auf.

1.26 Jedes Arbeitsverhältnis kann grundsätzlich durch eine Kündigung beendet werden.

- Es besteht jedoch Kündigungsschutz für bestimmte Personengruppen. Nennen Sie vier Personengruppen, für die ein besonders geregelter Kündigungsschutz besteht.

- Welche Gründe können eine fristlose Kündigung durch den Arbeitgeber auslösen? Schildern Sie zwei Beispielfälle.

- Die Kündigungsfristen sind im Bürgerlichen Gesetzbuch (BGB) geregelt. Erläutern Sie, wie die Kündigungsfristen für Arbeitnehmer und Arbeitgeber gestaltet sind.

1.27 Auch im Gartenbau unterscheidet man Personengesellschaften und Kapitalgesellschaften.

- Übersetzen Sie die unten aufgeführten Abkürzungen und ordnen Sie diese der jeweiligen Gesellschaftsform zu.

Abkürzung	Bedeutung	Personengesellschaft	Kapitalgesellschaft
AG			
GbR			
GmbH			
KG			
OHG			

- Beschreiben Sie jeweils drei Kriterien für eine Personen- und eine Kapitalgesellschaft.

- Fallbeispiel: Die Damen Hansen, Kuhnert und Grimm sind die Gesellschafter der „Garten Eden OHG". Das Stammkapital bei der Gründung verteilt sich im Verhältnis 5:3:2 und macht insgesamt 150.000,00 € aus. Am Ende des ersten Geschäftsjahres verzeichnet der Betrieb 32.000,00 € Gewinn. Wie hoch ist die Gewinnausschüttung für jede der Gesellschafterinnen?

1.28 Die Rentenversicherung zählt zu den Sozialversicherungen, deren Beitragszahlungen zu jeweils der Hälfte von Arbeitgeber und Arbeitnehmer getragen werden.

- Auf welche Versicherungsleistungen der Rentenversicherung hat der Arbeitnehmer Anspruch?

- Welche Voraussetzungen müssen erfüllt sein, um von der gesetzlichen Rentenversicherung Zahlungen zu erhalten?

1.29 Was versteht man unter der sogenannten „Riesterrente“ und warum wurde sie ins Leben gerufen? Beschreiben Sie, unter welchen Voraussetzungen eine Riesterrente gezahlt werden kann.

1.30 Sie sollen für den Gartenbaubetrieb, der Sie seit fünf Jahren beschäftigt und insgesamt 25 Angestellt hat (ohne Saisonarbeitskräfte), einen Auftrag ausführen, für den der Betriebsinhaber zwölf Arbeitstage à acht Stunden für alle Mitarbeiter kalkuliert hat. Kurz vor Beginn der Arbeiten fallen aber drei Kollegen krankheitsbedingt aus.

- Berechnen Sie, wie sich unter diesen veränderten Bedingungen die Anzahl der Arbeitstage verändert.

- Welchen Einfluss hätte es, wenn Sie mit Ihren Kollegen täglich 1,5 Überstunden leisten würden?

1.31 Nach dem fünften montagmorgendlichen Verschlafen hat ein Arbeitskollege eine Abmahnung erhalten.

- Welche rechtlichen Bedingungen liegen einer Abmahnung zugrunde?

- Welche rechtlichen Voraussetzungen müssen erfüllt sein, damit der Arbeitgeber dem Kollegen kündigen kann? Kann die Kündigung fristlos erfolgen?

2 Lösungen

1.1 Der Listenpreis ist der in einer Liste aufgeführte Preis für ein Produkt. Er dient als Grundlage für die Bezugspreiskalkulation. Von ihm sind einerseits alle Skonti, Rabatte bzw. Provisionen, die der Käufer vereinbarungsgemäß oder der Auftragsmenge entsprechend beanspruchen kann, abzuziehen, andererseits alle anderen Kosten hinzuzurechnen. Folglich benötigt man ihm, um den Kunden ein Angebot zu machen, aber auch, um die eigenen Kosten genau zu bestimmen und seinen Betriebsgewinn zu kalkulieren.

- Listenverkaufspreis = Summe aus Einkaufspreis und Bezugskosten 3,50 €
  Gemeinkosten (3,50 € : 100 % x 15 %) 0,525 €
  Gewinn [(3,50 € + 0,525 €) : 100 % x 40 %] 1,61 €
  Skonto [(3,50 € + 0,525 € + 1,61 €) : 100 % x 2 %] 0,113 €
  Rabatt [(3,50 + 0,525 + 1,61 + 0,113) : 100 % x 12 %] 0,69 €
  Mehrwertsteuer (keine Angabe)

- Der Listenverkaufspreis (netto) beträgt 6,44 €.

1.2 4.520 € – (4.520 € : 100 % x 15 %) = 3.842,00 €
3.842,00 € – (3.842,00 € : 100 % x 3 %) = 3.726,74 €
Innerhalb von zehn Tagen sind 3.726,74 € zu überweisen.

1.3 Preiskalkulation ist die Grundlage für eine kostendeckende Produktion bzw. Dienstleistungsgewährung. Außerdem kann nur dann Gewinn erzielt werden, wenn man auf die entstandenen Kosten seinen Gewinnfaktor aufschlägt (Gewinnfaktor = Lohn für das Risiko des Unternehmers). Eine richtig durchgeführte Kalkulation deckt profitable und weniger profitable Leistungen und Aufträge auf. Sie zeigt weiteren Handlungsbedarf auf, z. B. wo Kosten gesenkt werden müssen oder auch höhere Gewinne erzielt werden können.

1.4 Betrieb A: 2,50 €/Stck. x 200 Stck. = 500,00 €

500,00 € – (500,00 € : 100 % x 20 %) = 400,00 €

500,00 € : 100 % x 1,5 % = 7,50 €

400,00 € + 45,00 € + 7,50 € = 452,50 €

452,50 € – (452,50 € : 100 % x 2 %) = 443,45 €

Betrieb B: 2,75 €/Stck. x 200 Stck. = 550,00 €

550,00 € – (550,00 € : 100 % x 25 %) = 412,50 €

412,50 € + 55,00 € = 467,50 €

467,50 € – (467,50 € : 100 % x 3 %) = 453,48 €

Der Bezugspreis von Betrieb A beträgt 443,45 €, der von Betrieb B dagegen 453,48 €.

1.5 Tarifverträge werden zwischen der Arbeitnehmervertretung, in der Regel der Gewerkschaft (Im Gartenbau sind die IG BAU oder die Gewerkschaft ver.di für die öffentliche Hand zuständig), und der Arbeitgebervertretung (im Gartenbau z. B. der Zentralverband Gartenbau für Produktionsbetriebe, der Fachverband GALABAU für den Garten- und Landschaftsbau, oder aber die öffentliche Hand für Angestellte städtischer Friedhöfe oder des Grünflächenamtes) geschlossen. Diese Interessenvertretungen treffen sich zu Gesprächen über den neu abzuschließenden Tarifvertrag. Neue Tarifverträge sind immer dann erforderlich, wenn ein Tarifvertrag abgelaufen oder eine Vertragspartei einen aktuellen Tarifvertrag gekündigt hat. Im Normalfall macht die Gewerkschaft den ersten Schritt und stellt eine Forderung auf. Auf der Arbeitgeberseite reagiert man nun mit einem Angebot. Da in Deutschland Tarifautonomie herrscht, darf keiner in diese Verhandlungen eingreifen, der Tarifvertrag wird von den beiden Tarifpartnern allein beschlossen. Sollten Forderung und Angebot zu weit auseinanderliegen und keine Einigung in Sicht sein, kann die Gewerkschaft kurzfristige Warnstreiks organisieren. Findet durch diese Warnstreiks immer noch kein Einlenken auf der Arbeitgeberseite statt, werden die Verhandlungen als gescheitert erklärt. Nun kann es zu einer sogenannten Schlichtung kommen: Durch einen neutralen Dritten sollen die starren Verhandlungspositionen aufgelöst und Kompromissbereitschaft gefördert werden. Dabei fällt dieser neutrale Dritte ein Schiedsspruch, der einen Einigungsvorschlag darstellt, jedoch nicht bindend ist. So kann es dann, wenn auch der Schiedsspruch nicht angenommen wird, zu einem Streik bzw. Arbeitskampf kommen. Damit gestreikt werden kann, muss in einer Urabstimmung 75 % der betroffenen Gewerkschaftsmitglieder für den Streik stimmen. Erst dann kann gestreikt werden. Daraufhin können die Arbeitgeber mit einer Aussperrung aller Angestellten reagieren. Da Streiks für die Gewerkschaften sehr teuer werden können, werden meist Schwerpunktstreiks durchgeführt. Statt beispielsweise in der ganzen Produktion zu streiken, nimmt man sich nur der paar Zulieferer an, die wesentlich weniger sind. Kommt erst einmal keine Ware mehr in die Produktion, ist diese auch gleichzeitig lahmgelegt. Damit erreicht man den maximalen Erfolg mit minimalen Mitteln. Irgendwann setzen sich beide Parteien wieder an einen Tisch und die Verhandlungen beginnen erneut. Da Streiks und Aussperrung an den Kräften und vor allem finanzielle Mitteln zehren, sind beide Parteien im Normalfall an einer Lösungsfindung interessiert. Hat man sich geeinigt wird die Aussperrung beendet und die Gewerkschaftsmitglieder dürfen wieder wählen gehen und entscheiden, ob das Verhandlungsergebnis in ihrem Interesse ist. Bei einer Zustimmung von mindestens 25 % kann die Gewerkschaftsleitung den Streik beenden und der neue Tarifvertrag kann in Kraft gesetzt werden.

- Manteltarifvertrag: Rahmentarifvertrag; ein i. d. R. mit längerer Laufzeit als der Lohntarifvertrag abgeschlossener Tarifvertrag, der die langfristigen und allgemeinen Arbeitsbedingungen festlegt. Dazu zählen die Länge des Urlaubs, die wöchentliche Arbeitszeit, Kündigungsfristen, Sonderzahlungen (Prämien) und in der Baubranche die Schlechtwetterregelungen.

- Lohntarifvertrag: Er wird mit kürzerer Laufzeit als der Manteltarifvertrag abgeschlossen (meistens für ein oder zwei Jahre). In ihm ist die Höhe der einzelnen Vergütungssätze geregelt, die durchaus von der allgemein verkündeten prozentualen Lohnerhöhung für jede Lohngruppe unterschiedlich ausfallen kann. Außerdem enthält er die genaue Beschreibung der einzelnen Lohngruppen.

Schlichtung	Verfahren zur Beilegung von arbeitsrechtlichen Gesamtstreitigkeiten (Schaffung neuer oder Ergänzung bestehender Tarifverträge). Die Schlichtung kann auch dazu dienen, einen bereits begonnenen Arbeitskampf beizulegen. Nach geltendem Arbeitsrecht gibt es keine staatliche Zwangsschlichtung. Schlichtung wird vielfach in Tarifverträgen vereinbart, um Arbeitskämpfe zu vermeiden.
Streik	Kampfmaßnahme der Arbeitnehmerseite im Arbeitskampf; gemeinsame und planmäßige Arbeitsniederlegung durch eine größere Anzahl von Arbeitnehmern mit dem Ziel, einen bestimmten Kampfzweck zu erreichen und nach Erreichung des Kampfzweckes die Arbeit wieder aufzunehmen.

Urabstimmung	Eine Urabstimmung ist eine Abstimmung über die Durchführung eines Arbeitskampfes nach dem Scheitern einer Tarifverhandlung und dem Auslaufen der Friedenspflicht. Es werden die ver.di-Mitglieder befragt, die unter den Geltungsbereich eines Tarifvertrages fallen und die an den Arbeitskampfmaßnahmen beteiligt werden sollen. Soweit mehr als 75 % der nicht verhinderten Mitglieder für Streik stimmen, kann der Bundesvorstand der Gewerkschaft den Streik genehmigen. Er entscheidet, ob eine Urabstimmung durchgeführt wird. Nach einem Streik, dem eine Urabstimmung vorausgegangen ist, erfolgt grundsätzlich eine weitere Urabstimmung über das Ergebnis. Wenn mindestens 25 % der nicht verhinderten Mitglieder dem Ergebnis zustimmen, wird der Streik beendet.
Friedenspflicht	Friedenspflicht ist ein Begriff aus dem Tarifrecht und im Betriebsverfassungsgesetz geregelt. Demnach sind die Tarifparteien zu bestimmten Zeiten verpflichtet, auf Kampfmaßnahmen (Streiks, Aussperrung) zu verzichten. Die Tarifparteien können eine absolute Friedenspflicht vereinbaren und damit während der Laufzeit eines Tarifvertrags auf jegliche Kampfmaßnahmen verzichten. Grundsätzlich aber besteht bei laufenden Tarifverträgen eine relative Friedenspflicht: Diese besagt, dass wegen tarifvertraglich nicht geregelter Sachverhalte gestreikt werden kann (Warnstreiks), alle im Tarifvertrag festgelegten Arbeitskonditionen hingegen sind davon ausgenommen. Eine permanente und absolute Friedenspflicht gilt zwischen Arbeitgeber und Betriebsrat Friedenspflicht (§ 74 II 2 Betriebsverfassungsgesetz), zudem während eines Schlichtungsverfahrens. Umstritten ist, ob sich die Friedenspflicht auch auf Urabstimmungen und andere Maßnahmen zur Vorbereitung eines Arbeitskampfes bezieht. Die Friedenspflicht endet grundsätzlich vier Wochen nach Ablauf eines gekündigten Tarifvertrages mit der formellen Erklärung von mindestens einer der beiden Tarifparteien, dass die Tarifverhandlungen bzw. das Schlichtungsverfahren gescheitert ist.
Aussperrung	Kampfmittel der Arbeitgeber gegen Arbeitnehmer und Gewerkschaften im Arbeitskampf. Sie umfasst die von einem oder mehreren Arbeitgebern planmäßig vorgenommene Nichtzulassung von Arbeitnehmern zur Arbeit unter Verweigerung der Lohnzahlung. Die Aussperrung kann alle Arbeitnehmer eines Betriebes oder Wirtschaftszweiges betreffen; sie kann sich auch nur gegen die Streikenden oder arbeitsunwilligen Arbeitnehmer richten.

1.6 **Nacherfüllung:** Wurde der festgestellte und behebbare Mangel rechtzeitig gemeldet, hat der Käufer ein Recht auf Nacherfüllung. Die Nacherfüllung steht immer an erster Stelle, da für alle anderen Gewährleistungsrechte Fristen zu setzen sind. Der Käufer kann bei der Nacherfüllung wahlweise eine Nachbesserung oder eine Ersatzlieferung verlangen. In der Praxis wird bei preiswerten Waren in der Regel die Ersatzlieferung vereinbart, da eine Nachbesserung häufig Kosten verursacht, die über dem Kaufpreis liegen würde. Wer sich die genauen Gesetze zur Nacherfüllung einmal genauer anschauen möchte, findet die gesetzliche Regelung dazu im §§ 437, 439, 275 BGB.

Rücktritt vom Kaufvertrag: Damit ein Käufer vom einem Kaufvertrag zurücktreten kann, müssen folgende Voraussetzungen erfüllt sein:

- Sache muss mangelhaft sein
- Verkäufer muss Frist zur Nacherfüllung eingeräumt worden sein

- Die gesetzte Frist ist ohne Erfüllung verstrichen
- Es darf sich nicht um einen geringfügigen Mangel halten. Es gibt auch Ausnahmen, in der keine Frist gesetzt werden muss. Sie sind in § 440 BGB aufgeführt. Wenn der Käufer den Rücktritt vom Kaufvertrag in Anspruch nimmt, sind die jeweils auf beiden Seiten empfangenden Leistungen. Übergabe der mangelhaften Ware an Verkäufer und Kaufpreis zurück an Käufer. Durch den Rücktritt vom Kaufvertrag wird das Recht auf Schadensersatz nicht ausgeschlossen. Wer sich die genauen Gesetze zum Rücktritt vom Kaufvertrag einmal genauer anschauen möchte, findet die gesetzliche Regelung dazu §323, 440, 346, 100, 325 BGB.

Preisnachlass (Minderung des ursprünglichen Kaufpreises): Im Gegensatz zum Rücktritt von einem Kaufvertrag bleibt bei der Minderung der Kaufvertrag weiterhin bestehen. Die Voraussetzungen zur Minderung entsprechen aber den gleichen. Es gilt, Minderung ist nur statt Rücktritt möglich. In der Regel wird ein Käufer auf einen Preisnachlass bestehen, wenn er das Produkt behalten möchte, aber nur zu einem geringeren Preis, da z. B. Kratzer o. Ä. vorhanden sind. Es liegt allerdings beim Käufer, ob er das Recht auf eine Minderung in Anspruch nehmen will, er ist dazu nicht verpflichtet. Wer sich die genauen Gesetze zur Minderung des Kaufpreises einmal genauer anschauen möchte, findet die gesetzliche Regelung dazu §§ 437, 441, 449 BGB.

Schadensersatz: Bei Lieferung einer Ware die einen Mangel aufweist, hat der Käufer ein Recht auf Schadensersatz. Er kann dieses Recht zusammen mit dem Anspruch auf Rücktritt oder Minderung wahrnehmen. Die Voraussetzungen dafür sind in § 280 BGB geregelt.

Als Grundlage für einen Schadensersatz sind die folgenden Mängel zu nennen:

- Mangelschaden,
- Schadensersatz anstatt der ganzen Lieferung,
- Schadensersatz wegen Folgemängelschäden,
- Schadensersatz wegen schuldhafter Verzögerung der Nacherfüllung,
- Schadensersatz wegen Unmöglichkeit des Nacherfüllungsanspruchs. Wer sich die genauen Gesetze zum Schadensersatz anschauen möchte, findet die Regelungen dazu in §§ 325, 281, 276, 280 BGB.

Ersatz vergeblicher Aufwendungen: Der Käufer kann anstelle eines Anspruches auf Schadensersatz, den Ersatz vergeblicher Aufwendungen verlangen, welche in dem Zusammenhang mit der erwarteten mangelfreien Ware stehen, § 284 BGB. Es handelt sich hierbei um Aufwendungen, die mit dem Erwerb der Ware zusammenhängen. Zum Beispiel Kosten, die zur Erstellung eines Vertrags angefallen sind oder auch Maklerkosten, wenn die gekaufte Wohnung erhebliche Mängel aufweist.

Bei einer Mängelrüge beanstandet der Kunde eine Ware oder Dienstleistung, weil vereinbarte Anforderungen nicht erfüllt werden. Diese Anforderungen können vertraglich oder gesetzlich festgelegt sein. Grundlage für das erfolgreiche Geltendmachen einer Mängelrüge ist vor allem eine schnelle und gründliche Prüfung nach Wareneingang oder Leistungserbringung, denn oft muss der Kunde hier vorgegebene Fristen einhalten. Wichtig ist außerdem, dass die Mängelrüge unmittelbar nach Bekanntwerden des Schadens erfolgt – am besten schriftlich, damit der Vorgang ausreichend dokumentiert ist. Je nach dem Zeitpunkt, an dem der Mangel festgestellt wird, ergeben sich die folgenden Arten von Mängeln: Bei offenen Mängeln werden diese sofort bei der Wareneingangsprüfung oder Abnahme der Dienstleistung festgestellt. Beispiele: falsch gelieferte

Menge, kleinere oder größere Motorsäge als bestellt. Versteckte Mängel sind erst zu einem späteren Zeitpunkt nach Bezahlung der Rechnung entdeckt worden. Beispiele: Die Motorsäge verliert beim ersten Gebrauch Kraftstoff oder der Motor lässt sich gar nicht in Betrieb nehmen. Bei der Mängelrüge muss Bezug genommen werden auf die Bedingungen des Kaufvertrages (Angebotsnummer, Datum, bestellte Ware) und der Mangel genau benannt werden. Des Weiteren muss der Käufer sein eingefordertes Recht benennen (z. B. Nacherfüllung) und einen angemessene Frist setzen, bis zu dem der Mangel behoben sein muss. Im Falle der nicht abgesprochenen Fristverletzung sollten weitere, rechtlich abgesicherte Schritte (z. B. Klage, Zahlungsvorbehalt) bzw. Konsequenzen benannt werden. Die Mängelrüge gilt als Formbrief und ist nur mit einer Unterschrift des Käufers gültig.

1.7 **Bruttolohn:** Arbeitsentgelt vor Abzug von Steuern (Lohnsteuer, Solidaritätsbeitrag, ggf. Kirchensteuer) und Sozialversicherungsbeiträgen (i. d. R. Rentenversicherung, Krankenversicherung, Arbeitslosenversicherung, Pflegeversicherung, Lohnabzüge). Der Bruttolohn dient als Grundlage zur Berechnung von Steuer- und Sozialversicherungsbeiträgen. Ggf. sind Lohnsteuerfreibeträge zu den Sozialversicherungsbeiträgen hinzuzurechnen.

Nettolohn: Der Nettolohn bzw. das Nettogehalt bezeichnet den Teil des Lohns, der an den Arbeitnehmer ausgezahlt wird und damit für den Lebensunterhalt verfügbar ist. Lohnsteuer und Beiträge zur Sozialversicherung werden nach dem entsprechenden Bruttolohn berechnet; sie sind in voller Höhe durch den Arbeitgeber abzuführen.

Lohnnebenkosten: Zu den Lohnnebenkosten gehören in Deutschland die gesetzlichen Arbeitgeberbeiträge zur Sozialversicherung. Die Beitragssätze des Arbeitgebers belaufen sich auf 9,45 % für die Rentenversicherung, 7,3 % für die Krankenversicherung, 1,6 % für die Unfallversicherung, 1,5 % für die Arbeitslosenversicherung, 1,025 % für die Pflegeversicherung und 0,04 % an Umlage für das Insolvenzgeld. Der gesetzliche Arbeitgeberbeitrag zur Sozialversicherung liegt damit bei über 21 % des Bruttolohns des Arbeitnehmers, diese Regelung gilt bis zur Höhe von zwei jährlich neu bestimmten Beitragsbemessungsgrenzen. Lohn- und Gehaltsanteile oberhalb der Beitragsbemessungsgrenze sind beitragsfrei.

- 39 Std./Woche : 5 Arbeitstage/Woche = 7,8 Std./Arbeitstag
  7,8 Std./Arbeitstag x 21 Arbeitstage/Monat = 163,8 Std./Monat
  163,8 Std./Monat x 11,56 €/Std. = 1.893,53 €/Monat
  Rentenversicherungsbeitrag Arbeitnehmer: 1.893,53 € : 100 % x 9,35 % = 177,04 €
  Krankenversicherungsbeitrag: 1.893,53 € : 100 % x 8,4 % = 159,06 €
  Arbeitslosenversicherungsbeitrag: 1.893,53 € : 100 % x 1,5 % = 24,40 €
  Pflegeversicherungsbeitrag: 1.893,53 € : 100 % x 1,175 % = 22,25 €
  Kirchensteuerbeitrag: 1.893,53 € : 100 % x 9 % = 170,42 €
  Solidaritätszuschlag: 1.893,53 € : 100 % x 5,5 % = 104,14 €
  Berechnung monatlicher Nettolohn:
  1.893,53 € – (177,04 € + 159,06 € + 24,40 € + 22,25 € + 170,42 € + 104,14 € + 192,00 €) = 1.044,22 €

1.8

Mehrwertsteuersätze in Deutschland	(Mehrwertsteuer = Umsatzsteuer)
19 %	7 %
Der normale Satz gilt für alle Waren und Dienstleistungen, die nicht ausdrücklich davon ausgenommen sind. Dabei gibt es eine Reihe nur schwer nachvollziehbarer Unterschiede. So werden z. B. Getränke generell mit 19 % besteuert. Ausnahmen: Mineralwasser und Milch. In der Gastronomie unterliegt Essen zum Mitnehmen und neu auch die Übernachtung dem ermäßigten Steuersatz von 7 %, während Speisen, die im Lokal verzehrt werden, mit dem allgemeinen Steuersatz von 19 % besteuert werden.	Der ermäßigte Satz gilt für wichtige Güter des täglichen Bedarfs. Mit dem reduzierten Satz sollen Verbraucher entlastet werden, die Preise für Grundnahrungsmittel, kulturelle Veranstaltungen oder andere Dinge werden auf diese Weise relativ niedrig gehalten. Zu den ermäßigt besteuerten Dingen gehören: – Lebensmittel – Bücher und Zeitungen – Kunstgegenstände – Hotelübernachtungen – Pflanzen

- 7,00 €/Stck. x 125 Stck. = 875,00 €. → 875,00 € + (875,00 € : 100 % x 7 %)

  = 936,25 €

  936,25 € – (936,25 € : 100 % x 2 %) = 917,53 €

  7,50 €/Stck. x 35 Stck. = 262,50 €. → 262,50 € + (262,50 € : 100 % x 7 %)

  = 280,88 €

  280,88 € – (280,88 € : 100 % x 2 %) = 275,26 €

  Für 35 Pflanzen sind 275,26 € zu zahlen, für 125 Stück dagegen 917,53 €.

1.9

Gesetzliche Abzüge		Zu überweisen an:
(Bruttolohn:	2.200,00 €)	
Arbeitslosenversicherung	Jeweils zur Hälfte AN & AG 3 %	Krankenkasse Sie überwacht als sogenannte Einzugsstelle die Einreichung des Beitragsnachweises und die Zahlung des Sozialversicherungsbeitrags. Von dort aus werden die Abgaben weitergeleitet.
Rentenversicherung	Jeweils zur Hälfte AN & AG 18,7 %	
Krankenversicherung	Anteilig AN & AG 15,7 %	
Pflegeversicherung	Jeweils zur Hälfte AN & AG 2,35 %	
Solidaritätszuschlag	Nur AN 5,5 %	
Kirchensteuer (ggf.)	9 %	

1.10

Für die Arbeitgeber	Für die Arbeitnehmer
Für den Erwerbsgartenbau wie Betriebe des Blumen- und Zierpflanzenbaus Gemüse- und Pilzanbaubetriebe Friedhofsgärtnereien Staudengärtnereien Obstbaubetriebe Gartencenter gärtnerische Samenbaubetriebe Gemischtbetriebe: Zentralverband Gartenbau	Industrie-Gewerkschaft Bauen, Agrar, Umwelt
Für den Garten- und Landschaftsbau: Fachverband Garten- Landschafts- und Sportplatzbau	
Für Baumschulen: Bund deutscher Baumschulen	
Für die öffentliche Hand wie städtische Friedhöfe, Grünflächenämter: Stadt- oder Gemeindeverwaltung	Vereinte Dienstleistungsgewerkschaft (ver.di)

- Der Rahmentarifvertrag legt u. a. Lohngruppen, Lohnfindungsverfahren und Eingruppierungen fest, daneben auch Urlaub und Kündigungsfristen.

- Die in einem Lohntarifvertrag festgelegte Lohnzahlungen für die jeweiligen Lohngruppen gewährleisten dem Arbeitnehmer eine sichere, monatlich an ihn zu zahlende Lohnhöhe, auf die er einen gesetzlichen Anspruch hat. Anhand der Lohngruppen kann er seine eigene Qualifikation einstufen und mit anderen Lohngruppen vergleichen. Durch Weiterbildungs- und Fortbildungsmaßnahmen ist es ihm möglich, in höhere Lohngruppen aufzusteigen. Zahlt der Arbeitgeber nicht, kann der Arbeitnehmer die ausstehenden Leistungen vor dem Arbeitsgericht einklagen.

- Auch der Arbeitgeber kann anhand der Festlegungen genau einschätzen, welchem Arbeitnehmer er wie viel zahlen muss, wie hoch also seine monatlichen Aufwendungen für Lohnkosten des Betriebes sind. Gleichzeitig hat er über die anderen Regelungen im Tarifvertrag die Möglichkeit, die jeweiligen Urlaubsansprüche zu berücksichtigen oder die Kündigungsfristen einzuhalten. Sowohl für Arbeitgeber als auch für Arbeitnehmer bietet der Tarifvertrag die Gewissheit, dass gleiche Leistung auch gleich bezahlt wird: Kein Arbeitnehmer wird übervorteilt (und muss zu Dumpinglöhnen arbeiten) und kein Arbeitgeber kann über die Zahlung von Minilöhnen zu einer gefährlichen Konkurrenz für andere Betriebe werden.

1.11 Seit dem 01.01.2017 wurde der Beitragssatz zur Sozialen Pflegeversicherung um 0,2 Prozentpunkte angehoben. Es gilt nun ein Beitragssatz von 2,55 Prozent. Kinderlose Versicherte ab dem vollendeten 23. Lebensjahr müssen noch zusätzlich den sogenannten Kinderlosenzuschlag zahlen, sodass der Beitragssatz dann bei insgesamt 2,80 Prozent liegt.

Die Pflegeversicherungen haben nach § 5 SGB XI darauf hinzuwirken, dass Pflegebedürftigkeit durch Prävention, medizinische Behandlung und Rehabilitation vermieden wird. Stellt die Pflegeversicherung einen Rehabilitationsbedarf fest, muss sie den Versicherten sowie mit dessen Einwilligung den behandelnden Arzt und den zuständigen Rehabilitationsträger informieren. Pflegebedürftige, die keine Pflegehilfe eines ambulanten Pflegedienstes in Anspruch nehmen, erhalten ein monatliches Pflegegeld. Dadurch soll die ehrenamtliche Pflege unterstützt werden und Anerkennung finden. Der Pflegebedürftige ist frei darin, wie er das Pflegegeld verwendet. Voraussetzung für das Pflegegeld ist, dass die häusliche Pflege in geeigneter Weise sichergestellt ist, was zunächst der Gutachter feststellt und bei regelmäßigen Qualitätssicherungsbesuchen überprüft. Das Pflegegeld beträgt monatlich: 316,00 € bei Pflegegrad 2, 545,00 € bei Pflegegrad 3, 728,00 € bei Pflegegrad 4 und 901,00 € bei Pflegegrad 5. Während einer vollstationären Krankenhausbehandlung oder Rehabilitationsmaßnahme wird das Pflegegeld bis zu vier Wochen weiter gezahlt, danach ruht der Anspruch. Ist bei der häuslichen Pflege die private Pflegeperson vorübergehend an der Pflege gehindert, übernimmt die Pflegeversicherung die nachgewiesenen Kosten einer Ersatzpflege (auch Verhinderungspflege genannt) für längstens sechs Wochen je Kalenderjahr und zu dem seit 2015 gültigen Höchstbetrag von 1.612,00 €. Bei der Kurzzeitpflege werden die Kosten für eine stationäre Unterbringung in einem Pflegeheim bis zu acht Wochen im Kalenderjahr bis zu einem Betrag von 1.612,00 € übernommen. Übernahmefähig sind die pflegebedingten Kosten, nicht aber die Kosten für Unterkunft, Verpflegung und Investition.

1.12

Abkürzung	Ausgeschriebener Begriff	Interessenvertretung für
GVN	Gartenbauverband Nord	Erwerbsgartenbaubetriebe
IG BAU	Industriegewerkschaft Bauen, Agrar, Umwelt	Arbeitnehmer des Garten- und Landschaftsbaus
BGL	Bundesverband Garten-, Landschafts- und Sportplatzbau	Betriebe des Garten- und Landschaftsbaus
ZVG	Zentralverband Gartenbau	Erwerbsgartenbaubetriebe, Friedhofsgärtnereien
BdB	Bund deutscher Baumschulen	Baumschulbetriebe

Siehe Lösungsvorschlag 1.5

1.13 Das Betriebsverfassungsgesetz (BetrVG) bildet eine wesentliche gesetzliche Grundlage für die Mitbestimmung der Arbeitnehmer im Betrieb. Es regelt unter anderem in den Allgemeinen Vorschriften die Errichtung von Betriebsräten, die Stellung der Gewerkschaften und Vereinigungen der Arbeitgeber, legt abweichende Regelungen fest, befasst sich mit einzelnen Betriebsteilen und Kleinstbetrieben und regelt die Mitbestimmungsrechte der Arbeitnehmer.

Geregelt werden im BetrVG auch die Betriebsratswahl, die Amtszeit des Betriebsrats, die Geschäftsführung des Betriebsrats, Betriebsversammlung sowie die Rechte der Jugend- und Auszubildendenvertretung (JAV).

In Unternehmen mit mindestens fünf ständig wahlberechtigten Arbeitnehmern ist die Bildung eines Betriebsrats grundsätzlich möglich. Der Betriebsrat wird von den wahlberechtigten Arbeitnehmern gewählt. Das Betriebsverfassungsgesetz und insbesondere die Wahlordnung (WO) regeln dann die Wahlformalitäten genau. Die Wahlperiode beträgt grundsätzlich vier Jahre. Die Zahl der Betriebsratsmitglieder hängt von der jeweiligen Unternehmensgröße ab.

- **Mitbestimmung:** Beteiligung der Arbeitnehmer (v. a. vertreten durch den Betriebsrat) an Entscheidungen in sozialen, personellen, ökonomischen und organisatorischen Fragen. Dazu gehören z. B. die Entscheidung über Art und Umfang von Kurzarbeit, die Überwachung durch technische Einrichtungen wie Videokameras oder der Abschluss eines Sozialplans, der die wirtschaftlichen Nachteile ausgleicht oder mildert, die durch eine Betriebsänderung entstehen.

- **Mitwirkung:** Die Mitwirkung an der wirtschaftlichen Entwicklung bzw. dem unmittelbaren Betriebsgeschehen geschieht hauptsächlich über Betriebsvereinbarungen, die über Verhandlungen zwischen der Betriebsführung und dem Betriebsrat geschlossen werden. Zu den Mitwirkungsrechten gehören z. B. die Anhörung bei Einstellung oder Kündigung von Mitarbeitern.

- **Beratung:** In wirtschaftlichen Angelegenheiten, d. h. in Fragen der Aufspaltung, Zusammenlegung oder Schließung von Betrieben oder Betriebsteilen, des Ortes, der Art, des Umfanges des Betriebes, der Gestaltung der betrieblichen Tätigkeit, der Einführung von neuen Technologien usw. entscheidet der Arbeitgeber grundsätzlich allein, ohne dass eine unmittelbare Einflussnahme des Betriebsrates vorgesehen ist. Aufgrund des Gebotes der vertrauensvollen Zusammenarbeit, geht die Betriebsverfassung jedoch davon aus, dass diese unternehmerischen Entscheidungen noch nicht endgültig sind, bevor sie mit dem Betriebsrat erörtert wurden. Der „ideale" Arbeitgeber im Sinne des BetrVG ist daher stets bereit, Argumente des Betriebsrates anzuhören und seine Planung noch durch den Betriebsrat beeinflussen zu lassen. Typische Beispiele sind: Planung von Arbeitsverfahren und Arbeitsabläufen, Planung von Neu-, Um- und Erweiterungsbauten oder Beschäftigungsförderung und Beschäftigungssicherung.

1.14 Fortbildungsmöglichkeiten sind z. B. die Ausbildung zum Greenkeeper für die fachgerechte Pflege von Golfrasenplätzen oder die Ausbildung in der Seilklettertechnik als besondere Variante der Großgehölzpflege. Nach einer gewissen Zeit der Tätigkeit im Gärtnerberuf lässt sich die Meisterprüfung vor der Landwirtschaftskammer ablegen.

- Voraussetzung für die Zulassung zur Meisterprüfung ist eine Berufspraxiszeit von zwei Jahren in dem infrage stehenden Beruf, von mindestens drei Jahren in einem anderen agrarischen Beruf bzw. von fünf Jahren bei Berufsabschluss in einem anderen Beruf oder ohne Berufsabschluss. Praktikum, Zivildienst und geringfügige Beschäftigung zählen nicht als Berufspraxis.
  Nach der Meisterprüfung gibt es den sogenannten Meisterbrief, der die Einzelprüfungsteile mit den jeweiligen Noten nachweist. Besucht man vorher noch die einjährige Fachschule, erhält man ein Abschlusszeugnis zum „Staatlich geprüften Wirtschafter im Gartenbau" als Nachweis über die schulischen Leistungen.

- Für den Greenkeeper und die Zusatzausbildung in der Seilklettertechnik erhält man nach entsprechend abgelegter Prüfung ein Zertifikat über die Prüfungsleistung.

1.15

	Tarifpartner		Landwirtschaftskammer	Berufsgenossenschaft	Sonstige Institutionen
	Arbeitgeberverband	Gewerkschaft			
Sitz/ Adresse	**Zentralverband Gartenbau e. V. (ZVG)**	**IndustrieGewerkschaft Bauen, Agrar, Umwelt (IG BAU)**	**„Zuständige Stelle“**	**Sozialversicherung für Landwirtschaft, Forsten und Gartenbau (SVLFG)**	**DEULA**
Vorstand/ Präsidium	Präsident: Jürgen Mertz Sitz: 10117 Berlin, Claire Waldorf Str. 7, (Bonn, Brüssel)	Vorsitz: Robert Feiger Sitz: 60439 Frankfurt/ Main, Olof-Palme-Str. 19	Präsident: auf Länderebene Sitze in den jeweiligen Bundesländern	Vorsitz: Reinhold Knittel Sitz: 34121 Kassel, Frankfurter Str. 126	Präsident Dr. Karl Thoer, DEULA Rheinland Sitz. Bundesverband DEULA e. V., Max-Eyth-Straße 12-18, D-26655 Westerstede
Aufgaben **Untergeordnete Institutionen**	Aufgaben u. a.: Vertreter der AG gegenüber Regierung, Parteien, EU, etc. Nationales und internatinales Organ mit über 50.000 angeschlossenen Betrieben Organisation BUGA Nachwuchswerbung Fortbildung Tarifpartner Weitere Unterorganisationen: Junggärtner Bund dt. FH-Gärtner	Aufgaben u. a.: Rechtsbeistand für Mitglieder/AN Tarifverhandlungen Beratungen Priv. Unfallversicherung Regionalgruppen/Bezirksfachgruppen	Aufgaben u. a.: Fortbildungen Meisterkurse/ -prüfungen Versuchsanstalt Pflanzenschutz Frühwarndienst Betriebsberatungen Ansprechpartner für die gärtnerische Ausbildung	Aufgaben u. a.: Unfallverhütung Unfallversicherung Berufs-/ Erwerbsunfähigkeit Schulungsmaßnahmen Gesunderhaltung Berufswettbewerb	Aufgaben u. a.: Lehrgänge Fortbildungen Überbetriebliche Ausbildung **Biologische Bundesanstalt (BBA)** Königin-Luise-Str. 19, 14195 BerlinZehlendorf · Arbeiten zur Biologie von Schadorganismen · neue Pflanzenschutzverfahren · PSM Bewertung · Prüfung und Anerkennung von Pflanzenschutzgeräten · Pflanzenschutz im ökologischen Landbau · Bewertung Gentechnik

1.16 Die betriebliche oder auch duale Ausbildung ist die am weitesten verbreitete Ausbildungsart in Deutschland. Die Kombination aus Ausbildung im Betrieb und Berufsschulbildung garantiert eine perfekte Verbindung von Theorie und Praxis. „Dual" meint in diesem Zusammenhang die Kombination aus praktischer Ausbildung in einem Betrieb und schulischer Bildung in einer Berufsschule. Gerade wegen der Verbindung von Theorie und Praxis gilt diese Ausbildungsform als Besonderheit des deutschen Bildungssystems und findet auch international Anerkennung. Für Unternehmen hat die betriebliche Ausbildung den Vorteil, dass sie sich auf diese Weise den eigenen Fachkräftenachwuchs sichern können. Die Ausbildung dauert, je nach Ausbildungsberuf, zwischen zwei und dreieinhalb Jahren.

- Auf der betrieblichen Seite ist der Gartenbaubetrieb für die Ausbildung zuständig. Er muss eine Zulassung zur Ausbildungseignung von der „zuständigen Stelle", in diesem Fall der Landwirtschaftskammer haben. Die Landwirtschaftskammer nimmt auch die Zwischen- und Abschlussprüfung der Berufsausbildung ab und stellt den jeweiligen Prüfungsausschuss zusammen. Für den theoretischen Teil ist die jeweilige Berufsschule zuständig. Die Auszubildenden müssen ein- bis zweimal pro Woche am Berufsschulunterricht teilnehmen.
  Neben den Betrieben können auch Trägerinstitutionen Partner der dualen Ausbildung sein. Sie betreuen die jugendlichen Auszubildenden, besorgen ihnen einen Praktikumsbetrieb für die praktische Ausbildung und gewähren in der Regel noch Zusatzunterricht zur Unterstützung der theoretischen Berufsschulausbildung.

- Die duale Ausbildung ist durch das Berufsbildungsgesetz (BBiG) sowie die einzelnen Ausbildungsverordnungen der jeweiligen Berufe geregelt. Darin sind die Rahmenbedingungen der Ausbildung festgelegt, wie etwa die Rechte und Pflichten von Azubi und Ausbilder oder die Ausbildungsinhalte. Wie die Ausbildung im Einzelfall geregelt ist, legt der Ausbildungsvertrag fest. Die zuständigen Stellen kontrollieren die Ausbildung und führen beispielsweise Prüfungen durch.

1.17 • **Rechte eines Azubis:**

Vergütung: Eines der wichtigsten Rechte des Auszubildenden ist, dass er eine angemessene Ausbildungsvergütung bekommt.

Ausbildungsmittel: Daneben hat er Anspruch auf kostenlose Ausbildungsmittel, wie zum Beispiel Werkzeuge, die der Ausbildungsbetrieb zur Verfügung stellen muss.

Freistellung: Der Azubi muss für seinen Berufsschulunterricht von der Arbeit frei gestellt werden.

Ausbildungsziel: Weiterhin muss der Auszubildende nur solche Arbeiten verrichten, die dem Ausbildungsziel dienen. Dazu gehören nicht private Besorgungen für den Chef oder das Putzen der Toilette.

Kündigungsrecht: Auch haben Azubis eine spezielle Kündigungsmöglichkeit und können das Ausbildungsverhältnis mit einer 4-wöchigen Frist beenden.

Zeugnis: Ein weiteres Recht ist der Anspruch auf ein Zeugnis, das der Ausbilder am Ende der Ausbildung ausstellen muss.

- **Pflichten eines Azubis:**

  Lernpflicht: Zu den allgemeinen Pflichten des Azubis gehört zuallererst die Lernpflicht. Das bedeutet, dass sich der Auszubildende darum bemühen muss, die Ausbildung erfolgreich abzuschließen.

  Sorgfaltspflicht: Die Sorgfaltspflicht schreibt vor, dass alle Tätigkeiten in Betrieb und in der Berufsschule immer ordentlich und zuverlässig erfüllt werden müssen, dazu gehört auch das Führen des Berichtsheftes.

  Teilnahmepflicht: Der Besuch der Berufsschule ist für den Auszubildenden ebenfalls vorgeschrieben.

  Anweisungen: Auch muss der Azubi die Anweisungen des Ausbilders befolgen und die angeordneten Aufgaben erledigen.

  Betriebsordnung: Daneben ist er verpflichtet, die Betriebsordnung einzuhalten und beispielsweise eine bestimmte Schutzkleidung zu tragen, falls vorgeschrieben.

  Bewahrungspflicht: Die Bewahrungspflicht bestimmt, dass der Azubi sorgsam und vorsichtig mit den Arbeitsmaterialien, also Werkzeugen, Maschinen usw. umgehen muss.

  Schweigepflicht: Die Schweigepflicht verbietet es dem Azubi, einem Dritten Betriebsgeheimnisse zu erzählen.

  Krankmeldung: Und zuletzt ist der Azubi zur Krankheitsmeldung und Vorlage einer ärztlichen Bescheinigung verpflichtet, wenn er nicht zur Arbeit kommen kann.

- Die Voraussetzungen für die Kündigung von Ausbildungsverhältnissen sind durch das Berufsbildungsgesetz und die Rechtsprechung streng reglementiert.

  Kündigung vor Ausbildungsbeginn: Das Bundesarbeitsgericht hat diese gesetzlich nicht direkt geregelte Frage dahin gehend entschieden, dass ein Berufsausbildungsvertrag bereits vor Beginn der Berufsausbildung ohne Einhaltung von Fristen von beiden Seiten gekündigt werden kann, wenn die Parteien keine abweichende Regelung vereinbart haben. Für den Fall, dass ein Auszubildender bei Ausbildungsbeginn einfach nicht erscheint, gibt es keine Sanktionen, da das Berufsbildungsgesetz eine Schadensersatzpflicht nur bei vorzeitiger Beendigung nach der Probezeit vorsieht.

  Kündigung in der Probezeit: Die Probezeit wird im Berufsausbildungsvertrag vereinbart. Sie muss mindestens einen Monat und darf nicht mehr als vier Monate betragen. Wie der Name schon sagt, dient sie der Erprobung des Ausbildungsverhältnisses. Dementsprechend ist die Kündigungsmöglichkeit in der Probezeit stark erleichtert. Innerhalb der vereinbarten Probezeit kann jederzeit, ohne Einhaltung einer Frist und ohne besonderen Kündigungsgrund beiderseitig gekündigt werden. Zu beachten ist aber das Maßregelungsverbot: Danach darf seitens des Arbeitgebers nicht schon deshalb gekündigt werden, weil der Auszubildende die ihm zustehenden Rechte ausübt, also z. B. auf die Einhaltung des Jugendarbeitsschutzgesetzes hinweist. Die Kündigung muss schriftlich erfolgen. Sie muss dem Kündigungsempfänger noch vor Ende der Probezeit zugegangen sein. Kündigt der minderjährige Auszubildende, benötigt er die vorherige Einwilligung des gesetzlichen Vertreters. Kündigt der Betrieb einem minderjährigen Auszubildenden, muss die Kündigungserklärung gegenüber dem gesetzlichen Vertreter abgegeben werden. Die Kündigung während der Probezeit führt grundsätzlich nicht zu Schadensersatzansprüchen. Die Kündigung während der Probezeit darf nicht gegen ein gesetzliches Verbot verstoßen, z. B. gegen den besonderen Kündigungsschutz nach dem Mutterschutzgesetz, im Erziehungsurlaub etc.

Kündigung nach der Probezeit: Nach Ablauf der Probezeit kann ein Ausbildungsverhältnis nur aus einem wichtigen Grund ohne Einhalten einer Kündigungsfrist gekündigt werden. Ein wichtiger Grund ist immer dann gegeben, wenn dem Kündigenden unter Berücksichtigung aller Umstände des Einzelfalls und unter Abwägung der Interessen beider Vertragsparteien die Fortsetzung des Ausbildungsverhältnisses bis zum Ablauf der Ausbildungszeit nicht zuzumuten ist. Gründe im Leistungs- oder Verhaltensbereich lassen eine fristlose Kündigung nur zu, wenn die Erziehungsmittel des Ausbildenden nicht zum Erfolg geführt haben. Insbesondere muss rechtzeitig schriftlich abgemahnt und mit Kündigung gedroht worden sein (bei Minderjährigen gegenüber dem gesetzlichen Vertreter). Die Kündigung muss schriftlich und unter Angabe der Kündigungsgründe erfolgen, sonst ist sie unwirksam. Die Kündigung ist unwirksam, wenn die ihr zugrunde liegenden Tatsachen dem zur Kündigung Berechtigten länger als zwei Wochen bekannt sind. Kündigt der minderjährige Auszubildende, benötigt er die vorherige Einwilligung des gesetzlichen Vertreters. Kündigt der Betrieb einem minderjährigen Auszubildenden, muss die Kündigungserklärung gegenüber dem gesetzlichen Vertreter abgegeben werden. Wird das Ausbildungsverhältnis nach der Probezeit gelöst, kann der Ausbildende oder der Auszubildende Ersatz des dadurch entstandenen Schadens verlangen. Der Anspruch muss innerhalb von drei Monaten nach Beendigung des Ausbildungsverhältnisses geltend gemacht werden.

- Dem Auszubildenden räumt das Gesetz noch eine weitere Kündigungsmöglichkeit nach Ablauf der Probezeit ein: Wenn ein Auszubildender seine Berufsausbildung grundsätzlich aufgeben will oder sich in einem anderen Beruf ausbilden lassen will, kann er den Vertrag mit einer Kündigungsfrist von vier Wochen kündigen. Die Kündigung muss schriftlich erfolgen und der besondere Kündigungsgrund muss genannt werden. Eine Schadensersatzforderung ist in diesen Fällen ausgeschlossen.
  Besser als alle rechtlichen Möglichkeiten ist eine einvernehmliche Auflösung des Vertrages. Wenn die Vertragspartner einsehen, dass – aus welchen Gründen auch immer – eine erfolgreiche Fortsetzung der Ausbildung nicht möglich ist, sollte immer das Gespräch gesucht werden, um im Guten auseinanderzugehen. Die Ausbildungsberater der IHK helfen dabei, wenn erforderlich und gewünscht.

1.18 Da es sich um einen Unfall im Rahmen der beruflichen Tätigkeit handelt, ist für die Schadensregulierung die Sozialversicherung für Landwirtschaft, Forsten und Gartenbau (SVLFG) zuständig. Voraussetzung dafür ist allerdings, dass alle Sicherheitsvorschriften beachtet wurden und eine Unfallanzeige zeitnah durch den Betrieb gemacht wurde.

- Der Unfallhergang muss geschildert werden, um abzuklären, ob eventuell noch weitere Personen oder Gegenstände zu Schaden gekommen sind oder ob eventuell Dritte eine Verantwortung an dem Unfallgeschehen tragen, sodass diese Personen ebenfalls in die Schadensregulierung mit einbezogen werden müssen. Außerdem kann die Schilderung zur Klärung für eintretende Spätfolgen herangezogen werden. Jedoch muss man grundsätzlich auf seine Wortwahl bei der Ausfertigung des Berichtes achten, um nicht unglückliche Formulierungen zu wählen, die die Schadensregulierung erschweren oder eine eigene Verantwortung des Unfallgeschädigten unrechtmäßig begünstigen könnten. Die Prüfung der Verantwortlichkeiten kann außerdem sehr viel Zeit in Anspruch nehmen, sodass einige finanzielle Aufwendungen nicht sofort oder nur in geringerer Höhe geleistet werden.

1.19

Personengesellschaften	Kapitalgesellschaften
Zusammenschluss von mind. zwei Personen zur Verwirklichung eines bestimmten Zweckes in der Rechtsform der Gesellschaft. Personengesellschaften sind: • **Gesellschaft bürgerlichen Rechts (GbR)** • **Partnerschaftsgesellschaft** • **Offene Handelsgesellschaft (OHG)** • **Kommanditgesellschaft (KG)**	Im Gegensatz zu Personengesellschaften steht bei Kapitalgesellschaften die kapitalmäßige Beteiligung der Gesellschafter im Vordergrund, nicht deren „Persönlichkeit“. Eine Beteiligung ohne Kapitaleinlage ist nicht möglich, eine persönliche Mitarbeit der Gesellschafter nicht erforderlich. Das Zurücktreten persönlicher Gesichtspunkte wird begünstigt durch die der Kapitalgesellschaft eigene Rechtsform der juristischen Person. Kapitalgesellschaften sind: • **Aktiengesellschaft (AG)** • **Kommanditgesellschaft auf Aktien (KGaA)** • **Gesellschaft mit beschränkter Haftung (GmbH)**

- **Gesellschaft bürgerlichen Rechts:** Die GbR entsteht durch Gründung. Konstitutiver Akt der Gesellschaftsbildung ist der Abschluss eines Gesellschaftsvertrages. Er kann schriftlich oder mündlich, aber auch durch konkludentes Handeln erfolgen, z. B. durch das gemeinsame Beziehen einer Wohnung. Der Gesellschaftsvertrag erfordert eine notarielle Beurkundung, wenn ein Grundstück, ein grundstücksgleiches Recht (beispielsweise ein Erbbaurecht) oder ein Recht an einem Grundstück in die Gesellschaft eingebracht wird (§ 311b BGB). Es bedarf im Gesellschaftsvertrag der Vereinbarung eines gemeinsamen legalen Zwecks. Nach der gesetzliche Geschäftsführungsregelung im § 709 BGB (Gesamtgeschäftsführung) sind die Gesellschafter nach § 714 BGB im Zweifel auch nur gemeinschaftlich zur Vertretung berechtigt (Gesamtvertretung). Die Geschäftsführungsbefugnis lässt sich durch den Gesellschaftsvertrag ändern. Möglich sind z. B. eine mehrheitliche Beschlussfassung oder die Übertragung der Vertretungsmacht auf einen oder mehrere Gesellschafter, ggf. auch unter Ausschluss der übrigen. Alle Gesellschafter einer GbR haften grundsätzlich gesamtschuldnerisch. Im Außenverhältnis haftet demzufolge jeder Gesellschafter unbegrenzt für alle Verbindlichkeiten der GbR, ggf. auch mit seinem Privatvermögen. Im Innenverhältnis kann unter Umständen ein Regressanspruch gegen Mitgesellschafter bestehen, der aber im Außenverhältnis keine schuldbefreiende Wirkung entfaltet.
  In der Praxis empfiehlt es sich, individuelle Regelungen zur Gewinn- und Verlustbeteiligung schriftlich festzulegen, um insbesondere bei unterschiedlichem Gewicht der Gesellschafterbeiträge einen gerechten Ausgleich zu schaffen. Wird keine Regelung zwischen den Gesellschaftern getroffen, greifen die gesetzlichen Regelungen. Danach hat jeder Gesellschafter ohne Rücksicht auf Art und Größe seines Beitrags einen gleichen Anteil am Gewinn und Verlust („Gewinn- und Verlustbeteiligung nach Köpfen“, § 722 Abs. 1 BGB).
  Die Durchführung der Gewinn- und Verlustbeteiligung sollte ebenfalls durch Übereinkunft zwischen den Gesellschaftern geregelt werden. Ist dies nicht geschehen, gelten die gesetzlichen Regelungen. Danach kann ein Gesellschafter, soweit die GbR nur für eine kurze Zeit im Kalenderjahr, z. B. für die Durchführung eines Seminars, gegründet wurde, den Rechnungsabschluss und die Verteilung des Gewinns bzw. Verlustes erst nach Auflösung der GbR verlangen (§ 721 Abs. 1 BGB). Ist die GbR auf längere Zeit geschlossen, erfolgt der Rechnungsabschluss und die Gewinnverteilung am Schluss eines jeden Geschäftsjahres (§ 721 Abs. 2 BGB).

- **Gesellschafft mit beschränkter Haftung:** Anders als bei einer Personengesellschaft wird zur Gründung einer Firma mit dieser Rechtsform nur mindestens eine Person benötigt. Es können aber auch mehrere Gesellschafter als Gründer beteiligt sein – neben natürlichen oder juristischen Personen, z. B. Gesellschaften wie die GbR, OHG oder KG. Die Haftung obliegt nicht den Gesellschaftern, sondern ist ausschließlich auf das Gesellschaftsvermögen beschränkt. Folgende Schritte sind notwendig, um eine GmbH zu gründen:

  - Aufsetzen des Gesellschaftsvertrags
  - Anlegen der Gesellschafterliste
  - Einzahlung des Stammkapitals
  - Beurkundung der Gründung durch einen Notar
  - Eröffnung des Geschäftskontos
  - Eintragung im Handelsregister

  Voraussetzungen für die Gründung einer GmbH sind:

  - Eine oder mehrere juristische oder natürliche Personen als Gründer
  - Mindesteinlagen von insgesamt 12.500,00 €
  - Stammkapital von mindestens 25.000,00 €
  - Notarielle Beurkundung des Gesellschaftsvertrages
  - Eintragung in das Handelsregister

  Darüber hinaus wird zwischen zwei Varianten der Existenzgründung unterschieden: einer Bargründung sowie einer Sachgründung. Bei der Bargründung bringen alle Gesellschafter die notwendigen Mindest- und Stammkapital in bar auf. Somit ist diese Option die weitaus einfachere und schnellere. Bei der Sachgründung werden Mindest- und Stammeinlagen nicht monetär, sondern vielmehr durch Sachwerte (Sacheinlagen) geleistet. Hierbei müssen sämtliche Sachwerte im Gesellschaftsvertrag genau beschrieben und geschätzt werden. Darüber hinaus muss ein Sachgründerbericht angefertigt werden. Sämtliche Unterlagen, die für eine Sacheinlage benötigt werden, müssen ebenso bei der Eintragung in das Handelsregister vorgelegt werden.
  Die Verteilung des Ergebnisses bzw. Gewinns erfolgt nach dem Verhältnis der Geschäftsanteile, sofern im Gesellschaftsvertrag nicht ein anderer Maßstab der Verteilung festgesetzt wurde (§ 29 Abs. 3 GmbHG). In der Gewinnverteilung spiegelt sich der Charakter der GmbH als Kapitalgesellschaft wider — das Kapital ist ausschlaggebend. Der Gewinn einer GmbH wird nicht automatisch und auch nicht zwingend in voller Höhe verteilt; es braucht dazu einen Gesellschafterbeschluss über eine Gewinnausschüttung bzw. die Verwendung des Ergebnisses (§ 46 Nr. 1 GmbHG). Ein Teil des Gewinns kann auch in der GmbH einbehalten werden (Gewinnthesaurierung: Einstellung in die Gewinnrücklagen). Eine Vorabausschüttung (vor Ende des Geschäftsjahres bzw. vor Aufstellung und Feststellung des Jahresabschlusses) ist möglich, aber eher unüblich.

  Die Problematik liegt hierbei darin, dass man letztlich erst am Ende des Geschäftsjahres nach Aufstellung des Jahresabschlusses sicher sein kann, dass überhaupt ein Gewinn in einer bestimmten Höhe entstanden ist. Tritt ein Verlust (Jahresfehlbetrag) auf, wird dieser innerhalb des Eigenkapitals mit einem negativen Wert bilanziert. Eine Verteilung des Verlustes auf die Gesellschafter erfolgt (im Gegensatz z. B. zur OHG) nicht.

1.20

Vorteile	Nachteile
Der Personengründer entscheidet allein, schnell und im eigenen Ermessen über alle betrieblichen Belange. Es ist kein Mindestkapital für eine Betriebsgründung notwendig. Der Gewinn steht allein in voller Höhe dem Unternehmensgründer zur Verfügung.	Der Personengründer haftet nicht nur mit seinem Geschäftsvermögen, sondern auch mit seinem Privatvermögen. Deshalb ist der Kreditrahmen relativ gering. Die Vergrößerung des Unternehmens ist begrenzt.

Als Einzelunternehmer muss man die Gewerbeanmeldung beim Gewerbeamt vornehmen. Das Finanzamt schickt nach der Gewerbeanmeldung automatisch Unterlagen zu. Für Beschäftigte und Angestellte muss beim Arbeitsamt eine Betriebsnummer beantragt werden. Sobald die Anmeldung eines Gewerbes vorgenommen wurde, könnte die Mitgliedschaft in der jeweils zuständigen Kammer notwendig sein. Schließlich folgt noch die Anmeldung bei der zuständigen Berufsgenossenschaft und die Angestellte müssen bei der jeweiligen Krankenkasse angemeldet werden.

1.21 Träger der Arbeitslosenversicherung ist die Bundesagentur für Arbeit in Nürnberg. Aufsichtführendes Ministerium ist das Bundesministerium für Arbeit und Soziales.

- **Arbeitslosengeld:** Leistung der deutschen Arbeitslosenversicherung, die bei Eintritt der Arbeitslosigkeit und abhängig von weiteren Voraussetzungen gezahlt wird. Es wird normalerweise bis zu einem Jahr gezahlt, bei älteren Arbeitslosen auch bis zu zwei Jahre. Die rechtlichen Grundlagen für das Arbeitslosengeld enthält das Dritte Buch des Sozialgesetzbuches (SGB III).

- **Arbeitslosengeld II:** Das Arbeitslosengeld II („Hartz IV" genannt) ist in Deutschland die Grundsicherungsleistung für erwerbsfähige Leistungsberechtigte nach dem Zweiten Buch Sozialgesetzbuch (SGB II). Es soll Leistungsberechtigten ermöglichen, ein Leben zu führen, das der Würde des Menschen entspricht. Allerdings kann es durch zulässige Sanktionsmechanismen im Extremfall vollständig gestrichen werden, die Sicherung eines Existenzminimums gilt demnach nicht bedingungslos. Das Arbeitslosengeld II wurde 2005 eingeführt und hat die frühere Arbeitslosenhilfe und die Sozialhilfe für erwerbsfähige Hilfebedürftige zu einer Grundsicherung für Arbeitsuchende auf dem Leistungsniveau des soziokulturellen Existenzminimums zusammengeführt. Um Arbeitslosengeld II beziehen zu können, ist – trotz der in dieser Hinsicht irreführenden Bezeichnung – weder Arbeitslosigkeit noch ein vorheriger Bezug von Arbeitslosengeld notwendige Voraussetzung; es kann auch ergänzend zu anderem Einkommen oder Arbeitslosengeld bezogen werden, wenn dieses Einkommen und eventuell vorhandenes Vermögen nicht zur Deckung des Bedarfs ausreichen.

- Nach dem Recht der Arbeitsförderung können außerdem in Anspruch genommen werden: Berufsberatung und Arbeitsmarktberatung, Ausbildungs- und Arbeitsvermittlung, Leistungen zur Aktivierung und beruflichen Eingliederung, Leistungen zur Berufswahl und Berufsausbildung, Berufsorientierungsmaßnahmen, berufsvorbereitende Bildungsmaßnahmen, Zahlung von Berufsausbildungsbeihilfe, Leistungen zur beruflichen Weiterbildung, Übernahme von Weiterbildungskosten, Leistungen zur Aufnahme einer Erwerbstätigkeit, Eingliederungs- und Gründungszuschuss, Leistungen zum Verbleib in Beschäftigung, Kurzarbeitergeld, Saison-Kurzarbeitergeld, Transferkurzarbeitergeld, Leistungen der Teilhabe behinderter Menschen am Arbeitsleben, Insolvenzgeld.

1.22 In Deutschland existieren folgende Sozialversicherungsträger: die Krankenkassen (Allgemeine Ortskrankenkassen (AOK), Betriebskrankenkassen (BKK), Innungskrankenkassen (IKK), Ersatzkassen (EK), die bei den Krankenkassen angesiedelten Pflegekassen, die Rentenversicherungsträger unter dem Namen Deutsche Rentenversicherung, die Unfallversicherungsträger (neun gewerbliche Berufsgenossenschaften, die See-Berufsgenossenschaft, die Gemeindeunfallversicherungsverbände, die Unfallkasse des Bundes und weitere Unfallkassen) und die Verbundträger Deutsche Rentenversicherung Knappschaft-Bahn-See (DRV-KBS), Sozialversicherung für Landwirtschaft, Forsten und Gartenbau (SVLFG). Die Bundesagentur für Arbeit ist eine Körperschaft des öffentlichen Rechts mit Selbstverwaltung. Die Mitglieder des Verwaltungsrats werden vom Bundesministerium für Wirtschaft und Technologie ernannt. Der Vorstand wird „Wegen der Staatsnähe" vom deutschen Staatsoberhaupt ernannt

- Beitragshöhe der Arbeitslosenversicherung: seit 2011 auf 3,0 % gestiegen Krankenversicherung: verbindliche Beitragsuntergrenze von 14,6 % (Arbeitnehmer und Arbeitgeber je 7,3 %)
  Pflegeversicherung: seit 2017 2,55 bzw. 2,8 % für Kinderlose
  Rentenversicherung: seit 2015 bei 18,7 %. Alle bisher genannten Versicherungsbeiträge tragen Arbeitnehmer und Arbeitgeber je zur Hälfte, der Arbeitgeberanteil der Krankenkassen ist auf 7,3 % eingefroren, während die Arbeitnehmer höhere Beiträge je nach Krankenkasse leisten müssen.
  Berufsunfallversicherung: Die Beiträge zur gesetzlichen Unfallversicherung hat der Arbeitgeber allein aufzubringen und an die zuständige Berufsgenossenschaft abzuführen. Für die Beitragsberechnung werden die einzelnen Berufe in verschiedene Gefahrenklassen eingeteilt. Dazu kommt noch die vereinbarte Versicherungssumme und auch die Lohnsumme, die der Arbeitnehmer ausgezahlt bekommt, wird zur Beitragsberechnung einbezogen.

1.23

Fallbeispiel	Arbeitslosenversicherung	Krankenversicherung	Pflegeversicherung	Rentenversicherung	Unfallversicherung
Durch einen Arbeitsunfall muss ein Kollege ins Krankenhaus.					X
Wegen einer betriebsbedingten Kündigung haben Sie ab dem nächsten Ersten keinen Job mehr.	X				
Bei Renovierungsarbeiten zu Hause fallen Sie von der Leiter und brechen sich den Arm.		X			

Fallbeispiel	Arbeitslosenversicherung	Krankenversicherung	Pflegeversicherung	Rentenversicherung	Unfallversicherung
Wegen einer anerkannten Berufskrankheit muss eine Kollegin umschulen.	X				
Nach einem Motorradunfall ist ein Freund querschnittsgelähmt und ist auf die dauerhafte Hilfe von anderen angewiesen.			X		

1.24 Es gilt eine umfassende Versicherungspflicht für alle gesetzlich und privat Versicherten. Alle, die gesetzlich krankenversichert sind, sind automatisch in der sozialen Pflegeversicherung versichert. Privat Krankenversicherte müssen eine private Pflegeversicherung abschließen. Nach den Vorausschätzungen zur Bevölkerungsentwicklung wird in Deutschland die Anzahl älterer Personen (67 Jahre und älter) bis zum Jahr 2040 voraussichtlich auf mindestens 21,5 Millionen steigen. Sie wird damit um 6,3 Millionen bzw. um 42 % höher sein als die Anzahl der über 67-Jährigen im Jahr 2013. Ein heute sieben Jahre altes Mädchen hat gute Chancen, das 22. Jahrhundert zu erleben. Diese positive Entwicklung hat jedoch auch eine Kehrseite. Ab dem 80. Lebensjahr steigt die statistische Wahrscheinlichkeit, auf fremde Hilfe angewiesen zu sein, rapide an – um rund 32 %. Das heißt: je älter die Bevölkerung, desto höher die Zahl der Pflegebedürftigen. Pflegebedürftigkeit bedeutet für Betroffene und ihre Angehörigen große physische, psychische und finanzielle Belastungen. Zumal sich die Familienstrukturen verändert haben: In den Familien gibt es weniger Kinder, oft sind diese berufstätig und können sich nicht so intensiv um ihre Eltern kümmern, wie es früher einmal der Fall war.

- Die Mittel der sozialen Pflegeversicherung werden aus Beiträgen gedeckt, die von den Versicherten selbst und – bei Arbeitnehmern – auch vom Arbeitgeber zu tragen sind. Der Beitragssatz beträgt seit dem 1. Januar 2015 2,35 %, ab 1. Januar 2017 2,55 %. Hinzu kommt gegebenenfalls ein Beitragszuschlag in Höhe von 0,25 Prozentpunkten für Kinderlose. Die Beiträge werden für jedes Mitglied aus dessen beitragspflichtigen Einnahmen berechnet, jedoch nur bis zur Beitragsbemessungsgrenze. Die Beitragsbemessungsgrenze beträgt im Jahre 2017 monatlich 4.350,00 €.

- Leistungen der Pflegeversicherung werden nur auf Antrag gewährt, antragsberechtigt ist die versicherte Person. Von der Pflegekasse ist innerhalb von fünf Wochen ab Antragseingang über den Antrag zu entscheiden und darüber ein schriftlicher Bescheid zu erteilen. Sind Leistungen nur befristet bewilligt worden, muss vor Ablauf der Frist ein neuer Antrag gestellt werden. Die Pflegeversicherung lässt vom Medizinischen Dienst der Krankenversicherung (MDK), von Medicproof-Gutachtern oder von anderen unabhängigen Gutachtern ein Gutachten anfertigen, um die Pflegebedürftigkeit und den Pflegeaufwand festzustellen. Bei einer eindeutigen Aktenlage kann die Einstufung in einen Pflegegrad vorgenommen werden. Zur Feststellung der Pflegebedürftigkeit werden die täglichen Verrichtungen in sechs Kategorien einsortiert, die – in unterschiedlicher Gewichtung – in die Pflegegrade einfließen. Es sind dies:

- Mobilität (10 %): die Fähigkeit, sich in der eigenen Wohnung fortzubewegen, zu sitzen und im Bett zu liegen
- Kognitive und kommunikative Fähigkeiten sowie Verhaltensweisen und psychische Problemlagen (15 %): Hierbei handelt es sich eigentlich um zwei getrennte Kategorien; es wird bei der Pflegebedürftigkeit nur die Kategorie mit der höheren Beeinträchtigung berücksichtigt. Die kognitiven und kommunikativen Fähigkeiten umfassen das räumliche und zeitliche Orientierungsvermögen, das episodische und das semantische Gedächtnis, die exekutiven Funktionen, die Willens- und Entscheidungskraft, die Steuerungsfähigkeit, die Intelligenz und die kommunikativen Fähigkeiten.
- Verhaltensweisen und psychische Problemlagen, die für die Feststellung der Pflegebedürftigkeit relevant sind, sind etwa motorische Störungen, Störungen des Tag-Nacht-Rhythmus, aggressives Verhalten gegen sich oder andere, fehlende Krankheitseinsicht, Wahnvorstellungen, Ängste, Antriebslosigkeit sowie fehlende soziale Kompetenz.
- Selbstversorgung (40 %): Hierunter fällt die eigene Körperpflege, das An- und Auskleiden, das Essen und Trinken sowie die Darm- und Blasenentleerung. Bei Säuglingen kann ein Bedarf nur dann bestehen, wenn diese einen außergewöhnlich hohen Aufwand bei der Nahrungsaufnahme benötigen.
- Bewältigung krankheitsbedingter Anforderungen (20 %): Gemeint ist hier die selbstständige Anwendung von Medikamenten, Cremes, Injektionen, Kathetern, Messgeräte und anderer Hilfsmittel, ein notwendiger Verbandswechsel sowie die Wundversorgung, Arztbesuche und der Besuch anderer therapeutischer Einrichtungen sowie die Einhaltung einer krankheitsbedingten Diät.
- Gestaltung des Alltagslebens (15 %): Hier geht es um die Aufrechterhaltung einer Tagesstruktur sowie regelmäßiger sozialer Kontakte.

Bei Kindern wird die Pflegebedürftigkeit ermittelt, indem der Entwicklungsstand des Kindes mit dem eines altersgleichen Artgenossen verglichen wird und entsprechende Defizite bei den obigen Kriterien berücksichtigt werden.

Je nach Schwere der Pflegebedürftigkeit ergibt sich eine Aufteilung auf die einzelnen Pflegegrade nach § 15 SGB XI wie folgt:

- 12,5 bis unter 27 Punkte: Pflegegrad 1
- 27 bis unter 47,5 Punkte: Pflegegrad 2
- 47,5 bis unter 70 Punkte: Pflegegrad 3
- 70 bis unter 90 Punkte: Pflegegrad 4
- 90 Punkte und mehr: Pflegegrad 5

Bei Pflegegrad 1 besteht eigentlich noch keine Pflegebedürftigkeit.

Die notwendige Versorgung kann durch einen Pflegedienst übernommen werden. Mögliche Tätigkeiten des Pflegepersonals können die Hilfe beim morgendlichen Waschen und Anziehen sein und sich auf die Verabreichung von Medikamenten erstrecken. Das tägliche Mittagessen wird von einem Service angeliefert. Bei Alleinstehenden ist auch eine gewisse Zeit für Gespräche und Beschäftigung vorgesehen. Bezahlt wird der Pflegedienst vom Versicherungsträger. Der Pflegedienst selbst unterteilt das ihm zur Verfügung gestellte Geld für die verschiedenen erforderlichen Tätigkeiten in Zeitkontingente. Darüber hinaus besteht die Möglichkeit, die Pflege auch von Privatpersonen oder Pflegeangehörigen leisten zu lassen. In diesem Fall zahlt die Pflegeversicherung z. B. bei Pflegegrad 3 ein Pflegegeld in Höhe von 545,00 Euro monatlich.

1.25 Die Finanzierung des Rentensystems beruht auf dem Umlageverfahren: Danach werden die Ausgaben der Rentenversicherung aus den aktuellen Einnahmen bestritten. Das heißt, dass insbesondere mit den monatlichen Beiträgen der aktuell sozialversicherungspflichtig Beschäftigten und der Arbeitgeber die Renten derjenigen gezahlt werden, die heute im Ruhestand sind. Auf diese Weise sorgt die jeweils arbeitende Generation solidarisch für die Renten ihrer Eltern- und Großelterngeneration (Generationenvertrag). Deshalb ist im Grundsatz die Zahl der Beitragszahlenden und die Höhe der von ihnen versicherten Einkommen ausschlaggebend dafür, wie viel Geld in das Rentensystem fließt. Auf der Auszahlungsseite richtet sich die Höhe der persönlichen Rente in erster Linie nach der Zahl der Beitragsjahre und der Höhe der versicherten Arbeitsentgelte.

- Das gesetzlich vorgeschriebene Leistungsspektrum der Rentenversicherung umfasst die Zahlung von Altersrenten, Erwerbsminderungsrente, Witwen-, Witwer- und Waisenrenten, an die Krankenversicherung der Rentner, die Durchführung von Rehabilitationsmaßnahmen und Beratung und Information für Versicherte und Betriebe.

1.26 Bestimmte Arbeitnehmer unterliegen einem „besonderen" Kündigungsschutz. Hierzu zählen unter anderem Schwerbehinderte, Schwangere und Betriebsräte. Auch Krankheit ist grundsätzlich kein Kündigungsgrund, sofern eine Aussicht auf Genesung besteht und der Arbeitnehmer seine Arbeitsfähigkeit wieder herstellen kann.

- Es gibt zwei Arten von außerordentlichen Kündigungen – eine mit und eine ohne Frist:
  Außerordentliche fristlose Kündigung: Sie ist zu dem Zeitpunkt wirksam, an dem sie dem Arbeitnehmer zugeht.
  Außerordentliche Kündigung mit sogenannter Auslauffrist: Der Arbeitgeber verschiebt den Tag der Kündigung in die Zukunft. Sie ist also ab dem Tag wirksam, der im Kündigungsschreiben notiert ist. (Da diese Kündigungsform in der Praxis jedoch sehr selten ist, wird meist von einer fristlosen Kündigung gesprochen, wenn eine außerordentliche fristlose gemeint ist.). In beiden Fällen schreibt das Gesetz (§ 626 BGB) vor, dass „wichtige Gründe" die Kündigung rechtfertigen müssen – und dass sie einer Einzelfall-Prüfung bedürfen. Nur, wenn die Grundsätze der Verhältnismäßigkeit sowie der Interessenabwägung gewahrt sind, ist eine fristlose Kündigung begründet. In den allermeisten Fällen beruht eine außerordentliche Kündigung auf verhaltensbedingten wichtigen Gründen. Da das Gesetz hierbei eine Einzelfallprüfung fordert, gibt es keine gesetzlich definierten Regeln, was „wichtige Gründe" sind. Allerdings sind bereits viele Prozesse geführt worden zur Frage, welche Pflichtverletzungen und Vertragsbrüche eine fristlose Kündigung rechtfertigen – und wann diese auch ohne vorherige Abmahnung ausgesprochen werden darf. Wichtige Gründe liegen beispielsweise vor, wenn ein Arbeitnehmer

  - als Berufskraftfahrer tätig ist und während der Arbeit Alkohol trinkt (auch ohne vorherige Abmahnung, BAG, 2 AZR 251/07);

  - ausländerfeindliche Äußerungen tätigt (BAG, 2 AZR 274/95);

  - Kollegen oder Vorgesetzte so beleidigt, dass damit eine Ehrverletzung einhergeht, oder derart lügt – insbesondere im öffentlichen Raum, etwa in den sozialen Netzwerken –, dass es als üble Nachrede gelten kann (LAG Hessen, 21 Sa 715/12);

- Schmiergelder fordert oder annimmt (auch ohne vorherige Abmahnung, BAG, 2 AZR 245/04);
- einen schweren Diebstahl begeht (auch ohne vorherige Abmahnung, BAG, 2 AZR 537/06);
- unwahre Behauptungen aufstellt und damit schwere Geschäftsschädigung betreibt (auch ohne vorherige Abmahnung, BAG, 2 AZR 534/08).

- Wer einem Arbeitnehmer fristlos kündigen will, muss dies innerhalb von zwei Wochen tun, nachdem er von den Tatsachen erfahren hat, die zur Kündigung führen. Ist die Zeit verstrichen, ohne dass die fristlose Kündigung dem Arbeitnehmer zugegangen ist, darf der Arbeitgeber nur noch eine ordentliche Kündigung aussprechen – auch wenn der Grund eine außerordentliche Kündigung rechtfertigen würde. Daraus folgt: Genießt ein Arbeitnehmer besonderen Kündigungsschutz, der eine ordentliche Kündigung ausschließt – etwa, weil er Betriebsratsmitglied ist –, kann dieser nach Verstreichen der Frist überhaupt nicht mehr gekündigt werden. Innerhalb der 14-Tage-Frist ist auch der Betriebsrat zu informieren. Da dieser drei Tage Zeit hat, um Einwände vorzubringen, sollten Arbeitgeber den Betriebsrat umgehend einschalten. Bei den gesetzlichen Kündigungsfristen erhöht sich für den Arbeitgeber nach § 622 Abs. 2 S. 1 BGB diese Frist je nach Dauer des Arbeitsverhältnisses von zwei Jahren auf einen Monat zum Ende eines Kalendermonats, fünf Jahren auf zwei Monate zum Ende eines Kalendermonats, acht Jahren auf drei Monate zum Ende eines Kalendermonats, zehn Jahren auf vier Monate zum Ende eines Kalendermonats, zwölf Jahren auf fünf Monate zum Ende eines Kalendermonats, 15 Jahren auf sechs Monate zum Ende eines Kalendermonats, 20 Jahren auf sieben Monate zum Ende eines Kalendermonats. Während einer vereinbarten Probezeit, längstens für die Dauer von sechs Monaten, kann das Arbeitsverhältnis mit einer Frist von zwei Wochen gekündigt werden. In Tarifverträgen können abweichende, auch kürzere Fristen bestimmt werden, die dann im Geltungsbereich des Tarifvertrages auch von Nicht-Tarifgebundenen vereinbart werden können.

1.27

Abkürzung	**Bedeutung**	**Personen-gesellschaft (X)**	**Kapital-gesellschaft (X)**
AG	Aktiengesellschaft		X
GbR	Gesellschaft bürgerlichen Rechts	X	
GmbH	Gesellschaft mit beschränkter Haftung		X
KG	Kommanditgesellschaft	X	
OHG	Offene Handelsgesellschaft	X	

	Personengesellschaft	**Kapitalgesellschaft**
Art	natürliche Personen	juristische Personen
Haftung	unbeschränkt	beschränkt
Besteuerung	Jeder Gesellschafter zahlt einzeln.	über Körperschaftssteuer
Leitung	grundsätzlich jeder Gesellschafter	Leitung über bestimmte Gremien, z. B. Vorstand

- Aufteilung der Gesellschaftsanteile:
Jeder erhält 4 % vom eingebrachten Kapital, der Rest des Gewinns wird nach Köpfen verteilt.

Stammkapital: 150.000,00 € Rest:	Anteile:	Einlage:	4 % von 32.000,00 €	
Hansen	5	150.000,00 € : 10 x 5 = 75.000,00 €	1.280,00 € x 5 = 6.400,00 €	19.200,00 € : 3 = 6.400,00 €
Kuhnert	3	150.000,00 € : 10 x 3 = 45.000,00 €	1.280,00 € x 3 = 3.840,00 €	6.400,00 €
Grimm	2	150.000,00 € : 10 x 2 = 30.000,00 €	1.280,00 € x 2 = 2.560,00 €	6.400,00 €

- Frau Hansen erhält 12.800,00 €, Frau Kuhnert bekommt 10.240,00 € und für Frau Grimm bleiben 8.960,00 €.

1.28 Die Altersgrenze für die Regelaltersrente steigt ab 2018 65 Jahre und sechs Monate. Das gilt für Versicherte, die 1952 geboren wurden und im nächsten Jahr 65 werden. Für die folgenden Geburtsjahrgänge erhöht sich das Eintrittsalter weiter. 2031 ist die reguläre Altersgrenze von 67 Jahren erreicht. Mit dieser Altersgrenze hat jeder Arbeitnehmer Anspruch auf eine monatliche Rentenzahlung, die sich aus der Rentenformel berechnet. Diese besteht aus vier Faktoren: den Entgeltpunkten (E), dem Zugangsfaktor (Z), dem Rentenartfaktor (R) und dem jeweils aktuell gültigen Rentenwert (A) in Euro. Die Multiplikation dieser Faktoren ergibt die spätere monatliche Bruttorente, mathematisch lautet die Formel also: Rente = E x Z x R x A. Wer vor der Zeit in Rente gehen will, muss mit Abschlägen rechnen.

Weitere Leistungen sind Erwerbsminderungsrenten sowie Witwen- und Waisenrenten.

- Für einen Anspruch auf die Regelaltersrente muss die allgemeine Wartezeit von fünf Jahren versicherungspflichtiger Erwerbstätigkeit erfüllt sein. Sie kann durch Beitragszeiten und mit Ersatzzeiten gefüllt werden. Haben Versicherte bis zum Erreichen der Regelaltersgrenze eine Rente wegen verminderter Erwerbsfähigkeit oder eine Erziehungsrente bezogen, gilt die allgemeine Wartezeit als erfüllt. Mit dem Anspruch kann die Rente aber noch nicht ausgezahlt werden. Dies geschieht erst, wenn man entsprechend seinem Geburtsjahrgang das Rentenalter erreicht hat. Wer früher in Rente gehen will, muss eine Beitragszeit von 45 Jahren nachweisen.

Geburtsjahr	Regelaltersgrenze	Erreichen der Regelaltersgrenze
1951	65 + 5 Monate	06.2016 bis 05.2017
1952	65 + 6 Monate	07.2017 bis 06.2018
1953	65 + 7 Monate	08.2018 bis 07.2019
1954	65 + 8 Monate	09.2019 bis 08.2020
1955	65 + 9 Monate	10.2020 bis 09.2021
1956	65 + 10 Monate	11.2021 bis 10.2022
1957	65 + 11 Monate	12.2022 bis 11.2023
1958	66	01.2024 bis 12.2024
1959	66 + 2 Monate	03.2025 bis 02.2026
1960	66 + 4 Monate	05.2026 bis 04.2027

Geburtsjahr	Regelaltersgrenze	Erreichen der Regelaltersgrenze
1961	66 + 6 Monate	07.2027 bis 06.2028
1962	66 + 8 Monate	09.2028 bis 08.2029
1963	66 + 10 Monate	11.2029 bis 10.2030
1964	67	01.2031 bis 12.2031
ab 1965	67	Januar bis Dezember des entsprechenden Jahres

1.29 Die Riester-Rente ist eine durch staatliche Zulagen und durch Sonderausgabenabzug geförderte, privat finanzierte Rente in Deutschland. Die Förderung ist durch das Altersvermögensgesetz (AVmG) 2002 eingeführt worden. Die Bezeichnung „Riester-Rente" geht auf Walter Riester zurück, der als Bundesminister für Arbeit und Soziales die Förderung der freiwilligen Altersvorsorge durch eine Altersvorsorgezulage vorschlug. Anlass war die Reform der gesetzlichen Rentenversicherung 2000/2001, bei der das Nettorentenniveau des Eckrentners, eines idealtypisch sozialversicherungspflichtig Beschäftigten, der 45 Jahre lang Sozialversicherungsbeiträge eingezahlt hat, von 70 % auf 67 % reduziert worden war.

- Anspruch auf Altersvorsorgezulage haben rentenversicherungspflichtige Personen, sofern sie der unbeschränkten Steuerpflicht unterliegen. Dazu gehören u. a. rentenversicherungspflichtige Arbeitnehmer, rentenversicherungspflichtige Selbstständige (z. B. Handwerker), Pflichtversicherte nach dem Gesetz über die Alterssicherung der Landwirte (ALG) oder auch Bezieher von Arbeitslosengeld. Die Förderung kann nur für Beiträge zu zertifizierten Altersvorsorgeverträgen in Anspruch genommen werden. Der Zulagenberechtigte darf die angesparten Mittel vor der Auszahlungsphase nicht schädlich verwenden. Zudem ist mithilfe des Anbieters rechtzeitig ein Antrag zu stellen. Die Förderung besteht aus der Altersvorsorgezulage (Grundzulage zuzüglich gegebenenfalls Kinderzulage(n)) und Sonderausgabenabzug gemäß § 10a EStG. Nur wenn der Mindesteigenbeitrag eingezahlt wird, erhält der Sparer die ungeschmälerte Zulage. Liegt die Beitragszahlung unter dem Mindesteigenbeitrag, schmälert sich die Zulage im Verhältnis der geleisteten Beiträge zum Mindesteigenbeitrag. Die Riesterrente ist in der Auszahlungsphase voll zu versteuern. Die Auszahlungen aus einer im Rahmen einer Betriebsrente abgeschlossenen Riesterrente sind voll kranken- und pflegeversicherungspflichtig, sofern der Versicherungsnehmer gesetzlich krankenversichert ist.

1.30 12 Arbeitstage x 8 h/Arbeitstag x 25 AK = 2.400 h

2.400 h : 22 AK = 109,09 Arbeitsstunden

109,09 h : 8 h/Arbeitstag = 13,636 Arbeitstage ≈ 13 Arbeitstage und 5 Arbeitsstunden

- 109,09 h : 9,5 h/Arbeitstag = 11,483 Arbeitstage ≈ 11 Arbeitstage und 4,5 Arbeitsstunden
  Durch die Überstunden wäre es möglich, den Auftrag in der vorauskalkulierten Arbeitszeit von acht Tagen zu erledigen. Allerdings wären Überstundenzuschläge zu zahlen.

1.31 Jeder Arbeitsvertrag enthält Regeln und Verhaltensweisen, die vom Arbeitnehmer zu beachten sind. Werden die Vorschriften umgangen, stellt dies ein Fehlverhalten dar, welches Konsequenzen nach sich zieht. Ein klares Fehlverhalten auf der Arbeit ist z. B. unentschuldigtes Fehlen wie regelmäßiges Verschlafen am Morgen. Je nach Schwere kann unentschuldigtes Fehlen entweder eine Abmahnung und sogar eine fristlose Kündigung nach sich ziehen. Bei einem einmaligen Nichterscheinen am Arbeitsplatz entscheiden sich die meisten Arbeitgeber für eine mündliche Rüge oder auch eine schriftliche Abmahnung. Unentschuldigtes Fehlen am Arbeitsplatz kann als Respektlosigkeit den Kollegen gegenüber angesehen werden und als Störung im Leistungsbereich. Eine Abmahnung wegen unentschuldigtem Fehlen ist daher im Arbeitsrecht gang und gäbe und soll das Fehlverhalten aufzeigen sowie gleichzeitig die Chance zur Besserung geben. Wird diese nicht angenommen, kann eine verhaltensbedingte Kündigung die Folge sein.

In der Regel sprechen Vorgesetzte Abmahnungen aus, um Arbeitnehmer auf unerwünschtes Fehlverhalten hinzuweisen und eine deutliche Botschaft zu übermitteln: Ändert sich das Verhalten nicht, kann es kurz über lang zu einer Beendigung des Arbeitsverhältnisses kommen. Das Recht ist dabei aufseiten der Unternehmensleiter: Kommen drei Abmahnungen zusammen, darf grundsätzlich eine Kündigung ausgesprochen werden. Dies gilt für alle Abmahnungsgründe, die einen Arbeitnehmer betreffen können. Bei schwerwiegenden Störungen des Arbeitsverhältnisses kann dieses mitunter aber auch schon nach der 2. Abmahnung beendet werden. Das Fehlverhalten bzw. die künftig erwartete Leistung muss allerdings konkret benannt sein, um die Abmahnung wirksam zu machen. Schwammige Formulierungen wie „ungenügende/vertragsgemäße Leistung", „Verletzung/Einhaltung der Sorgfaltspflicht" oder „häufiges Zuspätkommen" reichen deshalb nicht aus. Es müssen unmissverständlich Art, Ort und Zeitpunkt der Pflichtverletzung dokumentiert werden, damit der Arbeitnehmer sein Fehlverhalten nachvollziehen kann. Im Übrigen ist eine Abmahnung auch dann unwirksam, wenn sie mehrere Pflichtverletzungen aufführt und nur eine Anschuldigung davon nachweislich nicht zutrifft. Zudem müssen die Persönlichkeitsrechte des Arbeitnehmers gewahrt bleiben, d. h., beleidigende und diskriminierende Äußerungen wie „Faulenzer" oder „Versager" haben in einer Abmahnung nichts zu suchen. Eine Abmahnung ausstellen können grundsätzlich alle Personen, die auch kündigungsberechtigt sind, d. h. in der Regel der Arbeitgeber (z. B. Firmeninhaber, Geschäftsführer, Direktor). Abmahnungsberechtigt sind aber auch andere Personen im Betrieb, die in der Hierarchie höher stehen und vom Arbeitgeber aus dazu befugt sind, dem Arbeitnehmer Weisungen zu erteilen und seine Arbeitsleistung zu kontrollieren. Das können beispielsweise auch direkte Vorgesetzte, Personalverantwortliche, Abteilungs- und Filialleiter, leitende Angestellte oder der Meister sein. Bei Abmahnungen sollte jedoch immer die Verhältnismäßigkeit beachtet und das bisherige Arbeitsverhalten in die Entscheidung mit einbezogen werden.

Bestimmte gesetzliche Fristen sind bei Abmahnungen nicht vorgegeben. Ein Arbeitgeber kann weitgehend selbst entscheiden, ob und wann er einen Arbeitnehmer abmahnen will. Allerdings kann er sein Abmahnungsrecht verwirken, wenn er sich zu lange Zeit lässt (z. B. ein paar Monate), da er damit gegenüber dem Arbeitnehmer stillschweigend ausdrückt, dass das Fehlverhalten toleriert wird. Auch wenn sich der Arbeitnehmer nach einiger Zeit wieder korrekt verhält und es der Arbeitgeber in der Zwischenzeit versäumt hat, eine Abmahnung auszustellen, ist dieses Recht verwirkt.

Abmahnungsgründe müssen immer gerechtfertigt sein. Hat ein Betroffener das Gefühl, zu Unrecht gerügt worden zu sein, kann er auch dagegen vorgehen. Dabei lohnt es sich oft, einen Rechtsanwalt zu konsultieren, der sich mit dem Abmahnwesen auskennt. Abmahnungsgründe für Mitarbeiter finden sich vor allem in den Taten wieder, die den Vorgaben des Arbeitsvertrages widersprechen. Vor Antritt einer neuen Stelle unterzeichnen die meisten Arbeitnehmer dieses bindende Schriftstück und verpflichten sich damit, die darin verzeichneten Regeln zu akzeptieren und entsprechend zu handeln. Verstößt der oder die Beschäftigte gegen die arbeitsvertraglichen Bestimmungen, liefert er/sie damit dem Arbeitgeber mögliche Abmahnungsgründe. Jede Abmahnung erfüllt stets drei Funktionen: Zunächst erhält der Abgemahnte einen Hinweis darauf, dass sein Verhalten nicht gern gesehen ist. Weiterhin wird er dazu aufgefordert, sich in Zukunft besser zur erhalten. Und schließlich, im Gegensatz zur weniger gewichtigen Ermahnung, wird er vor den Konsequenzen gewarnt, die bei Missachtung der Abmahnung auftreten können. Abmahnungsgründe bestimmen nicht die Form der jeweiligen Abmahnungen. Diese können sowohl schriftlich als auch mündlich erteilt werden. Ersteres kommt bei dieser Art der Verwarnung aber häufiger vor – zumal generell eine schriftliche Kopie der Abmahnung in der Personalakte des Betroffenen landet.

1. Übungsklausur für den Produktionsgartenbau (Betriebliche Zusammenhänge)

a) Der integrierte Pflanzenschutz wird als Minimum vom Gesetzgeber gefordert.

- Erklären Sie die zwei Begriffe „Integrierter Pflanzenschutz“ und „Wirtschaftliche Schadensschwelle“.
- Nennen Sie drei Gesetze, die den Bereich des Pflanzenschutzes betreffen und beschreiben Sie kurz deren Inhalte.

b) Eine Steigerung der Arbeitsleistung ist sowohl über die optimale Arbeitsplatzgestaltung als auch über geeignete Maßnahmen zur Arbeitsorganisation möglich.

- Machen Sie fünf Vorschläge, die zu einer höheren Arbeitsleistung führen.
- Eine Arbeitskraft topft in einer Stunde 700 Pflanzen von Hand. Mit der Topfmaschine erhöht sich die Leistung auf 1450 Stück pro Stunde. Wie viele Arbeitsstunden sind erforderlich, um 5000 Pflanzen von Hand oder mit der Maschine zu topfen?
- Berechnen Sie die Arbeitszeitersparnis in Stunden und in Prozent (Handarbeit = 100 %).

c) Im Zierpflanzenbau hat die umweltschonende Produktion große Bedeutung. Erläutern Sie ausführlich die zwei Bausteine

- Düngung
- Bewässerung.

d) In dem Gewächshaus Ihres Betriebes werden die Kulturen durch Spinnmilben geschädigt.

- Wie sieht das typische Schadbild eines Spinnmilbenbefalls aus?
- Beschreiben Sie den Ablauf der Schädigung der Kulturpflanzen.
- Welche vorbeugenden Kulturmaßnahmen können eine Verringerung der Infektionsgefahr bewirken? Nennen Sie vier Möglichkeiten.
- Wie viel ml eines Akarizids müssen in welcher Wassermenge für die Bekämpfung gelöst werden? Die Bruttofläche beträgt 900 m^2, die Nettofläche macht davon 85 % aus. Das Pflanzenschutzmittel soll 0,25%ig angesetzt werden und Sie benötigen 10 l Spritzbrühe für 100 m^2.

e) Verkaufen und Beraten werden häufig in einem Zusammenhang genannt.

- Erläutern Sie ausführlich vier Möglichkeiten der Kundeninformation.
- Listen Sie vier Produkte aus der gärtnerischen Angebotspalette auf, die beratungsintensiv sind und begründen Sie dies.

1. Übungsklausur für den Dienstleistungsgartenbau (Betriebliche Zusammenhänge)

a) Sie sollen auf einem Privatgrundstück einen Gehweg fachgerecht anlegen.

- Zeichnen Sie den Schichtenaufbau eines befahrbaren Weges. Wählen Sie dabei das Material sinnvoll aus.
- Benennen Sie die Schichten und erläutern Sie deren Aufgaben in kurzen Sätzen.
- Auf einem befahrbaren Gehweg (Maße: 2,50 m breit, 28 m lang) soll Mosaikpflaster verlegt werden. Eine t Mosaikpflaster reicht für 7 m² und kostet 385,00 €. Berechnen Sie die Kosten für das Pflaster inkl. 19 % Mehrwertsteuer.

b) Stickstoffdüngung wird häufig zu sorglos angewendet.

- Erläutern Sie ausführlich zwei Problemfelder des Stickstoffeinsatzes.
- Welche drei Möglichkeiten kennen Sie, den Problemen in der N-Versorgung sachgerecht zu begegnen?
- Auf einer Fläche von 490 m² sollen 19 g Rein-N/m² ausgebracht werden. Als Dünger steht Ammonsulfatsalpeter mit 26 % N zur Verfügung. Wie viel kg des Düngemittels muss bereitgestellt werden?

c) Der kirchliche Friedhof Ihrer Stadt erhält eine umfangreiche Pflanzenlieferung, für deren Richtigkeit Sie zuständig sind. Dabei fallen Ihnen folgende Mängel auf:

Anzahl	Warenbezeichnung	Art des Mangels
2 von 5 Stck.	*Robinia pseudoacacia* Solitär, 3xv., mit DB, mehrst., 200–250 cm hoch	Verletzter oder abgebrochener Leittrieb durch den Antransport.
3 von 10 Stck.	*Buxus sempervirens* m. B., 30–40 cm hoch	Befall mit Buchsbaumzünsler
100 von 100 Stck.	*Euonymus fortunei ‚Emerald gaiety‘* m. Tb., 8–11 Triebe	Falsche Lieferung: *Euonymus fortunei ‚Emerald gold‘* m. Tb., 8–11 Triebe

- Welche Gewährleistungsansprüche können Sie bei den festgestellten Mängeln geltend machen?
- Begründen Sie ausführlich, für welche Maßnahmen Sie sich entscheiden würden.
- Gibt es weitere gesetzliche Ansprüche des Kunden?

d) Müllvermeidung und Recycling sind in jedem Gartenbaubetrieb zu beachten.

- Beschreiben Sie jeweils zwei Maßnahmen, wie Sie im betrieblichen Ablauf Müll vermeiden und Rohstoffe wiederverwenden können.

e) Bei der Kalkulation unterscheiden wir Fixkosten von variablen Kosten.

- Erklären Sie den Unterschied zwischen den beiden Begriffen.
- Nennen Sie jeweils drei Beispiele, welche Kosten den Fixkosten bzw. den variablen Kosten zuzuordnen sind.

Die Fixkosten eines Radladers betragen pro Jahr 8.420,00 €. Berechnen Sie die variablen Kosten pro Maschinenstunde und die Gesamtkosten pro Maschinenstunde.

Anschaffungspreis	132.000,00 €
Nutzungsdauer	10 Jahre
Maschineneinsatz	975 h/Jahr
Wartung und Pflege	1 Lohnstd. auf 20 Std.
Betriebsstundenlohn	17,75 € + 70 % lohngeb. Kosten
Treibstoff	6 l/h zu 1,05 €/l
Unterstellkosten	450,00 €/Jahr
Zinsanspruch	7,5 %
Versicherung	1.250,00 €
Reparaturen	50 % vom Anschaffungspreis in 10 Jahren

1. Übungsklausur Wirtschafts- und Sozialkunde (alle Fachrichtungen)

a) Nach Beendigung Ihres Ausbildungsverhältnisses werden Sie in Ihrem Betrieb als Gärtner übernommen und erhalten einen Stundenlohn von 13,39 €.

- Wie berechnen sich die einzelnen gesetzlichen Abzüge anhand folgender Daten?

Stundenlohn [€/h]	13,39
Arbeitszeit [h/Woche]	39
Arbeitszeit [d/Woche]	5
Arbeitszeit [d/Monat]	21
Sozialversicherungen:	
Krankenversicherung [%] **Davon Arbeitgeberanteil [%]**	14,6 7,0
Arbeitslosenversicherung [%]	3,0
Rentenversicherung [%]	18,7
Pflegeversicherung [%]	2,55
Lohnsteuer Kl. 1 [€]	236,25
Kirchensteuer [%]	9,0
Solidaritätszuschlag [%]	5,5

- Erklären Sie die Begriffe Bruttolohn, Nettolohn und lohngebundene Nebenkosten.

b) In Deutschland herrscht Tarifautonomie.

- Beschreiben Sie die Entstehung von Tarifverträgen und nennen Sie die Tarifpartner, welche in Ihrer Fachrichtung zuständig sind.
- Unterscheiden Sie den Lohntarifvertrag vom Manteltarifvertrag und ordnen Sie insgesamt fünf wesentliche Inhalte diesen Tarifvertragsarten zu.
- Nach gescheiterten Verhandlungen sind Schlichtung, Streik, Urabstimmung, Friedenspflicht und Aussperrung möglich. Erläutern Sie diese Begriffe.

c) In Deutschland beruhen die meisten Ausbildungsberufe auf dem sogenannten „Dualen System“.

- Beschreiben Sie, was sich hinter diesem Begriff verbirgt.
- Nennen Sie die Einrichtungen des „Dualen Systems der Berufsausbildung“, die für die Gärtnerausbildung maßgebend sind.
- Auf welche rechtliche Grundlage basiert dieses System?

d) Bei der Betriebsgründung gibt es verschiedene rechtliche Formen.

- Benennen und unterscheiden Sie jeweils eine Personen- und eine Kapitalgesellschaft.
- Welche rechtlichen Voraussetzungen müssen für die von Ihnen genannten Gesellschaftsformen für die Gründung erfüllt sein?

- Wie gestalten sich die Rechtsbeziehungen der Gesellschafter untereinander und gegenüber Außenstehenden?
- Wie sieht die Gewinnverteilung jeweils aus?

Sie benötigen für Ihren Baumschulbetrieb zusätzlich 200 *Ilex crenata*. Ermitteln Sie den günstigsten Anbieter (siehe Tabelle) durch Berechnung der Bezugspreise.

e)

	Anzuchtbetrieb A	Anzuchtbetrieb B
Listeneinkaufspreis in €	2,35	2,60
Rabatt in %	20	25
Skonto in %	2	2,5
Verpackung in €	45,00	--
Fracht in €	--	25,00
Transportversicherung in % vom Listenpreis	1,25	--

Bildquellenverzeichnis

Fotos

Bundesamt für Verbraucherschutz und Lebensmittelsicherheit (BVL), Berlin: S. 55
Ursula Burri/Lizenz Creative Commons Attribution/Share-Alike: S. 32; S. 45

Bartosz Grocholski, Poznań (PL): S. 13

Dr. Klaus Müller-Beck, Ehrenmitglied DRG und GVD, Warendorf: S. 69

iStockphoto.com, Calgary: S.5 (senorcampesino); S. 7 (EMFA16); S. 14 (MiaZeus), (Dimijana); S. 15 (lizfernandezg); S. 32 (emer1940); S. 45 (emer1940)

OKAPIA KG, Frankfurt am Main: S. 5 (Morell/OKAPIA), (Imagebroker/OKAPIA); S.6 (2x) (Imagebroker/OKAPIA); S. 7 (Reinhard/OKAPIA), (Morell/OKAPIA); S. 8 (Morell/OKAPIA) (Imagebroker/OKAPIA); S. 9 (2x) (Imagebroker/OKAPIA), (Pölking/LADE-OKAPIA), (Naturbild AB/OKAPIA), (Reinhard/OKAPIA), (Sohns/OKAPIA); S. 10 (4x) (Imagebroker/OKAPIA), (Reinhard/OKAPIA), (Manfred Ruckszio/OKAPIA); S. 11 (2x) (Imagebroker/OKAPIA), (2x) (Manfred Ruckszio/OKAPIA), (Morell/OKAPIA), (Lange/LADE-OKAPIA); S. 12 (Imagebroker/OKAPIA), (Manfred Ruckszio/OKAPIA), (Morell/OKAPIA), (Holt Studios/OKAPIA); S. 13 (2x) (Imagebroker/OKAPIA), (2x) (Reinhard/OKAPIA); S. 14 (Imagebroker/OKAPIA); S. 16 (Imagebroker/OKAPIA), (Manfred Ruckszio/OKAPIA), (2x) (Reinhard/OKAPIA); S. 17 (3x) (Imagebroker/OKAPIA), (Rainer Binder/LADE-OKAPIA), (Holt Studios/OKAPIA), (Schauhuber/OKAPIA); S. 18 (2x) (Imagebroker/OKAPIA), (Gerard Lacz/OKAPIA), (Holt Studios/OKAPIA), (Dr. Eckart Pott/OKAPIA), (Manfred Ruckszio/OKAPIA); S. 19 (3x) (Imagebroker/OKAPIA), (Harald Lange/OKAPIA), (Rainer Binder/LADE-OKAPIA); S. 20 Imagebroker/OKAPIA); S. 21 (2xc) (FLPA/OKAPIA), (McPhoto/OKAPIA), (Gierth/LADE-OKAPIA), Imagebroker/OKAPIA), (Morell/OKAPIA); S. 22 (Reinhard/OKAPIA), (2x) (Imagebroker/OKAPIA), (BIOS/OKAPIA), (Jonathan Fieber/OKAPIA); S. 23 (Manfred Ruckszio/OKAPIA), (2x) (Imagebroker/OKAPIA), (Dr. Eckart Pott/OKAPIA); S. 25 (Imagebroker/OKAPIA), (Reinhard/OKAPIA), (2x) (Manfred Ruckszio/OKAPIA), (Konrad Wothe/OKAPIA); S. 26 (Imagebroker/OKAPIA), (BIOS/OKAPIA), (Rolf Bender/OKAPIA), (2x) (Manfred Ruckszio/OKAPIA), (Morell/OKAPIA); S. 27 (3x) (Imagebroker/OKAPIA), (FLPA/OKAPIA), (Holt Studios/OKAPIA), (KINA/OKAPIA); S. 28 (Imagebroker/OKAPIA), (NiB/LADE-OKAPIA); S. 29 (3x) (Imagebroker/OKAPIA), (Franc Müller/OKAPIA); S. 30 (Reinhard/OKAPIA), (Morell/OKAPIA), (Erich Geduldig/Naturbild/OKAPIA), (2x) (Imagebroker/OKAPIA); S. 31 (2x) (Reinhard/OKAPIA); S. 32 (Holt Studios/OKAPIA); S. 45 (Holt Studios/OKAPIA)

stock.adobe.com, Dublin: S. 5 (M. Schuppich), (alisseja), (etfoto); S. 6 (quirrel77), (senorcampesino), (fotomarekka), (Torsten Radmann); S. 7 (littlej78), (M. Schuppich), (roteruebe); S. 13 (M. Schuppich), S. 14 (M. Schuppich), (farbkombinat), (Kruwt); S. 15 (M. Schuppich), (Eileen Kumpf), (prophoto24), (Zeljko); S. 19 (emer); S. 20 (jcfotografo), (hjschneider), (Werner); S. 22 (carmenrieb); S. 23 (Robert Schneider), (Andrea Wilhelm); S. 25 (ernstboese), (hetwig), (pia-pictures); S. 26 (M. Schuppich), (fotografikateria); S. 29 (emuck), (pilialoha); S. 30 (nito); S. 31 (beholdereye), (ksena32), (Christine) (Markus Keller); S. 45 (pusteflower9024), (Elisabeth), (emer); S. 54 (2x) (T. Michel); S. 60 (fotohansel), (vektorisiert), (T. Michel))

Zeichnungen

Robin von Gestern / Bildungsverlag EINS GmbH, Köln: S. 64; S. 65 (2x); S. 71; S. 78; S. 117; S. 119; S. 122; S. 129; S. 130; S. 131; S. 134

Cover:

stock.adobe.com, Dublin: (Osterland), (hemerocallis)
iStockphoto.com, Calgary: (dolgachov)